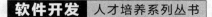

软件开发 人才培养系列丛书

高级语言程序设计

（C语言版 第2版）

基于计算思维能力培养

（附微课视频）

U0277794

揭安全◎著

王明文◎主审

人民邮电出版社

北 京

图书在版编目（ＣＩＰ）数据

高级语言程序设计：C语言版：基于计算思维能力培养：附微课视频 / 揭安全著. -- 2版. -- 北京：人民邮电出版社，2022.12（2023.9重印）
（软件开发人才培养系列丛书）
ISBN 978-7-115-59677-2

Ⅰ．①高… Ⅱ．①揭… Ⅲ．①C语言—程序设计
Ⅳ．①TP312.8

中国版本图书馆CIP数据核字(2022)第114891号

内 容 提 要

　　本书是一本以 C 语言为例，介绍结构化程序设计方法的教材。全书共 10 章，内容包括：程序设计引论，数据类型、运算符与表达式，算法与简单 C 语言程序设计，程序基本控制结构，函数及其应用，数组及其应用，指针及其应用，结构体及其应用，文件与数据存储，C 语言综合性程序设计案例分析等。

　　全书理论联系实际，将 C 语言的语法融入问题求解方法的学习中。本书案例贴近生活、通俗易懂，紧密联系应用实践，易激发读者的学习兴趣；内容组织由浅入深，重点突出，并采用图文并茂的方式来解析教学重点与难点；教学设计符合信息化学习模式的需求，循序渐进地介绍模块化程序设计方法，潜移默化地提高读者问题求解与结构化程序设计的能力，培养读者的计算思维能力。

　　本书可作为高等学校计算机相关专业的程序设计基础课程教材，也可作为非计算机专业的 C 语言程序设计课程教材，还可供从事计算机相关工作的科技人员、程序设计爱好者及各类自学人员参考。

◆ 著　　　　揭安全

　主　审　　王明文

　责任编辑　孙　澍

　责任印制　王　郁　陈　犇

◆ 人民邮电出版社出版发行　　北京市丰台区成寿寺路 11 号
　邮编　100164　　电子邮件　315@ptpress.com.cn
　网址　https://www.ptpress.com.cn
　固安县铭成印刷有限公司印刷

◆ 开本：787×1092　1/16
　印张：21　　　　　　　　　　　　2022 年 12 月第 2 版
　字数：553 千字　　　　　　　　　2023 年 9 月河北第 3 次印刷

定价：69.80 元

读者服务热线：(010)81055256　印装质量热线：(010)81055316
反盗版热线：(010)81055315
广告经营许可证：京东市监广登字 20170147 号

党的二十大报告提出："当前，世界百年未有之大变局加速演进，新一轮科技革命和产业变革深入发展，国际力量对比深刻调整，我国发展面临新的战略机遇。"人类社会已进入信息化时代，这个时代背景下的软件开发涉及 PC 应用程序、工程计算与嵌入式系统、信息管理和移动互联网等众多领域。程序设计是从事软件开发工作的必备技能，程序设计的大部分工作是寻找和优化问题的解决方案，它是一种需要创造性的智力密集型劳动。学习程序设计本身是一项具有挑战性的工作。"高级语言程序设计"（"程序设计基础"）作为大学计算机相关专业的一门程序设计课程，承担了培养学生问题求解与程序设计的基本能力的任务。

20 多年的学习和教学经历让我体会到，一本"好"的程序设计教材对学习者的重要性。2014 年我在美国加州州立大学富尔顿分校 California State University Fullerton 访学期间，深入分析、对比了国内外多种同类教材，结合计算机教学改革发展趋势和自身的教学经验，撰写了《高级语言程序设计（C 语言版）——基于计算思维能力培养》一书，该书自 2015 年出版以来，连续印刷了 12 次，持续受到读者的关注和欢迎。

此次修订，一方面融入了我的最新教学成果——"基于计算思维能力培养的'程序设计'课程教学新范式"（江西省第十七批教学成果一等奖）内容，提升了教材的高阶性、创新性和挑战度，使教材更具实用性和实践性；另一方面，对教材中的练习和实验进行更新，将 Code::Blocks 集成开发环境升级至最新版本。同时应广大读者要求，配套出版《C 语言程序设计学习指导与上机实验》。概括起来，本书有以下特点。

（1）理论联系实际，注重计算思维能力的培养

本书对 C 语言语法介绍以"够用、实用和应用"为原则，将 C 语言的语法融入问题求解中，从实际应用案例中抽取教学要素，重点强化模块化程序设计方法与基本算法的学习。本书将从数据组织的维度介绍基本数据类型，以及数组、指针和结构体等数据类型在数据处理中的应用；从算法维度将"迭代""穷举""递归""分治""检索""排序"等算法融入实际应用问题的求解过程，让读者在学习的过程中潜移默化地提高计算思维能力。

（2）案例选取贴近生活，有助于提高学习兴趣

全书选取贴近生活的案例来分析问题的本质，如程序设计语言为何要区分不同的数据类型，如何在程序设计中选择正确的数据类型，如何存储大规模数据等，本书将用通俗易懂的例子来说明上述问题。同时，从读者熟悉的应用软件中抽取教学案例，如网银认证的验证码、信息加密、计算器的进位制转换、手机通信录查询等，这些案例都贴近生活，能够突出应用导向，有助于提高读者的学习兴趣。

（3）内容呈现直观、形象，知识点讲解深入浅出，通俗易懂

全书以图文并茂的方式深入剖析相关知识的底层原理，使读者对课程难点做到不但知其然，而且知其所以然。例如，通过递归调用图来说明递归程序的执行原理；通过详细的图示来说明指针、参数传递、链表等难点，并拓展介绍指针在生成动态不规则二维数组等方面的高级应用，这可为读者今后深入理解 Java 等新型程序设计语言的引用数据类型奠定基础。

（4）内容编排体现"以学为中心"的教学思想

本书精选相关练习与实验，题型涵盖全国计算机等级考试二级 C 语言程序设计考试题型，使读者在学习完相关内容后能够及时巩固并拓展所学知识，做到举一反三。面向教师提供基于"雨课堂"的教学课件，可满足教师线上、线下混合式教学改革需求。全书还以小贴士的形式提供大量的相关拓展知识，以开阔读者的视野。

（5）C 语言标准与时俱进，程序代码规范统一

本书内容一方面符合全国计算机等级考试二级 C 语言程序设计考试大纲（2022 年版）（见附录 E）的要求，另一方面参照 C99 与 C11 标准拓展了部分内容，以提升编写 C 程序的灵活性。从第 5 章开始，大部分问题求解都以模块化的方式进行程序设计，这有助于引导读者掌握模块化程序设计的思想。书中所有程序源代码均通过了调试。

（6）注重实践环节，设计三层次实验体系

正如我们不可能只通过书本知识来熟练掌握驾驶和游泳技能，程序设计实践是学习程序设计的最佳途径之一。为此，本书设计了验证型、设计型和综合型三层次实验体系，从多维度强化实践环节。建议读者在学习完每章的知识点后，完成相应的练习和实验，在实践中达到提高程序设计能力的目的。作为本书的重要特色，第 5 章和第 10 章分别提供一个阶段性的综合设计案例。其中第 10 章详细分析了一个"基于用户角色的图书管理系统"的设计与实现方法，详细说明了需求方案、设计目标、设计任务、模块划分、功能实现等环节的设计方法，将程序编写和软件工程原理的阐述有机地结合在一起，达到事半功倍的效果，可为学校开展相关课程设计提供良好的借鉴。

（7）提供丰富的教学辅助资源

面向教师提供精心设计的教学课件、教学设计样例（含课程思政设计）、教学实施方案、程序源代码、实验案例、实验指导、习题解答、实验参考答案、测试样卷等资料。其中基于"雨课堂"的教学课件应用动画、仿真等形式突破教学难点，可有效提升课堂教学效果；实验案例可直接应用于与课程同步的实验教学。

面向学生提供整门课程的微课教学视频，以及程序源代码、实验案例、教学课件、实验报告模板、课程设计报告模板等资料，可为学生提供学习指导。第 10 章的综合课程设计案例提供分阶段的项目源代码（共 10 个阶段），可使读者理解在软件工程思想指导下的渐进式项目开发过程。

上述资料都可以从人邮教育社区（www.ryjiaoyu.com）下载。对于开展这门课的课程设计的学校，建议学生在软件工程生命周期开发方法的指导下，以团队合作的形式，完成具有一定规模的课程设计，进一步提高程序设计能力，达到深入理解并真正掌握结构化程序设计的思想和方法，培养团队合作精神的目的。

本书共 10 章，授课教师可按模块化结构组织教学，同时可根据所在学校关于本课程的学时安排，对部分章节的内容灵活取舍。本书在"学时建议表"中给出了针对理论教学和实验教学的建议。

学时建议表

章名	基本内容	教学建议	理论教学		实验教学
			48 学时	64 学时	32 学时
第1章 程序设计引论	计算机科学与问题求解★ 程序、程序设计及程序设计语言 C 语言简介 C 语言程序开发工具与程序开发步骤★	本章内容重在引导，使学生理解计算机科学与问题求解的基本概念，了解程序、程序设计与程序设计语言的基本概念，了解 C 语言的历史及其应用领域，掌握 C 语言程序常用的开发工具与 C 语言程序开发步骤	2 学时	2 学时	1 学时

章名	基本内容	教学建议	理论教学		实验教学
			48 学时	64 学时	32 学时
第2章　数据类型、运算符与表达式	数据类型的概念与分类★ 常量与变量★ 算术运算符★ 关系运算符★ 复合赋值运算符★ ++和––运算符★ 表达式的类型转换	本章的重点是理解数据类型的概念及分类、各种数据类型变量的表示范围。 正确使用常量与变量，掌握算术运算符、关系运算符、复合赋值运算符及++和––运算符等常用运算符的使用方法，并理解运算符的优先级与结合性	3 学时	3 学时	1 学时
第3章　算法与简单 C 语言程序设计	字符输入/输出 格式输入/输出★ 算法的概念及其描述方法★ 程序设计举例★	本章的重点是掌握数据输入、输出函数的使用方法。 理解算法在问题求解中的作用，了解算法的表示方法。 掌握简单顺序程序设计的一般方法	2 学时	3 学时	2 学时
第4章　程序基本控制结构	逻辑运算符与逻辑表达式★ if 语句★ 条件表达式 switch 语句★☆ while 循环语句★☆ for 循环语句★☆ do while 循环语句★ break 语句★☆ continue 语句★☆ 多重循环及其应用★☆ 循环程序设计方法★☆	本章是全书的重点之一。 在正确掌握分支与循环控制语句的基础上学习分支与循环程序设计方法。 重点掌握计数法、标记法等循环控制技术，并通过数列求和、素数判断等典型例题介绍迭代、递推、穷举等循环程序设计技巧。 引导学生学会用程序调试工具分析程序运行情况，同时正确理解break 与 continue 等程序跳转语句的使用场合。 通过输出九九乘法表等案例介绍多重循环程序的设计方法。掌握利用分支与循环进行问题求解的方法，培养计算思维能力	12 学时	14 学时	7 学时
第5章　函数及其应用	函数的定义和调用★ 库函数与自定义函数◎ 函数参数传递方式★☆ 函数嵌套调用★ 递归函数★☆ 变量的作用域与生存期 函数综合应用◎	本章是全书的重点之一。 领会函数的定义方法，以及有参函数与无参函数、有返回值函数与无返回值函数的使用场合。 重点理解函数的参数传递方式，通过汉诺塔等典型问题掌握递归程序设计方法。 理解模块化程序设计的基本思想，并能在实际中熟练应用	6 学时	8 学时	4 学时

章名	基本内容	教学建议	理论教学		实验教学
			48学时	64学时	32学时
第6章 数组及其应用	一维数组的定义与引用★ 向函数传递一维数组★☆ 基于数组的常用算法及其应用★☆ 二维数组★ 向函数传递二维数组★☆ 字符串与字符数组★ 常用的字符串处理函数 基于数组的递归算法◎☆	本章是全书的重点之一。 重点掌握如何应用数组来存储大规模数据，掌握基于数组的数据插入、删除、查找、排序（选择与冒泡）等常用数据处理算法，并能熟练应用。 理解数组作为函数参数的使用方法，掌握字符串及常用的字符串处理函数的使用方法。 通过基于数组的递归算法进一步巩固递归程序设计技巧	12学时	14学时	7学时
第7章 指针及其应用	指针变量的定义与初始化 间接寻址运算符★ 指针与函数★ 指针和一维数组★ 字符指针★ 行指针与列指针★☆ 指针数组◎ 动态内存分配 二级指针◎	本章是全书的重点与难点之一。 理解指针的本质，理解指针的定义与使用方法。重点掌握指针在作为函数参数、访问一维数组、访问字符串3个方面的应用。 行指针与列指针是本章的难点，需重点讲授。引导学生了解指针在动态内存分配等方面的应用。 64学时的理论教学计划要求学生掌握二级指针、指针数组的定义与使用方法，为"数据结构"等后续课程的学习奠定基础	6学时	9学时	4学时
第8章 结构体及其应用	结构体类型与结构体变量的定义和初始化★ 指向结构体的指针★ 向函数传递结构体 结构体数组★ 单链表的定义◎ 基于单链表的查找、插入和删除等基本算法◎☆	本章的教学重点是引导学生掌握如何利用结构体（数组）存储大规模复杂数据对象，并编写相应的数据处理算法。 掌握结构体类型及变量的定义，并理解通过指针引用结构体变量的方法。 理解如何应用动态内存分配构造单链表，理解基于单链表的基本算法	4学时	6学时	3学时
第9章 文件与数据存储	文件的分类、文件指针 文件的打开和关闭★ 文件检测函数 字符读/写函数 字符串读/写函数 格式化读/写函数★ 数据块读/写函数 文件的随机读/写◎☆	本章的学习重点是理解为何要用文件来存储数据，如何应用文件存储数据。 掌握文件的数据读/写方法，重点讲授格式化读/写函数的使用方法。可引导学生通过编程实践来熟悉文件的读/写操作	1学时	3学时	2学时

续表

| 章名 | 基本内容 | 教学建议 | 理论教学 | | 实验教学 |
			48 学时	64 学时	32 学时
第 10 章 C 语言综合性程序设计案例分析	软件开发过程概述◎ C 语言综合性程序设计案例分析◎	本章对非计算机相关专业不做要求。 计算机相关专业教师可以用 2 学时讲授如何结合软件工程知识，利用所学程序设计方法来开展综合性课程设计。 本章案例可供开展课程设计的学校师生参考	0 学时	2 学时	1 学时

说明：★为重点内容，☆为难点内容，◎为 48 学时的理论教学计划中的自学内容。前 9 章涉及全国计算机等级考试二级 C 语言程序设计考试大纲内容。表中所列实验教学学时为课内实验建议学时，若开展课程设计则另需安排 20 学时课外实验。

本书可作为计算机科学与技术、软件工程、网络工程、人工智能、数据科学与大数据技术、物联网工程等专业"高级语言程序设计""程序设计基础"课程的教材，也可作为大学公共计算机基础课程——"C 语言程序设计"的教材。本书的内容符合全国计算机等级考试二级 C 语言程序设计考试大纲的要求，可供参加全国计算机等级考试二级 C 语言程序设计的同学或从事 C 语言程序开发工作的工程技术人员参考。

本书由揭安全编写。王明文教授在百忙之中仔细审阅了全书，并提出了许多宝贵的意见和建议，在此表示衷心的感谢！

因作者水平有限，书中难免存在不妥之处，欢迎读者对本书及教学辅助资源提出意见和建议。

作　者
2022 年 8 月

目录

第1章
程序设计引论

本章首先介绍计算机科学与问题求解的基本特点、程序与程序设计的基本概念、程序设计语言分类、程序的执行方式、C语言的历史与特点等内容，然后简要介绍C语言程序开发工具。

通过本章的学习，读者应达成如下学习目标。

知识目标：理解程序和程序设计的基本概念，了解C语言的历史及其应用领域。

能力目标：理解程序从编码、编译到运行的工作原理，熟悉集成开发环境（Integrated Development Environment，IDE）的各项功能，能够使用Code::Blocks与VC等工具编写简单的C语言程序。

素质目标：理解计算机科学与问题求解的含义，培养应用计算机进行问题求解的计算思维，提升学生对程序设计的兴趣。

1.1　计算机科学与问题求解

维基百科（Wikipedia）关于计算机科学（Computer Science，CS）的定义是："系统性研究信息与计算的理论基础以及它们在计算机系统中如何实现与应用的实用技术的学科。它通常被形容为对那些创造、描述以及转换信息的算法处理的系统研究。"计算机科学包含很多分支领域：有些领域强调特定结果的计算，如计算机图形学；而有些领域探讨计算问题的性质，如计算复杂性理论；还有些领域专注于怎样实现计算。例如，程序设计强调应用特定的编程语言解决特定的计算问题，人机交互则专注于怎样使计算机和计算变得有用、好用，以及随时随地为人所用。

从第一台电子计算机诞生到现在的几十年里，计算机科学得到了蓬勃发展和广泛应用，计算机科学正深刻影响人类的生产方式、认知方式和社会生活方式。尤其是近十年来，网络和万维网（World Wide Web，WWW）技术的发展极大地丰富了计算机科学的内涵，以至于ACM和IEEE-CS的专家们认为，目前已经无法用计算机科学来称呼它，而改称计算学科（Computing Discipline）。总体而言，计算机科学的发展和应用水平已成为衡量一个国家综合竞争力的重要标志之一，它已成为现代科学体系的主要基石之一。

问题求解是指人们在生产、生活中面对新的问题时，由于缺少现成的有效对策而进行的一种积极寻求问题答案的活动过程。

问题求解是计算机科学的根本目的，计算机科学在问题求解的实践中得到发展。人们既可用计算机来求解如数据处理、数值分析等问题，也可用计算机来求解如生物学、物理学和心理学等问题。问题求解是一个非常复杂的思维活动过程，它不仅包括整个认识活动，而且涉及许多非智力因素，但思维活动是解决问题的核心。

利用计算机进行问题求解前，人们必须给出适当的问题描述，通过抽象将问题模型化并用适当的符号表示出来，然后计算机通过对这些符号实施规定的"计算"完成问题求解。利用计算机进行问题求解过程如图 1-1 所示。

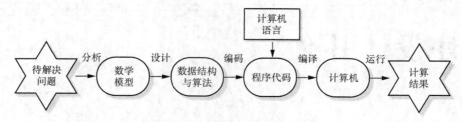

图 1-1　利用计算机进行问题求解过程

图灵奖获得者尼古拉斯·沃斯（Nicklaus Wirth）指出："在较高的认识层次上，硬件和软件是一样的。"他认为硬件和软件最终都可以归结为以一定形式的数据表示物质世界的某一系统，并使用算法通过对这些数据的变换来获得相应的处理结果。然而，并不是所有的问题都是"可计算"的。所以计算机科学不仅要研究什么可以被有效地自动计算，而且要研究如何进行有效的计算。因此，可以认为，计算机科学的根本问题是：什么能且如何被有效地自动计算。

综上所述，计算机科学特别强调对算法的研究。算法是一组明确、有效的可计算操作的有序集合，它能在有限的时间内结束，并产生计算结果。如果我们可以找到一个算法来解决某个问题，那么我们可以对该问题进行自动化求解。计算机算法最终需要通过程序设计来实现，程序设计使计算机科学成为实验学科而非纯理论学科。

一段时间以来，计算机和信息技术被看成一种高科技工具，计算机科学也被构造成一门专业性很强的工具学科，这种认知很容易导致负面的狭义工具论。这种狭义的认知是计算机科学向各行各业渗透的最大障碍，对计算机和信息技术的全面普及极其有害。2006 年，美国卡内基梅隆大学（Carnegie Mellon University）计算机科学系前系主任周以真（Jeannette M. Wing）教授在 *Communications of the ACM* 杂志上发表了文章《计算思维》（Computational Thinking），在计算机教育界产生了广泛的影响。**计算思维**是指运用计算机科学的基础概念进行问题求解、系统设计以及人类行为理解等体现计算机科学之广度的一系列思维活动。今天，计算思维应成为一种普适思维，是每个人应具有的基本技能。计算思维强调一切皆可计算，从物理世界的模拟到人类社会的模拟，从人类社会的模拟再到智能活动，都可以认为是计算的某种形式。将计算思维贯穿于理论教学和实践应用将有助于促进知识向能力的转化。因此，程序设计的学习是培养计算思维的一种重要途径。以"程序设计"为载体培养读者的计算思维能力正是作者撰写本书的主要目的之一。

1.2　程序与程序设计

1.2.1　程序

"程序"并非计算机专利，其实做任何事情都要讲究程序。《舌尖上的中国》中介绍的美食通常有其特有的制作程序，第二季第三集《心传》中讲述的陕西吴堡县张家山镇的空心挂面加工过程给观众留下了深刻印象：和面、搓条、盘条、上筷子、阴条、分筷子、再阴条、出筷子、装封。为获得独特的美味，这些程序缺一不可。

本书中的程序特指计算机程序。**计算机程序**（Computer　Program）是指一组指示计算机或其他具有信息处理能力的装置进行每一步动作的指令。程序通常用某种程序设计语言编写，运行于某种目标体系结构上。简单来讲，计算机程序是计算任务的处理对象和处理规则的描述。打个比方，一个用汉语（语言）写下的红烧肉菜谱（程序），可以用于指导懂汉语和烹饪手法的人来做这道菜。计算机程序需要用程序设计语言来编写，才能直接或间接地被计算机理解并执行。

计算机（硬件）本身并不是智能设备，它需要运行特定的程序才能完成特定的任务。而程序及与之相关的数据和文档称为软件。软件与硬件相比具有不同的特点，它既看不见又摸不着。软件不仅存在于大家熟悉的计算机、平板电脑及智能手机中，还被广泛应用于很多普通家用电器或电子设备中，如 MP3 播放器、微波炉、数码相机等。

为了运行一个程序，计算机要加载程序代码，可能还要加载数据，从而初始化成一个开始状态，然后调用某种启动机制开始运行程序，最终将输入的数据处理后得到运行结果。

例如，应用智能手机中的全景拍摄程序可以将连续拍摄的多张照片自动拼接成全景照片，如图 1-2 所示。这里的数据是照片，处理照片的步骤就是算法。

图 1-2　利用全景拍摄程序拍摄的全景照片

行车电脑利用程序自动分析汽车运行的实时数据，如油耗、平均时速等，如图 1-3 所示。

电波钟表将传统钟表技术与现代时频技术、微电子技术、计算机技术等多项技术结合，通过接收国家授时中心以无线电长波传送的标准时间信号，经过内置微处理器中的程序解码处理后，自动校准钟表走时，使电波钟表显示的时间与国家授时中心的标准时间自动保持精确同步。智能手表利用移动互联网与传感器技术以及 AI 算法可实现移动支付，还可提供步数、热量等日常活动监测数据，支持来电显示、短信、电子邮件、社交应用等信息提醒以及火车、航班、酒店等情景智能推送通知。电波钟表与智能手表如图 1-4 所示。

图 1-3　行车电脑　　　　　　图 1-4　电波钟表与智能手表

可见，无处不在的软件（程序）正在改变人们的生活与社会的生产方式。

1.2.2　程序设计

程序设计，简单地讲就是设计"程序"的过程。程序设计是创造性劳动，目前尚不能完全实现软件自动化[①]。专门进行程序设计的人员称为程序员（Programmer），许多计算机专业的毕业生的第一份工作就是做程序员。当然程序设计并非只能由程序员完成，各种软件开发平台的操作日趋简单，功能日趋强大，甚至出现了一些积木式的程序开发平台，让普通的民众也可以 DIY（Do It Yourself）自己的应用程序。一些原本不是程序员的普通人因为开发出某种受欢迎的应用程序（如手机游戏）而一举成名。然而，一些结构复杂、规模庞大的软件系统仍然需要专门的设计人员与经验丰富的程序员来共同开发。这正如许多普通人可以做出美味的家常菜，但想成为大厨，则需经过专业的理论学习与实践训练。

程序需使用程序设计语言进行编写，从计算机诞生至今，产生了许多种程序设计语言和各种各样的程序设计方法，从机器语言到汇编语言，从汇编语言到 Fortran、BASIC、COBOL，再到 C、C++、Java、C#、Python；从结构化程序设计方法到面向对象的程序设计方法；从串行程序设计到并行（并发）、多核程序设计等。

学习程序设计方法必须借助具体的程序设计语言来进行，无论采用何种语言来进行程序设计，其最终的目的都是控制计算机更有效地完成人们要求的工作。计算机完成任务的具体算法通常不因程序设计语言的改变而改变。不论选择何种程序设计语言作为第一门程序设计课程的教学语言，学习者首先都要掌握程序设计的基本方法和规则，程序设计语言只是实现程序设计的手段。只有真正掌握了程序设计的基本方法，培养出计算思维能力，才能够做到触类旁通、举一反三。

1.3　程序设计语言

1.3.1　程序设计语言分类

1. 机器语言

计算机能够直接识别的程序设计语言为机器语言，一条机器指令是由一个或多个字节组成的二进制编码。指令中一般包括操作码和地址码，操作码用于指示该指令的性质，如加法、减法等；地址码用于指示该指令操作的对象，如减法指令需要告诉 CPU 被减数与减数在内存中的位置，这样 CPU 才能从指定的位置读取数据并进行相应的计算。

每一种 CPU 都具有自己特定的机器语言，例如，在 8086/8088 CPU 中的机器指令

```
10111000   0000000   0001000
```

表示将十六进制数 1000H 存入 CPU 内部的名为 AX 的寄存器。

```
00000001   11011000
```

表示将寄存器 AX 与寄存器 BX 中的内容相加，结果存回寄存器 AX。

用机器指令编写的程序可以直接由计算机执行，但用机器语言编写程序很烦琐，程序冗长，而且特别容易出错。此外，由于它与计算机硬件密切相关，所以用机器语言编写的程序不能在异种机型间移植。

---

① 软件自动化是尽可能借助计算机系统（特别是自动化程序设计系统）进行软件开发的过程。从狭义的角度来理解，软件自动化是从某种形式的软件功能、规格说明到可执行的程序代码这一过程的自动化。

2. 汇编语言

汇编语言用指令助记符来代替机器指令中的操作码与操作数。例如，前面两条机器指令用汇编语言可以写成：

```
MOV  AX,1000H     （表示将十六进制数 1000H 存入寄存器 AX）
ADD  AX,BX        （表示将寄存器 AX 中的内容与寄存器 BX 中的内容相加，结果仍存回寄存器 AX）
```

显然，用汇编语言来编写程序比直接用机器语言编写程序具有更高的效率，且汇编语言较机器语言易懂、易查错。但它仍是一种面向机器的低级语言，不能直接移植到不同类型的计算机上。

汇编语言程序需要变换成机器语言程序才能在计算机上运行，这项工作可以由称为"**汇编程序**"的专门程序来完成，将汇编语言程序转换成机器语言程序的过程就称为"**汇编**"。

目前，在计算机硬件控制、嵌入式系统开发等领域还常用汇编语言来进行编程。

3. 高级语言

机器语言与汇编语言由于面向计算机底层编程，直接与计算机硬件打交道，通常被统称为"低级语言"。人们总是希望程序设计语言尽可能方便使用、便于记忆。为此，许多计算机科技工作者不断努力，设计出了一些区别于低级语言的新型程序设计语言，这些程序设计语言具有更精练的"表达能力"，更接近人们日常生活中使用的语言，这些语言后来被统称为"高级语言"。历史上出现过的程序设计语言有 2000 多种，其中绝大部分是高级语言。

例如，在 C 语言和 Java 中分别用语句

```
printf("%d",1 + 2);        //C 语言语句
System.out.print(1 + 2);   //Java 语句
```

来输出 1 加 2 的结果，显然，用高级语言编写的程序比用低级语言编写的程序更易懂、更易学。

高级语言门类繁多，各种语言在不同的历史时期和应用领域发挥不同的作用，有些语言昙花一现，有些语言却像常青树，四季常青。

许多流行的程序设计语言都与 C 语言有密切联系。C++、C#、Java 等都是在 C 语言的基础上发展起来的。随着计算机应用领域的拓展，标准 C 语言已在窗体程序设计、面向对象的程序设计等方面失去优势，这才有了 C++、C#、Java 等语言的产生和发展。本书选择 C 语言作为高级语言程序设计的教学语言，是因为其简单、精练，易于描述与实现结构化的程序，特别适合初学者学习。学习者可以在快速掌握 C 语言基本语法的基础上将更多的学习精力放在程序设计方法的学习上，培养计算思维能力。通过扎实掌握 C 语言程序设计方法，读者可以做到触类旁通，为快速学习其他程序设计语言和今后从事软件开发相关工作奠定良好的基础。

1.3.2　程序的执行方式

高级语言虽然形式简单，但高级语言程序不能被计算机直接执行，必须将它转换成机器语言程序才可以执行，完成这项转换工作的程序称为"**编译程序**"，转换的过程称为"**编译**"（Compile）。编译后产生的目标文件还需要与其他辅助的库文件进行"**链接**"（Link），生成最后的可执行文件，该文件可以在计算机上直接运行。编译和链接的工作方式示意如图 1-5 所示。由于不同的语言有不同的表达方式，所以每一种程序设计语言都有相应的编译程序。C 语言是典型的编译型程序设计语言。

而有些高级语言如 BASIC、JavaScript 等采用"解释"方式来执行程序，这种方式由一种称为"**解释器**"的软件来实现。解释器并不将源程序整体翻译成目标代码，而是解释一句执行一句。

解释器的工作方式示意如图 1-6 所示。

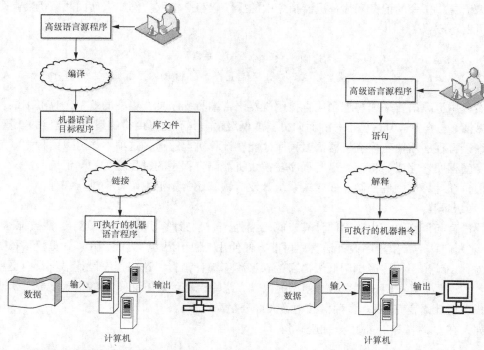

图 1-5　编译和链接的工作方式示意图　　　　图 1-6　解释器的工作方式示意图

　　还有一些编程语言采用编译和解释相结合的方式执行程序，这种方式当前非常流行，称为虚拟机工作方式，如图 1-7 所示。Java、Python、Perl 等语言都采用这种方式。以 Java 为例，程序员编写的源代码（.java 文件）首先被编译成字节码（.class 文件），字节码是 Java 虚拟机的指令而非机器指令，所以它是与平台无关的，它由运行于特定操作系统上的 Java 虚拟机来解释、执行。这样，只要针对不同的操作系统提供相应的 Java 虚拟机，就可以做到 Java 程序一次编写，到处运行。

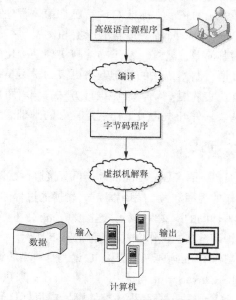

图 1-7　虚拟机工作方式示意图

1.4　C 语言简介

C 语言历史悠久，是一种被广泛使用的高级程序设计语言。需要对操作系统和系统程序以及硬件进行操作的场合，用 C 语言明显优于其他高级语言。它是较接近机器底层的高级语言之一，这也是开发能在不同硬件平台上运行的应用程序的程序员选用 C 语言的原因之一。

C 语言的发展颇为有趣，它的原型是算法语言（ALGOrithmic Language，ALGOL）。1963 年，英国剑桥大学将 ALGOL 60 发展成为 CPL（Combined Programming Language）。1967 年，英国剑桥大学的马丁·理查德（Martin Richards）对 CPL 进行了简化，于是产生了名为 BCPL（Basic Combined Programming Language）的语言。

1970 年，美国贝尔实验室的肯·汤普森（Ken Thompson）将 BCPL 进行了修改，并为它起了一个有趣的名字"B 语言"，并且他用 B 语言写了第一个 UNIX 操作系统。其后，1972 年，美国贝尔实验室的丹尼斯·里奇（Dennis Ritchie）（见图 1-8）设计了 C 语言，它继承了 ALGOL 60、BCPL 和 B 语言的许多思想，并加入了数据类型的概念。为了推广 UNIX 操作系统，1977 年丹尼斯·里奇发表了不依赖于具体机器系统的 C 语言编译文本——《可移植的 C 语言编译程序》，之后他与肯·汤普森用 C 语言重写了 UNIX 操作系统，使其成为迄今为止最为成功的商用操作系统之一。图 1-9 所示是丹尼斯·里奇与肯·汤普森的工作照片。

图 1-8　丹尼斯·里奇

图 1-9　丹尼斯·里奇与肯·汤普森的工作照片

1978 年布莱恩·克尼汉（Brian Kernighan）和丹尼斯·里奇出版了 *The C Programming Language*，从而使 C 语言成为世界上应用极广泛的高级程序设计语言之一。

随着微型计算机的普及，出现了许多 C 语言版本。由于没有统一的标准，这些 C 语言之间出现了一些不一致的地方。为了改变这种情况，1989 年，美国国家标准协会（American National Standards Institute，ANSI）为 C 语言制定了一套 ANSI 标准，成为 C 语言标准。1990 年，国际标准化组织（International Organization for Standardization，ISO）接受了 ANSI 提出的标准，这个版本的 C 语言标准称为 C89。C99 是在 C89 的基础上发展起来的，增加了基本数据类型、关键字和一些系统函数等。2011年12月8日，ISO发布了新的C语言标准——C11，官方名称为ISO/IEC 9899:2011。C语言的产生与发展可用图1-10来表示。

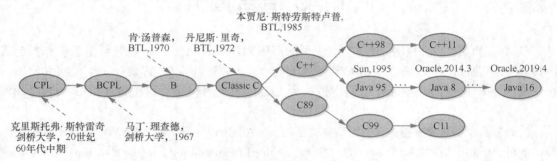

图1-10　C语言的产生与发展

　　C语言不仅具有高级语言的特性，而且在某种程度上具有低级语言的特性，用C语言开发的程序通常具有较高的运行效率。因此，在各种流行程序设计语言大行其道的今天，C语言仍被广泛应用于对性能要求较高的系统，如嵌入式操作系统、实时和通信系统等。例如，Linux操作系统、部分Windows操作系统代码、Android操作系统（见图1-11）都是用C语言或C++开发的。苹果公司的macOS则是用C语言的派生语言Objective-C开发的。华为公司鸿蒙操作系统（HarmonyOS）（见图1-12）是面向全场景（移动办公、运动健康、社交通信、媒体娱乐等）的分布式操作系统，该系统的内核也是基于C语言开发的，部分功能模块用C语言以及C++混合编写。

图1-11　Android操作系统

图1-12　鸿蒙操作系统

　　众所周知，当前导航仪、智能家居、智能手机、机器人、智能交通和家庭安全监控系统已得到广泛应用，这些嵌入式系统对程序性能具有较高的要求。例如，汽车的辅助制动系统必须有足够快的响应速度以在发生事故前将车减速或停下来；视频游戏中游戏控制必须有足够快的响应，使动作与控制之间不产生滞后，并使动画流畅；飞行器控制等实时系统对时间性能的要求极高，它必须实时监控飞行器的位置和速度，并且将这些信息无延时地传输给控制系统，以使飞行器能在发生碰撞之前改变航线。

　　上述嵌入式系统与物联网的应用使C语言犹如一棵常青树，并焕发出新的活力，仍然受到很多程序员的青睐。近十年来，位居TIOBE开发语言排名前两位的一直是C语言和Java，如图1-13所示。

　　TIOBE开发语言排名是一种衡量编程语言流行程度的指标，该指标每月更新一次。各种语言的市场占有率是根据世界各地的熟练工程师、课程和第三方供应商的数据统计得来的，用于统计市场占有率的流行的搜索引擎包括谷歌、MSN、雅虎、维基百科和YouTube。

由于许多主流的程序设计语言都是在 C 语言的基础上发展起来的，因此，学习 C 语言可以为日后学习其他语言打下坚实的基础，这也是许多高等院校采用 C 语言作为第一门程序设计教学语言的原因之一。

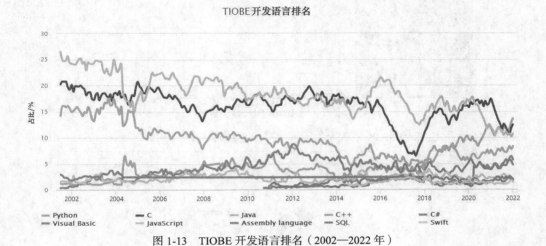

图 1-13　TIOBE 开发语言排名（2002—2022 年）

1.5　C 语言程序开发工具

《论语》有云："工欲善其事，必先利其器。"这说的是工具的重要性。

程序员编写的 C 语言程序需要经过编译产生目标文件，从 C 语言诞生至今，出现了许多 C 语言的编译器和集成开发环境，如 Visual C++（简称 VC）、Visual Studio、DEV C++和 Code::Blocks 等。

VC 和 Visual Studio 都是美国微软公司的产品，是 Windows 平台上流行的 C/C++集成开发环境，其功能强大，适合编写大型软件系统。

近年出现的一款自由软件——Code::Blocks（简称 CB），功能强大，支持 C 与 C++，是跨平台的 C/C++集成开发环境，它可以配置多种编译器和调试器（本书建议读者使用 GCC 和 GDB）。GCC 全称是 GNU Compiler Collection，GDB 全称是 GNU Project Debugger，它们都是由自由软件基金会 GNU 维护的自由软件，可以免费使用，绝大多数的 Linux 和 UNIX 操作系统上的软件都是通过它们开发的。

GCC 在 Windows 操作系统下有一个特别的包装版，叫 MinGW，它集成了集成开发环境与编译器。图 1-14 所示为 Code::Blocks 主页，读者可通过左边的"Downloads"超链接进入下载页面，再根据所使用的操作系统选择相应的带 MinGW 的 CB 版本。

进入 Code::Blocks 主页下载时，请选择 Download the binary release 选项，如果是 Windows 操作系统的用户，下载时请选择自带 MinGW 的版本。本书使用的是 2020 年 3 月 29 日发布的基于 Windows 操作系统的 20.03 版本（codeblocks-20.03mingw-setup.exe）。读者在下载时，可能已有更新的版本。

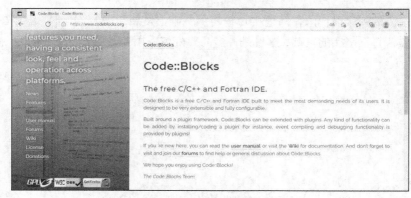

图 1-14　Code::Blocks 主页

图 1-15 所示是 Code::Blocks 集成开发环境的初始界面。

图 1-15　Code::Blocks 集成开发环境的初始界面

　　初始界面提供了 "Create a new project"（新建项目）、"Open an existing project"（打开已存在项目）等操作选项。在初始界面中选择 "Create a new project" 选项，将出现选择项目类型界面，如图 1-16 所示。

　　CB 支持多种类型的项目开发，此处若选择 "Console application"（控制台应用程序）选项，将出现图 1-17 所示的语言选择界面，接下来可选择 C 语言作为编程语言。

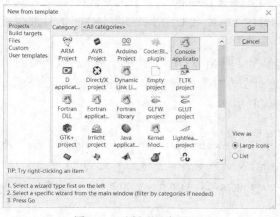

图 1-16　选择项目类型界面

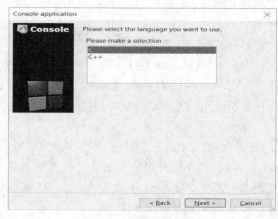

图 1-17　语言选择界面

之后，将出现项目名称界面，如图 1-18 所示。这时输入项目名称并在"Floder to create project in"文本框中选择项目存放位置。"Project filename"与"Resulting filename"文本框中的内容将自动生成。

单击"Next"按钮后，将进入编译器选项界面，如图 1-19 所示。由于此版本自带 GCC，因此 CB 将自动检测到相应的编译器（若本机还安装了其他编译器，用户可以在此指定编译程序时所用的编译器）。此处，我们直接单击"Finish"按钮，可进入程序编辑界面，如图 1-20 所示。

图 1-18　项目名称界面

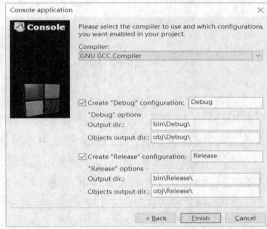

图 1-19　编译器选项界面

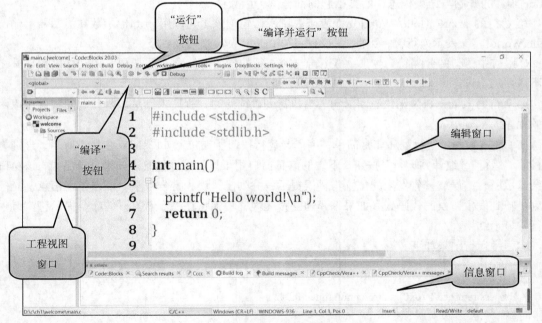

图 1-20　程序编辑界面

在 *The C Programming Language* 一书中，第一个程序 Hello world 是极其简短的，它仅在显示器上输出了一条 Hello world!消息。

新建项目将自动创建名为 main.c 的源程序文件，其中就包含了输出 Hello world!的程序代码，如图 1-20 中编辑窗口所示。该程序中各条语句的含义如图 1-21 所示，左侧的行号是 CB 集成开发环境自动加上的，编程时不用输入。

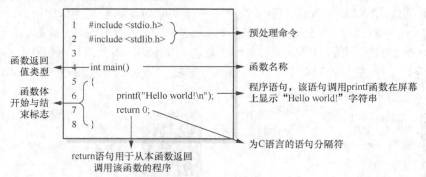

图 1-21 main.c 各语句含义说明

程序的第 1 行与第 2 行是 C 语言的预处理命令，其作用是分别用#include 指令将 stdio.h 和 stdlib.h 两个头文件加载到本程序中，供本程序使用存储于其中的函数（可理解为 C 语言程序中具有逻辑关系的一组代码集合，用于完成特定的任务）或数据。stdio.h 是常用的头文件之一，里面包含了与输入/输出有关的函数。由于大部分程序都会涉及数据输入和数据输出，所以一般每个 C 语言程序都会在第一行加上#include <stdio.h>。本程序中的 printf()函数就是在 stdio.h 中定义好的输出函数。

第 4 行开始为本程序的唯一的函数：main()函数。C 语言规定程序有且只有一个 main()函数，程序的执行均从该函数开始，其他函数均被 main()函数直接或间接调用。第 5 行、第 8 行分别为 main()函数的开始与结束标志，由其括起的部分称为函数体。

第 6 行的 printf("Hello World!\n");为函数调用语句，该语句调用 printf()函数在显示器上输出 Hello World!。\n 表示换行符，因此光标将在输出 Hello World!后换到下一行。

C 语言中语句的分隔符为 "；"，第 1 行与第 2 行的预处理命令不是 C 语言语句，因此在其之后不需要加上 "；"。

第 7 行的 return 0;为函数返回语句，当执行到该语句时，程序控制从该函数返回到调用该函数的程序。

在 CB 中编译、运行程序非常简单，编译与运行按钮所在位置如图 1-20 左上方所示，分别为 "编译" "运行" "编译并运行" 按钮。下方的信息窗口用于显示编译信息。如果编译出错，该窗口内会显示所有错误或警告发生的位置与错误提示，并列出错误和警告数量。双击错误信息，光标立刻跳转到发生错误的代码处。如果编译和链接无误，程序将在一个新打开的命令提示符窗口中运行并显示结果。

本程序运行结果如下。

Hello World!
Process returned 0 (0x0)   execution time : 0.042 s
Press any key to continue.

在程序运行结束后，CB 会自动在屏幕上显示程序返回值（Process returned 0 (0x0)），并显示运行的时间（execution time:0.042 s），程序运行时间依具体的计算机不同而不同。

Press any key to continue.是 CB 自动加上的，此提示出现说明程序已运行完毕，按任意键将关闭命令提示符窗口。

通常情况下，新建项目用于建立大型程序，对那些只需用单个源程序文件就可以完成设计的简单程序，可以通过 CB 的 "File" 菜单中的 "New" 子菜单（也可通过工具栏中的 "新建" 按钮）选择建立 "Empty file"，如图 1-22 所示。

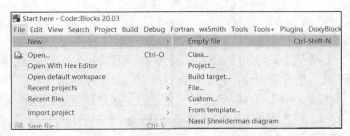

图 1-22　通过 CB 的 "File" 菜单中的 "New" 子菜单建立 "Empty File"

此时，CB 不会自动生成测试程序，用户可以根据 C 语言的语法规则自行撰写程序。

　　　建议读者先将新建程序文件存成扩展名为.c 的源程序文件，再进行程序编辑，这样 CB 会根据 C 语言的语法对程序的语句或关键字自动进行识别，如对 return 等关键字以不同颜色显示；当输入 "{" 时，系统将自动出现配对的 "}" 等。利用好 CB 这一功能，可方便我们编写程序。

　　程序文件取名遵循 "见名知意" 的规则，如用于排序的程序可取名为 sort.c。为便于检索，本书中的源程序文件命名采用以下规则：章序号_例题序号.c。例如，例 1.1 的源程序文件命名为 1_1.c，例 7.3 的源程序文件命名为 7_3.c，以此类推。

【例 1.1】由于编程所需的知识尚未介绍，此处，读者可以在 1_1.c 文件的编辑窗口中直接输入以下程序代码。

```
#include <stdio.h>
int main()
{       printf("welcome to C!\n");
        printf("Where there is a will there is a way!\n");
        return 0;
}
```

经编译后可产生可执行文件，程序运行的结果如下所示（此处我们略去系统自动增加的提示信息）。

welcome to C!
Where there is a will there is a way!

　　　以 CB 作为开发平台，当需要编写新的 C 语言程序时，需要先在 "File" 菜单中关闭当前程序项目，再选择新建项目或新建文件。当项目与单个 C 语言程序文件同时打开时，CB 默认的编译与运行对象是项目。

　　　CB 提供单个源程序文件的编程方式，特别适合程序设计初学者使用。书中所有程序均在 CB 调试通过。

　　　使用 VC、DEV C++编写 C 语言程序的方法与 CB 的使用方法相似。本书推荐采用 CB 作为 C 语言程序开发环境。

1.6　C语言程序开发步骤

如前所述，在执行C语言程序之前，必须创建程序并进行编译，产生可执行文件（.exe文件）。大多数情况下，这个过程需要反复进行。如果程序有编译错误（这类错误通常称为**语法错误**），必须修改程序来纠正错误，然后重新编译它，直到程序没有语法错误为止。

成功编译产生可执行文件并不意味着程序完全正确，如果程序有运行错误或者不能产生正确的结果（这种错误通常称为**逻辑错误**），则必须重新修改这个程序，重新编译，然后重新执行。如此反复，直到程序运行得出正确的结果。

C语言程序开发步骤如图1-23所示。

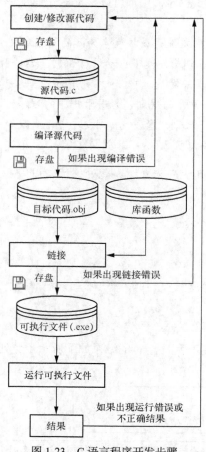

图1-23　C语言程序开发步骤

作为实验，读者可以尝试将1_1.c中的程序语句printf("Welcome to C!\n");后面的"；"删除，编译时将出现图1-24所示的错误提示。

从图1-24可见，光标停留在第4行，并且在信息窗口显示以下错误提示信息：

```
d:\c\ch1\1_1.c   4    error: expected ';' before printf
```

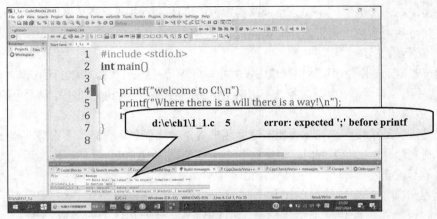

图 1-24　编译错误提示

根据提示信息可知，编译器提示在第 5 行的 printf 前面需要增加一个";"。这时，可以根据提示信息修改程序，再进行编译，直到问题得到解决。

编程是一项复杂的工作，难免会出错。据说，有这样一个典故：早期的计算机体积都很大，有一次一台计算机不能正常工作，工程师们找了半天原因最后发现是一只虫子（bug）钻进计算机中造成的。此后，程序中的错误就被叫作 bug，美国人格蕾丝·赫柏（Grace Murray Hopper）（见图 1-25）是第一位发现并排除程序错误的人。

图 1-25　格蕾丝·赫柏

后来人们把发现和排除程序错误的过程称为调试（Debug）。调试是一项非常复杂的工作，要求程序员概念明确、逻辑清晰，有时还要有些运气。调试的方法我们将在后面进行介绍。

程序中常见的错误分为以下 3 类。

- 语法错误

语法错误又称编译时错误，编译器只能翻译语法正确的程序，否则将编译失败，无法生成可执行文件。编译器对程序语法要求非常严格，即使是缺少一个分号这样很小的语法错误，编译器也会在输出一条错误提示后罢工。初学者首先会遇到的问题就是编程时出现语法错误，从而严重打击编程热情。在开始学习的几周，读者可能需要花大量的时间来纠正语法错误。实际上，语法错误是最简单、最低级的错误。快速掌握程序语言语法的有效途径是多加练习，积累经验，假以时日，则可熟能生巧，根据编译器错误提示就能快速修改程序的语法错误。

- 运行时错误

运行时错误是指程序在运行过程中发生的异常情况，例如，CPU执行到0作除数的除法时，将停止运行程序。编译器在编译时检查不出这类错误，但在程序运行时会出错，从而可能导致程序崩溃。

- 逻辑错误

逻辑错误是指程序没能正确地实现问题求解而导致程序运行结果不正确的程序错误。例如，在银行利息计算中，若编程时错误地将利率由0.05写成0.005，虽然程序能运行得出结果，但结果显然是不正确的。

编程时真正具有挑战性的工作是快速排除程序中的逻辑错误。如果程序有逻辑错误，虽然编译时可能不会产生任何错误信息，但是程序没有干它该干的事情，而是干了别的事情。找到逻辑错误在哪需要十分清醒的头脑，要通过观察程序的运行结果回过头来判断它到底做了什么。

调试是编程最重要的技巧，调试的过程可能会让初学者感到有些沮丧，但调试也是编程中最需要动脑的、最有挑战性和最有乐趣的部分。CB、VC都提供了功能强大的程序调试器，借助于调试器，可以大大提高程序调试效率。作为本书的辅助资料，读者可以在人民邮电出版社网站下载我们提供的有关CB调试程序方法的相关文档。

在程序设计方法学的指导下，循序渐进，培养自身的程序设计逻辑思维能力，这是提高程序正确性的有效途径。作为程序设计的初学者，应该记住"冰冻三尺，非一日之寒"，在学习时既要有挑战困难的热情，又不能操之过急。

接下来，就让我们进入学习C语言程序设计的奇妙之旅吧！

本章小结

通过本章学习应达到以下要求。

（1）了解程序、软件、程序设计语言的基本概念。

（2）了解程序设计语言的分类，理解程序的执行方式。

（3）了解C语言的历史及特点。

（4）能够自行安装CB、VC、DEV C++等C语言集成开发环境，并熟悉相应软件的使用方法，能够用其编写简单的C语言程序并编译运行。

（5）了解C语言程序错误的分类。

练 习 一

1. 要把高级语言编写的源程序转换为目标程序，需要使用（　　　）。

    A. 驱动程序   B. 编辑程序   C. 编译程序   D. 链接程序

2. 用C语言编写的代码（　　　）。

    A. 可立即执行   B. 是一个源程序

    C. 经过编译即可执行   D. 经过解释才能执行

3. 以下叙述中错误的是（　　　）。

    A. C 语言比其他语言高级，具有其他语言的一切优点

    B. 计算机只能接受和处理由 0 和 1 的代码组成的二进制或数据

    C. 一个完整的 C 程序有且仅有一个主函数（main()函数）

    D. C 语言程序的错误有语法错，运行时错误和逻辑错误三种

4. 以下叙述中正确的是（　　　）。

    A. 构成 C 程序的基本单位是函数，所有的函数名都可以由用户自行命名

    B. 分号是 C 语句之间的分隔符，不是语句的一部分

    C. C 程序中的每行只能写一条语句

    D. C 程序中的注释部分可以出现在程序中任何合适的地方

实 验 一

1. CB 的安装与使用。

（1）访问 Code::Blocks 主页，下载 CB 安装包，自行安装 CB 软件。分别采用新建项目和单个 C 语言程序文件方式编写输出"Hello World！"的程序，并编译运行。

（2）熟悉 CB 菜单主要选项及其功能，在"Settings"|"Editor"菜单中，对编辑窗口中的字体和字号进行个性化设置（如把字体设置为"Cambria"，字形为"粗体"，字号为"24"）。

（3）在"Settings"|"Compiler and Debugger"|"Toolchain executables"选项卡查看编译器安装位置。

（4）熟悉 CB 常用操作快捷键，熟练地使用这些快捷键可以有效提高编程效率，节约时间。

2. VC 的安装与使用。

《全国计算机等级考试二级 C 语言程序设计考试大纲（2022 版）》规定的开发环境为 Microsoft Visual C++ 2010 学习版，请自行安装，并在其中创建 C 语言程序，在屏幕上分行输出自己的学号、姓名和 E-mail 地址。

第 2 章

数据类型、运算符与表达式

计算机能够处理的数据分为不同的类型，数据类型决定了程序能够执行的基本运算。本章首先介绍 C 语言的数据类型，然后介绍常量、变量的概念及使用方法，最后介绍 C 语言的运算符与表达式。通过本章的学习，读者应达成如下学习目标。

知识目标： 了解 C 语言程序的基本结构，理解数据类型的概念及分类，掌握各种数据类型变量的表示范围。

能力目标： 掌握算术运算符、关系运算符、赋值运算符和++、——运算符等常用运算符的使用方法，熟悉运算符的优先级与结合性，能够正确使用常量与变量。

素质目标： 理解计算机变量存储原理与变量使用之间的逻辑关系，做到知其然，知其所以然，培养精益求精的科学素养。

2.1　C 语言程序基本结构

只有把理论知识同具体实际相结合，才能正确回答实践提出的问题。为了让大家进一步了解 C 语言程序的结构，我们先看一个求两个整数中较大整数的例子。

【例 2.1】　C 语言程序示例。

```
#include <stdio.h>
/*
        @函数名称: getMax
        @入口参数: 两个整型参数 a，b
        @函数功能: 返回两个形式参数中的较大者
        @文件名: 2_1.c
*/
int getMax (int a, int b)
{
        int m;
        if (a > b) m = a;
        else   m = b;
        return m;                /*如果 a>b，则返回 a，否则返回 b*/
}
/*
@函数名称: main
```

```
@函数功能: 主函数
*/
int main()
{
        int x,y,z;                              /*变量定义*/
        printf("Please input two integers: ");
        scanf("%d%d",&x,&y);                    /*输入两个整数*/
        z= getMax (x,y);                        /*调用函数 getMax()求 x,y 中的较大者并存入 z*/
        printf("较大的数是: %d\n",z);           /*输出 z 的值*/
        return 0;
}
```

在运行上面这个程序时，首先，屏幕上显示一条提示信息：

Please input two integers: _

提示用户从键盘上输入两个整数，此时用户可以在光标闪动的位置输入两个整数。假设用户输入 20 和 50，即

Please input two integers: 20 50↙

这里的"↙"表示回车符，输入完成后，显示器上将输出如下信息：

较大的数是: 50

上面这个例子可以体现出 C 语言程序结构上的一些特点，如下。

- 每个 C 语言程序包括一个或多个预处理命令、全局变量声明和一个或多个函数。
- 一个完整的 C 语言程序必须有且仅有一个 main()函数，程序的执行从该函数开始且结束于该函数，其他的函数都直接或间接地被 main()函数调用。
- C 语言语句都是以分号作为结束标志的，C 语言程序中允许在一行内写多条语句，也允许将一条语句写在多行上。但为提高程序的可读性，建议不要在一行内写多条语句。

C 语言程序的基本结构如图 2-1 所示。

1. 预处理命令

预处理命令的功能是告诉编译器预处理程序该为编译做哪些准备工作。C 语言编译器事先设计好了许多常用的函数供程序员使用，这些函数按功能分类保存在一些扩展名为.h 的头文件（又称库文件）中。读者可以在 CB 编译器安装目录 CodeBlocks\MinGW\include 下找到这些头文件。

图 2-1　C 语言程序的基本结构

#include 是所有预处理命令中用得最多也最重要的一条，它告诉编译器要把"<>"中的头文件加载到本程序中来使用。例如，stdio.h 中定义了 scanf()、printf()等实现数据输入输出的函数；math.h 中定义了大量数学函数。由于大部分程序都需要人机交互，这会涉及数据的输入和输出，所以编写 C 语言程序时通常会在最开始使用预处

理命令#include <stdio.h>将 stdio.h 文件加载到程序中。同理，当需要在程序中使用数学函数时，可以使用#include <math.h>将数学函数库加载到程序中。预处理是实现软件复用的一种有效手段。

 C 语言中的预处理命令以#开始，在#与关键字 include 之间不能有空格。预处理命令不是 C 语言语句，所以后面不需要加分号。

更多库函数和其他的预处理命令将在后续的章节中介绍。

2. 函数

C 语言程序中的函数是用于完成特定功能的程序模块，函数是 C 语言程序的基本单位，即 C 语言程序是由函数构成的，程序的功能是通过其中的函数及函数调用来实现的。C 语言程序中的函数分为库函数和用户自定义函数。第 1 章中的 1_1.c 只包括一个 main()函数，它调用 printf()函数在显示器上输出一行英文句子。而 2_1.c 包括两个函数，getMax()函数和 main()函数。getMax()函数用来求两个数中的较大数，main()函数则调用 scanf()函数来完成输入两个整数，然后调用 getMax()函数求两个数中的较大数，再调用 printf()函数输出所求得的较大数。

函数由函数首部和函数体两部分组成。

（1）函数首部包括对函数返回值类型、函数名、形参类型、形参名的说明，如例 2.1 中，函数 getMax()的首部为 int getMax (int a, int b)，说明该函数的返回值为整数类型，函数名为 getMax。形参是提供给函数的加工对象，int a, int b 表示 getMax()函数可接收两个整型参数。

（2）函数体由函数首部下面最外层一对花括号中的内容组成，包括声明与语句部分。声明部分在函数体的开始，它描述了函数所使用的数据。语句部分紧跟声明部分，它包含了使计算机执行某种操作的指令，在 C 语言中，这些指令通过 C 语句来实现。

第 5 章将对 C 函数进行详细介绍。

3. 变量声明

程序包括"数据"和"算法"两个关键因素，数据是算法处理的对象，在 C 程序中，常用变量来存储数据。变量的本质是可供程序使用的内存单元（或 CPU 中的寄存器），程序员在进行程序设计时，一般需要根据程序处理数据的特点在程序中声明相应的变量，编译程序会根据变量声明为用户程序中的数据分配相应的存储空间。

例 2.1 中的 int x,y,z;语句定义了 3 个整型变量，可存储 3 个整数。

在函数内部声明的变量称为局部变量，该变量只能被这个函数内部的语句使用。

4. 注释

C 程序中以 "/*" 开始、以 "*/" 结束的文本是注释，这种可跨行的注释称为块注释，块注释不能嵌套。适当的注释有助于读者理解程序，现代软件工程中，程序员协同完成软件开发的情况非常普遍，因此，对程序中的关键的算法、语句和变量增加适当的注释是非常有必要的。

C99 支持以//开始的行注释，用户在使用 CB 或 VC 编写 C 程序时，均可以使用行注释。行注释以//表示注释语句的开始，不用给出结束标志，注释作用范围只到本行结尾。C++、C#、Java 等高级程序设计语言都支持行注释。例如：

```
if (a>b)   return a;                    //如果 a>b,则返回 a
```

使用了行注释来说明该语句的功能。

2.2　C 程序中常见的符号

1. 标识符

我们指定某个对象（人或物）时一般会用到他的名字，在数学中解方程时，我们也常常用到这样或那样的变量名或函数名。同理，在程序设计语言中，对于变量、常量、函数也通过名字来识别，这些名字称为**标识符**。

标识符分为**系统预定义标识符**和**用户自定义标识符**两类。系统预定义标识符就是程序设计语言已经使用了的名字，在 C 语言中，如 main、printf 等都是预定义的标识符。程序员在编程时可以用自定义标识符给变量或函数命名。

程序设计语言里的标识符有一定的命名规则。C 语言语法规定，标识符由英文字母或下画线"_"开头，后面可以是英文字母、数字或下画线。

例如，getMax、a、b、_stringName 等都是合法的标识符。但 9cd、my@name 不是合法的 C 语言标识符。

标识符区分大小写，如 sum 与 Sum 是不同的标识符。

除了 C 语言语法上的规定，标识符在命名时宜遵循"**见名知意**"的原则，如用于存放圆的半径的变量取名为 radius，用于求最大值的函数取名为 getMax 等。遵循"见名知意"的原则有利于程序员理解程序功能，C 语言中的关键字详见附录 A。

2. 关键字

关键字又称**保留字**，它们是 C 语言中预先规定的具有固定含义的标识符，如 int 表示整数类型，return 表示返回主调函数等。用户只能按预先规定的含义来使用它们，用户自定义标识符不能与关键字相同。

3. 运算符

众所周知，计算机具有数值计算与逻辑计算的能力，相应地，高级语言提供了与之对应的运算符。C 语言的运算符共有 34 种。

按照运算符操作对象的个数，C 语言的运算符可分为**一元运算符**、**二元运算符**和**三元运算符**。一元运算符只有一个操作对象，如-（求负）、++（自增）等。二元运算符有两个操作对象，如+（加）、-（减）、*（乘）、/（除）等，例 2.1 中用了一个二元运算符">"比较 a 与 b 的大小。C 语言唯一的三元运算符是条件运算符（?:），其功能将在后续章节中介绍。

4. 数据

程序执行的本质就是对数据进行加工和处理。程序处理的数据有变量与常量之分，**常量**是指程序中保持不变的数据，如例 2.1 中 printf()函数输出的 " Please input two integers：" 就是一个字符串常量。**变量**对应某些内存单元，变量的内容（值）是可以改变的，例 2.1 中 main()函数中的 x、y、z 都是变量。

5. 分隔符与其他符号

在 C 程序中，空格、回车、逗号、分号都是有效的分隔符。程序中的标识符之间可用空格作为分隔符，同类项之间常用逗号作为分隔符，语句之间常用分号作为分隔符。

2.3　数　据　类　型

计算机处理数据的一般流程如图 2-2 所示。

图 2-2　计算机处理数据的一般流程

输入设备输入的数据需要存储在计算机的内存中才能被 CPU 加工和处理，处理后的数据再经输出设备输出提交给用户使用。

那么"数据"到底是什么呢？简单地讲，数据是多种不同信息的表现。以图 2-3 中牛肉炖土豆的食谱为例，食谱中的数据如下（烹饪配料、调味料和用量）：

牛肉 500g　土豆 500g

大蒜 1 个　料酒 2 勺

酱油 2 勺　生姜 1 块

八角 5 粒　食用油、食盐少许

食谱中给出的处理步骤则是牛肉炖土豆的"算法"。

计算机程序也是如此，在问题求解过程中需要采用特定的步骤对各种数据进行处理。例如，图 2-4 所示的学生成绩排序程序涉及的数据如下。

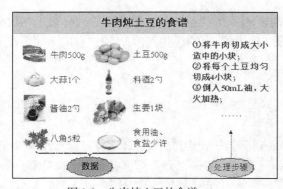

图 2-3　牛肉炖土豆的食谱

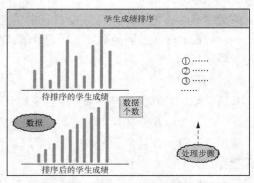

图 2-4　学生成绩排序程序的数据与算法

- 待排序的学生成绩。
- 数据的个数。

为使学生信息按分数升序排列，需要按照一定的步骤对输入的学生信息进行重排。这里的处理步骤就是排序算法，所有的算法都是"处理步骤"与"数据"的相互结合。

显然，代表信息的数据有很多种类型，而这些数据可以根据不同的种类分为不同的组，以烹饪为例，食谱中的数据可以分为以下几类。

- 配料（牛肉、土豆等）。
- 调味料（酱油、料酒、八角、盐等）。

- 用量（500g、50mL、1 个、2 勺等）。
- 火候（大火等）。

在烹调前，需要先用炊具（餐具）来盛放各类食材。不同类型的炊具（餐具）具有不同的功能，可以用来盛放不同类型和不同分量的食物，如图 2-5 所示。厨师会根据食物种类、分量和制作方法来选择合适的炊具(餐具)，如要制作"铁板牛肉"则应选择可以耐高温的铁板来制作，当需用微波炉加热时则需选择适合微波炉的餐具。

图 2-5　不同类型的炊具（餐具）

编程时，同样需要用内存单元来存储待处理的数据，与烹调类似，计算机程序需要处理的数据也分为不同的组，我们把这些组称为**数据类型**。高级语言把数据根据数据自身的特征分成不同的数据类型，同种数据类型又根据可存储数据的范围区分成不同的类别。

例如，在 C 语言中整型变量用于存放整型数据，根据可存储整数的范围又分为基本整型（int）、短整型（short int）和长整型（long int）3 个类别（C99 还支持 long long int）。

数据类型不仅规定了可以对该数据实施的操作，还确定了需要为该类型变量分配的存储空间大小。用户在编写程序时首先应根据所处理数据的性质和取值范围选择其所属的数据类型。

C 语言提供了丰富的数据类型，如图 2-6 所示。基本类型有**整型、字符型和浮点型**（也称实型）。除基本类型外，C 语言还提供了构造类型、指针类型和空类型用于描述复杂数据。构造类型由基本类型组合而成，分为数组、结构体和联合体 3 种。构造类型的具体内容将在后续章节详细介绍。

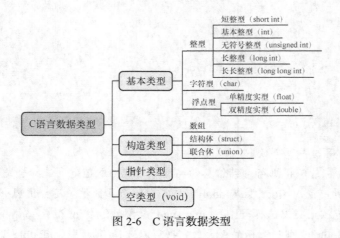

图 2-6　C 语言数据类型

在机器语言、汇编语言等低级语言中数据是不分类型的，用户在编写程序时，需要根据数据所需的存储空间大小为其申请相应的内存空间，这些数据的逻辑意义难以理解，编程时容易出错。

要正确进行程序设计，必须先了解不同数据类型变量可以存放的数据范围和占用存储空间的大小，表 2-1 给出了基本数据类型占用存储空间的大小和可存储的数据范围。

表 2-1　　　　　　　　　　　　　　　　基本数据类型

类 型 名	范 围	存 储 大 小
char	0～255	1 个字节
short int	-2^{15}（-32768）～$2^{15}-1$（32767）	2 个字节
int	-2^{31}（-2147483648）～$2^{31}-1$（2147483647）	4 个字节
unsigned int	0～$2^{32}-1$	4 个字节
long int	-2^{31}（-2147483648）～$2^{31}-1$（2147483647）	4 个字节（32 位机）
long long int	-2^{63}～$2^{63}-1$	8 个字节
float	-3.4×10^{-38}～3.4×10^{38} 精度为 6 位有效数字	4 个字节
double	-1.7×10^{-308}～1.7×10^{308} 精度为 15 位有效数字	8 个字节

数值型数据类型变量存储的数据的范围是由分配给该变量的字节数及存储格式决定的。对于整型数，采用补码表示。对于浮点数，采用的是定点小数的表示法。n 位补码表示的有符号数的范围是 -2^{n-1}～$2^{n-1}-1$，n 位补码表示的无符号数的范围是 0～2^n-1。有关补码的内容限于篇幅在此不展开介绍，读者可以参阅数字逻辑或计算机导论相关教材。

不同操作系统下的编译器对不同数据类型的变量分配的字节数可能会有差异。C 语言提供了 sizeof 运算符来获得不同数据类型的变量所占用的字节数。其常用格式如下：

sizeof(类型);

或

sizeof(变量);

例如：

printf("%d",sizeof(int));

将输出 int 型变量占用的字节个数。

编程时，程序员应能够根据待存储信息的类型和可能的取值范围选择合适的数据类型。例如，存储学生成绩信息时应使用 float 型或 double 型，存储产品数量等不会出现小数的数据时可以采用整型（根据数据范围，可以选择 int 型、unsigned int 型、long int 型或 long long int 型）。如数据的规模超出了 long long int 型可表示的最大数，也可以选择 float 型或 double 型变量来存储。而存储学生年龄等取值范围较小的数据时可以采用 short int 型变量。

类型限定符 signed 与 unsigned 可用于限定任何整型数据。

signed 用来修饰 char、int、short int 和 long int，说明它们是有符号的整数（正整数、0 和负整数）。整型默认是有符号的，所以 signed 通常省略。

unsigned 型的数总是正值或 0，并遵循算术模 2^n 定律，其中 n 是该类型占用的位数。例如，如果 int 型占用 32 位，那么 unsigned int 型的取值范围是 0～2^{32}。

现代面向对象的程序设计语言实现了抽象数据类型，它将数据和能够对数据实施的操作封装在一起，形成一个特定的类，为实现信息隐藏和数据封装提供了有效手段。类是面向对象的程序设计中最基本的概念，相关内容可在"面向对象程序设计"课程中学习。

【例 2.2】　测试各种数据类型占用的内存空间。

```c
#include <stdio.h>
int main()
{
        printf("数据类型     字节\n");
        printf("char         %d\n", sizeof(char));
        printf("short        %d\n", sizeof(short));
        printf("int          %d\n", sizeof(int));
        printf("unsigned     %d\n", sizeof(unsigned));
        printf("long         %d\n", sizeof(long));
        printf("long long    %d\n", sizeof(long long));
        printf("float        %d\n", sizeof(float));
        printf("double       %d\n", sizeof(double));
        return 0;
}
```

该程序在 64 位 Windows 操作系统的 CB 编译器下运行的结果如下：

数据类型	字节
char	1
short	2
int	4
unsigned	4
long	4
long long	8
float	4
double	8

2.4　常　　量

前面讲到，数据分为常量与变量。常量是在程序运行过程中保持不变的数据。C 语言中的常量按数据类型可分为整型常量、实型常量、字符常量、字符串常量、宏常量等，编译程序从这些常量的表示形式上就能区分出它们所属的数据类型。

2.4.1　整型常量

1. 整型常量的表示形式

计算机中的数据都是以二进制形式存储的。但二进制数据书写麻烦，可读性差且容易出错，所以在 C 语言中，整型常量有十进制、十六进制和八进制 3 种表示形式，编译系统能够自动将这些数据转换成等值的二进制数据存储在内存中。

（1）十进制整数：十进制整数的书写形式与数学中数的书写形式类似，它由 0～9 的数字序列组成，数字前可以带正、负号，如 2008、+1975、−1 等。

（2）十六进制整数：书写形式为在十六进制整数前面加一个 0x。例如，0x20 表示十六进制数（20）$_{16}$，其等值的十进制数是 32，同理 0x2A3B 表示十六进制数（2A3B）$_{16}$。需要说明的是，十六进制数中的 A～F 不区分大小写，所以，0x2A3B 与 0x2a3b 表示同一个十六进制数。

（3）八进制整数：为区别于十进制整数，C 语言规定在八进制整数前面加一个 0（零）。例如，012 表示八进制数（12）$_8$，–020 表示八进制数（–20）$_8$。在 C 语言中，编译器会将 020 识别为八进制数（20）$_8$，其等值的十进制数是 16。

2. 整型常量的类型确定

从图 2-6 可以看到，C 语言的整型数据的数据类型又分为 int、short int、long int 和 long long int。在 CB、VC 等 32 位编译器中，short int 型数据占用 2 个字节，int 型和 long int 型数据均占用 4 个字节，long long int 型数据占 8 个字节。由于有符号整数在计算机内部用补码表示，所以，C 语言的 short int 型数据表示的有符号数范围是 -2^{15}～$2^{15}-1$，即–32768～32767；int 和 long int 型数据表示的有符号数范围是 -2^{31}～$2^{31}-1$。

在程序中整型常量将被编译器默认视为基本整型常量，但当整型常量后面跟 L 或 l 时，表示该整型常量为 long int 型常量，例如，20L、–21930l 等。

在表示人的年龄等不可能出现负数的数据信息时，可以使用无符号整数，C 语言提供了无符号整型（unsigned int，可缩写为 unsigned）。C 语言中的无符号常量由常量值后跟 U 或 u 来表示，如 89U、128u 等。无符号数在机器内部不需要存储符号位，显然，1 个字节能够表示的无符号数的范围是 0～255，即 0000 0000B～1111 1111B，而 2 个字节能够表示的无符号数范围是 0～65535，即 0～$2^{16}-1$，以此类推。

对于无符号的 long int 型常量，可在常量值后跟 LU、Lu、lU 或 lu 来表示，如 1200lu 等。

2.4.2 实型常量

1. 实型常量的表示形式

实型常量是带小数点的数据，在 C 语言中实型常量有两种表示形式。

（1）十进制小数表示形式

C 程序中的十进制实型常量的书写形式与数学中书写形式一样，是由数字和小数点组成的，如.56、3.1415926、–96.25、20.等都是合法的实型常量表示形式。

（2）指数形式

指数形式类似于数学中的科学计数法，由尾数和指数组成，在 C 语言中，具体包括十进制尾数部分、字母 E（或 e）和整型指数。例如，3.1415926 可以写成 314.15926×10^{-2} 和 0.031415926×10^{2} 等的等价形式，而在 C 语言中，可分别表示成 314.15926e-2 和 0.031415926E2。当尾数部分的小数点前只有一位有效的整数时，相应的指数形式称为"规范化的指数形式"。例如，3.1415926 的规范化指数形式为：3.1415926e0。需要特别注意的是，程序按指数形式输出浮点数时，将按规范化的指数形式输出。

        e4、2E4.5、.e8 都是不合法的指数形式。其中 e4 缺少尾数部分；2E4.5 错在指数为浮点数；而.e8 同样错在尾数部分非法。

2. 实型常量的分类

实型常量分为**单精度浮点型（float）**与**双精度浮点型（double）**两种形式。两者的区别是占用的字节个数不同，在 VC 和 CB 编译器中，一个单精度浮点数占用 4 个字节，而一个双精度浮点数占用的字节个数是 8，这就导致它们具有不同的数据表示范围与精度。

C 语言规定，实型常量默认的类型为双精度浮点型，如 3.14 是双精度浮点型的实型常量。当需要特别指明实型常量所属类型是单精度浮点型时，需要在常量值后面加 F 或 f，如 3.14F、0.217e2f 等。

2.4.3　字符常量

1.　ASCII

常量的使用

字符是程序设计中使用得非常频繁的一种数据，美国信息交换标准码（American Standard Code for Information Interchange，ASCII）字符集中定义的字母、标点符号等统称为字符。它包括英文的大小写字母、数字、专用字符（如+、−、*、/、空格等）以及非打印的控制符（如换行符、回车符等）等。例如，信息系统中的身份证号、邮政编码等都是由字符组成的。

ASCII 用 7 位的二进制数来表示一个字符（编号从 0000000～1111111），共可表示 128（2^7）个字符。由于操作系统进行内存分配的最小单位是字节，所以，一个 ASCII 在内存中占用一个字节的低 7 位（b_0～b_6），b_7 为 0，以区别于汉字的机器内码。也有些生产只读存储器（Read-Only Memory，ROM）芯片的厂商将第 8 位（最高位）用于存储扩展的字符集，这样可使表示的符号（字符）的数目比原来增加一倍，达到 256 个。用扩展的 ASCII 字符可表示某些特殊的外语符号、数学符号以及一些常用的图形符号。

C 语言中用单引号引起来的单个字符为字符常量，如'A'、'0'等都是字符常量。字符在内存中以 ASCII 的形式存储，如字符'A'在内存中的 ASCII 编码存储形式为：

b_7	b_6	b_5	b_4	b_3	b_2	b_1	b_0
0	1	0	0	0	0	0	1

与它等值的十进制数是 65。附录 B 是常用字符与其 ASCII 值对照表。

在 ASCII 字符集中，请注意几类常用字符集的 ASCII 及其规律，今后在程序设计中可能经常需要用到。

- 小写字母'a'的 ASCII 值为 97，其他小写字母的 ASCII 值依次递增。
- 大写字母'A'的 ASCII 值为 65，其他大写字母的 ASCII 值依次递增。
- 大写字母与其对应的小写字母的 ASCII 值相差 32。将一个大写字母转换成小写字母的方法是在其 ASCII 值加上 32；反之，将一个小写字母转换成大写字母的方法是将其 ASCII 值减去 32。
- 数字字符'0'的 ASCII 值为 48，其他数字字符的 ASCII 值依次递增。

2.　转义字符

假如想输出带引号的信息，能否编写如下所示的这条语句来实现？

```
printf("He said "I like C language very much. "\n ");
```

答案是否定的，这条语句有语法错误。编译器会认为第二个引号就是这个字符串的结束标志，而不知道如何处理剩余的字符。

为了解决这个问题，C 语言定义了转义字符来表示特殊的字符，如表 2-2 所示。转义字符以反斜杠（\）开始，后面跟一个对编译器而言具有特殊意义的字符。

表 2-2   转义字符

字符	含 义	字符	含 义
'\n'	换行（Newline）	'\a'	响铃报警提示音（Alert or Bell）
'\r'	回车（不换行）	'\"'	一个双引号（Double Quotation Mark）
'\0'	空字符，通常用作字符串结束标志	'\''	单引号（Single Quotation Mark）
'\t'	水平制表（Horizontal Tabulation）	'\\'	一个反斜线（Backslash）
'\v'	垂直制表（Vertical Tabulation）	'\?'	问号（Question Mark）
'\b'	退格（Backspace）	'\ddd'	1 到 3 位八进制 ASCII 值所代表的字符
'\f'	走纸换页（Form Feed）	'\xhh'	1 到 2 位十六进制 ASCII 值所代表的字符

有了转义字符，就可以使用下面的语句输出带引号的消息：

```
printf("He said \"I like C language very much.\"\n");
```

该语句的输出结果为：

```
He said "I like C language very much."
```

此处"\n"也是一个转义字符，代表换行。

2.4.4　字符串常量

C 程序中的字符串常量是由一对双引号引起来的字符序列，如"Hello world!"、"a"、"中国"、"3.14159"等。

2.4.5　宏常量

C 语言提供了称为**宏定义**（Macro Definition）的方式给常量命名，例如：

```
#define PI 3.1415926
```

这里#define 是预处理命令，类似于前面所讲的#include，因此在此行的结尾没有分号。它将常量 3.1415926 命名为 PI。

当对程序进行编译时，预处理程序会把每一个宏常量替换为其表示的值。例如，语句

```
area=PI*10.2*10.2;
```

将变为

```
area=3.1415926*10.2*10.2;
```

效果就像在前一条语句出现的地方，将其替换为后一条语句。显然，如果 3.1415926 在程序中需要出现多次，使用 PI 要比直接使用 3.1415926 方便得多。

作为习惯，大多数 C 语言程序员为宏常量命名时使用大写字母。

2.5　变　　量

变量的本质是内存单元或寄存器，其值可以改变。使用变量前需要根据存储的数据类型与数据范围选择相应的变量类型。

int（即 integer 的简写）型可以存储整数，其存储的数据范围与分配给该变量的字节个数直接相关。float 型和 double 型可以存储比 int 型数值大得多的变量。但要特别注意的是，浮点型变量所存储的数值往往只是实际数值的一个近似值。例如，将 0.1 存储在某个 float 型变量中，实际存入的数可能为 0.099 999 999 999 999 99，这就是舍入造成的误差。

2.5.1　变量的声明

在使用变量之前必须对其进行声明。声明变量的一般格式为：

```
类型关键字　变量名;
```

例如，我们可以按如下形式声明变量 length 和 area。

```
int length;
float area;
```

ANSI C 对于使用变量的基本原则是：变量必须先声明，后使用；所有变量必须在第一条可执行语句前声明；声明的顺序无关紧要；一条声明语句可声明若干个同类型的变量。

如果几个变量具有相同的类型，就可以把它们的声明合并，如下所示。

```
int length,width;              //声明了两个整型变量 length 和 width
float area,volume;             //声明了两个 float 型变量 area 和 volume
```

① 每一条完整的声明语句都要以分号结尾。
② 在同一个函数中，不能声明多个同名的变量。
③ 变量的命名规则与用户自定义标识符的命名规则相同，同时遵循见名知意的原则。在 C 语言的每一个函数中都可以声明函数需要使用的变量，例如：

注意

```
int main()
{
    变量声明
    函数语句

}
```

从 C99 开始，声明可以不在语句之前。例如，main()函数中可以先有一个声明，后面跟一条语句，再跟一个声明（这种形式在 C++、Java 等语言中非常常见）。考虑到需要与以前的编译器兼容，本书中的程序暂不采用这一规则。

C 语言的变量声明分为"定义（Definition）性声明"和"非定义性声明"。简单地说，分配存储空间的声明是定义性声明。如果一个变量声明要求编译器为它分配存储空间，那么这个声明也是变量的定义，所以有时我们讲变量定义与变量声明为同一意思。本章的示例代码中的变量声明都是要分配存储空间的，因而都是定义性声明。在第 5 章中，我们会看到一些不分配存储空间的变量声明。

2.5.2　变量的初始化

程序运行时，操作系统根据程序的变量定义，为变量分配存储空间。

例如，对于下面的变量定义，我们可以用图 2-7（a）来模拟不同类型变量及其对应的存储单元。

```
int a,b;
char c;
float area;
```

操作系统为每个字节分配了唯一的物理地址，每个变量将根据其占用的内存空间大小被分配到连续的字节地址。例如，对于 int 型变量 a 与 b，每个变量将占用 4 个字节，程序中用其占用空间中最小的字节地址来表示变量地址。为描述方便，我们假设操作系统为上述变量分配的存储空间如图 2-7（a）所示，即变量 a 的地址为 1000，变量 b 的地址为 1004，变量 c 的地址为 1008，变量 area 的地址为 1009。

① 变量占用的内存空间是由操作系统统一分配的，编程时用户并不需要关心具体的变量地址是什么。

② 分配给局部变量（函数内部的变量是局部变量）的存储空间里的初始数据是不确定的（此处用阴影表示，我们称其为未经初始化的不确定数据）。初写程序时，特别容易使用未经初始化的变量而导致程序产生逻辑错误。

变量的定义和赋值可以一步完成，这称为**变量的初始化**（Initialization）。例如，若将上述变量声明改为：

```
int a=20,b=30;
char c='A';
float area;
```

则变量在内存中的状态可以表示为图 2-7（b）。

变量在内存中全部以二进制形式存储，整型变量采用补码表示，字符变量采用 ASCII 表示，为方便理解，此处我们忽略具体的细节，在图 2-7 中给出的是相应数值的十进制形式。

2.5.3　变量的访问与使用

1. 简单赋值语句

定义了变量之后，可以直接使用变量名来访问变量对应存储单元的值。若要把值存到变量所对应的存储空间里，则可以用赋值（Assignment）语句来实现。

简单赋值语句的格式为：

`变量=表达式;`

此处"="代表赋值运算符，C 语言程序将赋值运算符右边表达式的结果存入左边的变量中。通常称赋值运算符左边的变量为"左值"，右边的表达式为"右值"。

例如，若变量的存储状态如图 2-7（b）所示，则按顺序执行以下 3 条赋值语句后，变量的值如图 2-7（c）所示。

```
a=b;                    //将变量 b 的值取出并存入变量 a，变量 b 的值保持不变
b=0;                    //将 0 存入变量 b，原来存储的 30 被修改
c=c+1;                  //将变量 c 中的内容取出，将其与 1 相加后重新存入变量 c 中
```

① 要注意赋值运算符与数学中的等号的区别。在数学上不会有 c=c+1 这种等式成立，而在 C 语言中，这是常见的赋值语句。

② 变量一定要先声明，后使用。

也就是说，我们可以这样写：

```
double area;
area=10.56;
```

但不能这样写：

```
area=10.56;
double area;
```

③ 对变量进行赋值时，赋值语句右边的表达式类型应该与赋值语句左边的变量类型相容。例如，试图将字符串常量"Hello"赋值给字符型变量 c 是不行的。更多赋值相容规则在后续章节中进行介绍。

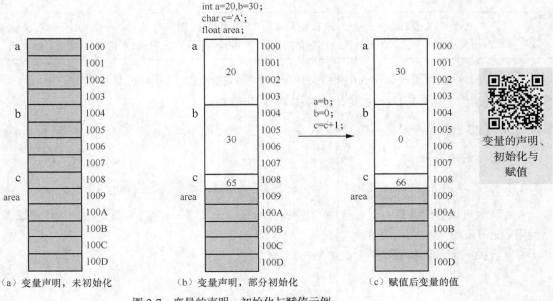

图 2-7　变量的声明、初始化与赋值示例

2. 多重赋值语句

若要给多个同类型的变量赋同一个值，可以使用多重赋值语句。

多重赋值语句的格式为：

变量 1=变量 2=…=变量 n=表达式；

多重赋值是右结合的，即执行时首先将表达式的值赋给变量n，再将变量n的值赋给变量n-1，以此类推，最后将变量2的值赋给变量1。

例如：

```
int a,b,c;
```

语句 a=b=c=0;可为变量 a、b 与 c 同时赋值 0，它与顺序执行以下 3 条赋值语句的结果相同。

```
c=0;
b=c;
a=b;
```

3. 显示变量的值

如果要显示变量的值，可以通过调用 stdio.h 中定义的 printf()函数来实现。若要输出图 2-7（c）所示的整型变量 a 的值，可以通过下面的 printf()函数调用语句来实现。

```
printf("a:%d\n",a);
```

该语句的输出结果为：

```
a:30
```

占位符%d 用来指明在显示过程中变量 a 的值的显示位置，由于在%d 的后面加了转义字符'\n'，所以 printf()函数在显示完 a 的值后会控制光标跳到下一行。

　%d 仅用于 int 型变量，如果要显示字符型变量，可以用%c 来代替%d。如果要显示 float 型变量，则需要用%f。默认情况下，使用%f 会显示出小数点后 6 位数字。

C 语言没有限制调用一次 printf()函数可以显示的变量的数量。为了同时显示图 2-7（c）所示的变量 a、b 和 c 的值，可以使用下面的 printf()函数调用语句。

```
printf("a:%d\tb:%d\tc:%c\n",a,b,c);
```

屏幕显示的结果为：

```
a:30      b:0      c:B
```

现在读者可以尝试编写一个 C 程序，在 main()函数中定义若干变量，对其进行初始化或赋值，然后用 printf()函数输出它们的值。

更多有关 printf()函数的使用方法详见 3.2.2 小节。

2.6　运算符与表达式

表达式是表示如何计算值的公式，最简单的表达式是变量和常量。在表达式 a*(b+c)中，运算符*用于操作 a 和(b+c)，而这两者自身又都是表达式。

运算符是构建表达式的基本工具，C 语言提供了丰富的运算符，包括**算术运算符**、**关系运算**

符、逻辑运算符、赋值运算符、条件运算符、逗号运算符、指针运算符、自增/自减运算符、求字节运算符和特殊运算符等。

　　根据运算符操作对象的个数，可以将运算符分为**一元（单目）运算符、二元（双目）运算符和三元运算符**。运算符是构成 C 语言表达式的重要元素，运算符的优先级和结合性决定了表达式的求值顺序。

　　本节将介绍最为常用的算术运算符、关系运算符、赋值运算符、++和—运算符及运算符的优先级和结合性。

2.6.1　算术运算符

　　算术运算符用于各类数值运算，包括：正号（+）、负号（−）、加号（+）、减号（−）、乘号（*）、除号（/）和求余号（%）。

　　正号（+）和负号（−）为一元运算符。后 5 个运算符均为二元运算符，代表数学中的加、减、乘、除和求余运算。

　　数学表达式

$$\frac{x+y}{2} - \frac{ab-(a+b)}{x-y} \qquad (2\text{-}1)$$

可用 C 语言表示为：

$$(x+y)/2 - (a*b - (a+b))/(x-y) \quad 或 \quad (x+y)/2 - (a*b-a-b)/(x-y)$$

 　　当除法的操作数都是整数时，除法的结果就是整数，小数部分被舍去。例如 11/2 的结果是 5，而不是 5.5；−5/2 的结果是−2，而不是−2.5。编程时，为了保留小数部分，可以让其中的一个操作数为浮点数，例如，11.0/2 的结果是 5.5。

　　用运算符%可以求得除法的余数，该运算符左边的操作数是被除数，右边的操作数是除数。因此，11%3 的结果是 2，12%3 的结果是 0。当被除数是负数时，余数也是负数，如−26%−8 的结果是−2，15%−4 的结果是 3。

　　在程序设计中求余运算非常有用。例如，根据 n%2 的结果是否为 0 可以判断 n 的奇偶性。再如，假设现在是上午 7 点，那么 79h 之后的时间可以由(7+79)%24 计算得到。

　　【例 2.3】　上述内容的实现程序如下。

```
#include <stdio.h>
int main()
{
    int a=17,integerResult ;
    float b=17.0,floatResult;
    integerResult = a / 2;
    printf("integerResult:%d\n",integerResult);
    floatResult = b / 2;
    printf("floatResult:%f\n",floatResult);
    printf("Remainder of (7+79) and 24 is:%d",(7 + 79) % 24 );
    return 0;
}
```

程序运行结果如下：

integerResult:8
floatResult:8.500000
Remainder of (7+79) and 24 is:14

【例 2.4】　利用算术运算符求一个 3 位整数的百位数、十位数和个位数，并输出它们的和与乘积。

```c
#include <stdio.h>
int main()
{
    int x,b0,b1,b2,sum,product;
    x=153;
    b0=x % 10;          //求个位数
    b1=x / 10 % 10;     //求十位数
    b2=x / 100;         //求百位数
    sum=b0 + b1 + b2;
    product=b0 * b1 * b2;
    printf("b2=%d\tb1=%d\tb0=%d\n",b2,b1,b0);
    printf("sum=%d\tproduct=%d\n",sum,product);
    return 0;
}
```

程序运行结果如下：

b2=1   b1=5   b0=3
sum=9   product=15

运算符的
使用（上）

2.6.2　运算符的优先级与结合性

一个表达式可以包含多个运算符，在这样的情况下，运算符的优先级决定每个运算符的操作数是表达式的哪个部分。

例如，表达式 a-b*c 等价于 a-(b*c)。

如果想要改变运算的顺序，可以使用括号，比如：表达式(a-b)*c 将先计算 a-b，再将其结果与 c 相乘。

若一个表达式中的两个相邻运算符具有相同的优先级，那么结合性决定它们的组合方式是从左到右还是从右到左。

大家熟悉的算术运算符的结合性是自左至右，这种自左至右的结合方向就称为"**左结合**"。

例如，表达式 x-y+z 的计算顺序为先执行 x-y 运算，再将计算结果与 z 相加。

而自右至左的结合方向称为"**右结合**"。最典型的右结合运算符是赋值运算符。例如，多重赋值表达式 x = y = z 的计算顺序是：

```
y = z;          //先将 z 的值赋给 y
x = y;          //再将 y 的值赋给 x
```

即表达式 x=y=z 等价于 x=(y=z)。

C 语言中，运算符的运算优先级共分为 15 级。1 级最高，15 级最低。在表达式中，优先级较高的运算符先于相邻的优先级较低的运算符进行运算。而在一个运算对象两侧的运算符优先级相同时，则按运算符的结合性所规定的结合方向处理。运算符的优先级和结合性详见附录 C。

关于运算符的结合性可以简单归纳如下。

- 除后缀++、后缀—运算符之外的一元运算符和三元运算符均为右结合；除赋值运算符之外的所有二元运算符均为左结合。
- 请注意：自增和自减运算符（++和—）用作后缀时（如 x++）具有较高的优先级。
- 运算符的优先级不需要死记硬背，编写程序时可以通过使用圆括号来改变表达式的计算顺序。

2.6.3　关系运算符

关系运算符用于比较运算，分为"**比较运算符**"（<、<=、>和>=）和"**相等运算符**"（==和!=），用来比较两个操作数，并产生一个 int 型的值。如果指定的关系成立，这个值是 1；如果不成立，则这个值为 0。表 2-3 列出了 C 语言的关系运算符。

表 2-3   关系运算符

运　算　符	意　　义	范　　例	结　　果
<	小于	10<9	0
<=	小于或等于	8<=20	1
>	大于	10>8	1
>=	大于或等于	8>=10	0
==	等于	10==10	1
!=	不等于	9!=9	0

关系运算符是二元运算符，且优先级低于算术运算符。其中，比较运算符的优先级又比相等运算符的优先级高。

例如，表达式 10+30<10+40 等价于(10+30)<(10+40)。

比较运算符的操作数可以为任意的数值型表达式或字符型表达式（字符型表达式用 ASCII 值参与关系运算）。

由于浮点数在计算机内部是以近似值存储的，所以相等运算符的操作数不能是浮点数，当判断两个浮点数是否相等时不能直接用相等运算符来比较。

例如，有变量声明：

```
float x=3.14159,y=3.14159;
```

由于存在舍入误差，关系表达式 x==y 的结果既可能为 1 也可能为 0。

解决这个问题可以采用如下方法。

首先定义一个针对程序应用领域的足够小的常数，如：

```
#define MIN  1.0e-7
```

然后判断|x-y|是否小于这个常数，对应的表达式为：

```
fabs(x-y)<MIN    //fabs()函数是 math.h 中定义的绝对值函数，fabs(x-y)即求|x-y|
```

若 fabs(x-y)<MIN 的值为 1，则说明 x 与 y 近似相等，否则 x 与 y 不相等。

此外，要特别注意 C 语言中关系运算符与数学中相应运算符的不同含义，如在数学中 10<x<20 表示 x∈(10,20)，但在 C 语言中，关系运算符按照左结合顺序进行计算，即表达式 10<x<20 等价于（10<x）<20，先计算 10<x，无论 x 的值为什么，10<x 的结果必为 1 或 0，由于 1<20 和 0<20 均为真，所以表达式 10<x<20 的结果为 1（真），与 x 是否在区间(10,20)无关，也就是说在 C 语言中，不能用 10<x<20 表达 "x>10 且 x<20"。

要表达 "x>10 且 x<20"，需要用逻辑运算符，逻辑运算符的介绍详见第 4 章。

2.6.4　复合赋值运算符

前面介绍过两种赋值运算：简单赋值运算与多重赋值运算。下面介绍第三种赋值运算：复合赋值运算。

当某变量与一表达式发生二元运算，并将结果存回该变量时，可以采用复合赋值运算符表示。即

```
变量 x = 变量 x  运算符  表达式 ;
```

可等价表示为：

```
变量 x  运算符 = 表达式;
```

例如：

```
int x=10;
x=x+20;
```

表示将变量 x 的值与 20 相加，所得结果 30 存回变量 x。

利用复合赋值运算符，上述代码可以简写为：

```
x+=20;
```

复合赋值运算计算过程的示例如表 2-4 所示。

表 2-4　　　　　　　　　　　　　复合赋值运算计算过程的示例

运　算　符	复合赋值运算例子	计　算　过　程
+=	num += 2;	num = num + 2;
-=	num -= 2;	num = num - 2;
*=	num *= a+b;	num = num * (a+b);
/=	num /= a-b;	num = num / (a-b);
%=	num %= 2;	num = num % 2;

复合赋值运算符右边的表达式视为一个整体。

例如，若有变量定义 int x=10;，则表达式

```
x*=2+3;
```

等价于

```
x=x*(2+3);          //x 的结果为 50
```

而不是

```
x=x*2+3;
```

复合赋值运算符和赋值运算符有相同的结合性，它们都是右结合的。

例如，若有变量定义 int a=10,b=20,c=30;，表达式

```
a+=b+=c;
```

等价于

```
a+=(b+=c);        //执行完后 a 的值为 60，b 的值为 50，c 的值为 30
```

再如，若有变量定义 int a=3;，则表达式

```
a+=a*=a-=1;
```

的计算顺序为：

```
a-=1;        //执行完成后 a 为 2
a*=a;        //执行完成后 a 为 4
a+=a;        //执行完成后 a 为 8
```

运算符的
使用（下）

2.6.5　++和--运算符

++和--运算符又称自增、自减运算符。++运算符的功能是使变量的值增 1，--运算符的功能是使变量的值减 1。它们既可用作"前序运算符"（++x，--x），又可以用作"后序运算符"（x++，x--）。

++x 首先将 x 的值增 1，再将修改后的 x 值参与表达式计算，而 x++ 先将 x 的值参与表达式计算，再将 x 的值增 1。

--x 首先将 x 的值减 1，再将修改后的 x 值参与表达式计算，而 x-- 先将 x 的值参与表达式计算，再将 x 的值减 1。

例如，若有变量声明 int x=10,y;，则执行

```
y=x++ - 2;                 //等价于顺序执行：y=x-2; x=x+1;
printf("x:%d,y:%d\n",x,y);
```

的输出结果为 x:11,y:8。

但执行

```
y=++x - 2;                 //等价于顺序执行：x=x+1;y=x-2;
printf("x:%d,y:%d\n",x,y);
```

的输出结果为 x:11,y:9。

若++x;和 x++;仅作为独立的表达式语句，则它们等价于 x=x+1;同理，若--x;和 x--;仅作为独

立的表达式语句，则它们等价于 x=x--1;。

需要注意的是，后缀++和后缀--比一元运算符中的正号、负号优先级高，而且都是左结合的。前缀++和前缀--与一元运算符中的正号、负号优先级相同，而且都是右结合的。

【例2.5】 使用自增运算符的程序如下。

```c
#include <stdio.h>
int main()
{       int x=10,y;
        y=-x++;                           //等价于y=-(x++);
        printf("x:%d,y:%d\n",x,y);
        return 0;
}
```

程序运行结果如下：

x:11,y:-10

良好的程序设计风格提倡：在一行语句中，一个变量只能出现一次自增或者自减运算，过多的自增和自减运算混合，不仅可读性差，而且会因为编译器实现的方法不同，导致不同编译器产生不同的运行结果。

2.7 表达式的类型转换

2.7.1 赋值表达式的类型转换

C语言的表达式在进行计算时会自动进行类型转换，C99自动类型转换由编译系统自动完成，转换规则如图2-8所示。

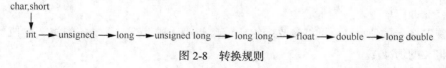

图2-8 转换规则

（1）垂直方向表示必然发生的转换，即 char 型和 short 型参与运算时，自动转换成 int 型，这一步称为整数提升。

（2）水平方向（由左向右）为发生混合类型运算时数据类型的转换方向，即若参与运算的表达式类型相同，则运算后的表达式仍为该类型；若参与运算的表达式类型不同，则运算结果按可存放数据范围增加的方向进行转换，以保证精度不降低。

如 int 型与 double 型表达式运算时，运算的结果为 double 型。在赋值运算中，赋值运算符两边表达式的数据类型不同时，赋值运算符右边表达式的类型将转换为左边量的类型。如果赋值运算符左边的量的数据类型比右边占用的内存空间大，则赋值是安全的，反之则是不安全的。由长数据类型向短数据类型的赋值运算如同将大杯中的水倒入小杯，如果大杯中的水量在小杯的容量之内，赋值将是安全的，否则将导致溢出，如图2-9所示。

　　有些编译器在发生长数据类型表达式向短数据类型表达式赋值时，会提示警告信息。用户在编写程序时，应尽可能地避免这种情况的发生，以免数据丢失而导致程序错误。

　　例如，有变量定义：

```
int a=2;
long b=10;
double c=25;
float sum=0;
```

表达式 sum='A'+2*a+b*c 的计算过程如图 2-10 所示。

图 2-9　不安全的赋值示意

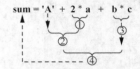

图 2-10　复合表达式计算过程示例

　　首先进行 2*a 的计算，由于常量 2 与变量 a 均为 int 型，所以 2*a 的结果类型仍为 int 型，这里将 2*a 的结果值记为①。

　　接下来进行'A'+①的计算，由于'A'是字符型，系统会将其 ASCII 值取出，并自动转换成 int 型的数值与①相加，所得结果类型为 int 型，结果值记为②。

　　第 3 步进行 b*c 的计算，由于 b 为 long 型，c 为 double 型，根据转换规则，b*c 的结果为 double 型，结果值记为③。

　　第 4 步进行②+③的计算，int 型与 double 型进行相加时，结果类型为 double 型，结果值记为④。

　　最后一步执行 sum=④的赋值操作。由于 sum 为 float 型，④为 double 型，一旦④的值超出 float 型可存储的数据范围，将出现数据溢出或精度失真。

　　因此，编程时应根据变量需要存储的数据范围为变量定义合适的数据类型。

2.7.2　强制类型转换

　　强制类型转换由强制类型转换运算符来实现，其一般格式为：

（类型说明符）表达式

　　强制类型转换的功能是将表达式的值转换成类型说明符指定的数据类型。

　　例如：

```
(float)(x+y);        //将 x+y 的值转换成 float 型
(int)a+b;            //将 a 的值取出转换为 int 型再与 b 相加
(double)b;           //取出变量 b 的值转换为 double 型
```

在形如"（类型说明符）变量"的强制类型转换中，仅取出变量的值转换为相应类型，而该变量本身的类型和值将保持不变。

2.8　const 常量

若在变量声明的前面加上 const 修饰符，则该变量在声明时必须赋初值，且在程序运行过程中不允许再次被修改，因此，这些变量通常被称为 const 常量。相比用#define 定义的宏常量，const 常量有数据类型，且某些集成开发环境可以对 const 常量进行调试。因此，推荐编程时使用 const 常量代替宏常量。

【例 2.6】　计算并输出圆的周长和面积。

```c
#include <stdio.h>
int main()
{       const double pi=3.1415926;          //定义const常量
        float r=5.0;
        double length,area;

        length=2.0 * pi * r;                //计算圆的周长
        area=pi * r * r;                    //计算圆的面积
        printf("length=%f\n",length);       //输出圆的周长
        printf("area=%f\n",area);           //输出圆的面积
        return 0;
}
```

程序运行结果如下：

length=31.415926
area=78.539815

本章小结

通过本章学习应达到以下要求。

（1）了解 C 程序的基本结构及 C 程序中常见的符号。

（2）掌握 C 语言中基本数据类型及其可表示的数据范围。

（3）掌握 C 语言宏常量及 const 常量的表示方法。

（4）熟练掌握 C 语言变量定义与初始化的方法。

（5）熟练掌握 C 语言的算术运算符、关系运算符、赋值运算符的优先级、结合性及其使用方法。

（6）熟练掌握++、−−运算符的使用方法。

（7）正确理解赋值相容规则和强制类型转换的使用方法。

（8）能够根据数据类型和范围正确声明并使用变量。

练 习 二

1. 下列选项中不是 C 语言合法的用户自定义标识符的是（　　　）。

　　A. sum01　　　　　　B. Flag　　　　　　C. price of beef　　　　D. _price

2. C 语言中，错误的 int 型的常数是（　　　）。

　　A. 1E5　　　　　　　B. 0　　　　　　　　C. 037　　　　　　　　D. 0xaf

3. 下列转义字符中错误的是（　　　）。

　　A. '\000'　　　　　　B. '\r'　　　　　　　C. '\x111'　　　　　　D. '\2'

4. 下列选项中正确的变量声明与初始化语句是（　　　）。

　　A. int a=b=10;　　　B. char a='我';　　　C. float a=10;　　　　D. double a=∞;

5. 下列数据中，不是 C 语言常量的是（　　　）。

　　A. '\n'　　　　　　　B. "a"　　　　　　　C. e-2　　　　　　　　D. 012

6. 写出下面程序段的输出结果。

```
#include <stdio.h>
int main()
{
        int a=063,b='A';
        char c='\x32';
        printf("a=%d, b=%d,c=%d\n",a,b,c);
        printf("a=%c,b=%c,c=%c\n",a,b,c);
        return 0;
}
```

7. 设 float c,f;，下列选项中将数学表达式 $c=\dfrac{5}{9}(f-32)$ 正确表示成 C 语言赋值表达式的是
（　　　）。

　　A. c=5*(f-32)/9　　B. c=5/9(f-32)　　C. c=5/9*(f-32)　　D. c=5/(9*(f-32))

8. 设 float m=4.0,n=4.0;，使 m 为 10.0 的表达式是（　　　）。

　　A. m-=n*2.5　　　　B. m/=n+9　　　　C. m*=n-6　　　　　D. m+=n+2

9. 若定义了 int a,x,y;，则下列语句中不正确的是（　　　）。

　　A. x=y=5;　　　　　B. ++x;　　　　　　C. x=y+=x*30;　　　D. a=y+x=30;

10. 设 int a=9,b=20;，则 printf("%d,%d\n",a--,--b);的输出结果是（　　　）。

　　A. 9,19　　　　　　B. 9,20　　　　　　C. 10,19　　　　　　D. 10,20

11. C 语言中运算对象必须是整型的运算符是（　　　）。

　　A. %=　　　　　　　B. /　　　　　　　　C. =　　　　　　　　D. <=

12. 设 int j=5;，则执行语句 j+=j-=j*j;后，j 的值是_____。

13. 设 int x=2, y=5;，则表达式 x+++y 的值是_____; printf("%d", x<y<4);语句输出的
结果是_____。

实 验 二

1. 改正下面程序中的错误，并调试运行。

```
#include  <stdio.h>
int main()
{     int x=23;
      float y=56.35;
      printf("x=%d\n",x);
      printf("y=%d\n",y);
}
```

2. 调试下面的程序，分析程序的输出结果。

```
#include  <stdio.h>
int main()
{
    int  a = 68, b = 2;
    float  x = 12.3, y = 2.6;
    printf("%f\n", (float)(a * b) / 2);
    printf("%d,%d\n", (int)x % (int)y, a-1);
}
```

3. 所谓反序数，就是将整数的数字倒过来所形成的整数，如 1234 的反序数是 4321。已知 a 为 4 位整数，编写程序，求其反序数并存入变量 b 后输出。例如，a=1234，则应输出 b=4321。

4. 编写程序，已知立方体的长、宽、高，计算立方体的体积和各侧面面积并输出。

5. 在 CB 中建立一个项目，在 main() 函数中定义一些未经初始化的变量，通过 CB 的单步调试功能观察变量的值。进一步熟悉 CB 集成开发环境。

6. 在 CB 中建立 C 工程文件，输入图 2-11（a）所示的代码，在第 7 行 x=x+1;处设置断点，单步执行程序，观察执行 x=x+1;语句前后变量 x 的值的变化情况，分析图 2-11（b）所示的数据溢出情况产生的原因。

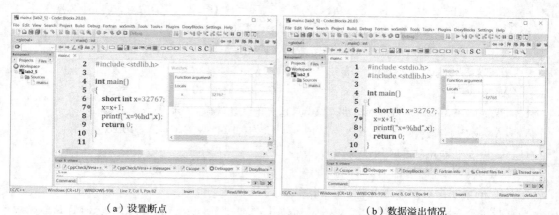

（a）设置断点　　　　　　　　　　　　　　　　（b）数据溢出情况

图 2-11　利用单步调试观测变量溢出情况

第3章
算法与简单 C 语言程序设计

键盘输入和屏幕输出是 C 程序常用的操作。本章首先介绍 C 语言的基本语句、实现键盘输入和屏幕输出的相关函数；然后介绍算法的概念与特点、问题求解中算法的作用、算法的描述方法等内容；最后通过实例介绍顺序结构程序设计的方法。

通过本章的学习，读者应达成如下学习目标。

知识目标： 掌握数据输入、输出函数的使用方法，了解算法的特点及其描述方法。

能力目标： 理解算法在问题求解中的作用，掌握顺序结构程序设计的基本方法，进一步熟悉 C 语言程序开发工具的使用方法。

素质目标： 培养将实际问题的求解方法转化为基本程序结构的能力，提升计算思维与问题求解意识。

3.1 C 语句

一条语句可以指定一个或多个实际要进行的操作，比如把一个值赋给变量，判断一个条件是否为逻辑真，由此决定程序接下来要执行的语句。程序内的所有语句共同决定了程序的功能。C 语句一般可分为表达式语句、空语句、复合语句和控制语句等。本节介绍表达式语句、空语句和复合语句，控制语句将在第 4 章进行介绍。

1. 表达式语句

C 语言表达式语句格式如下：

```
表达式;
```

在 C 语言中，单独的常量、变量是最简单的表达式，更为常见的表达式是由运算符和常量、变量组合而成的计算式。例如，下面都是合法的表达式语句。

```
z=x*y+6;
i++;
```

第一条语句中，计算出 x*y+6 的值并将其赋给变量 z。

第二条语句中，由于 i++ 作为独立的表达式，因此仅将 i 的值自增后存入 i，i 值未参与其他表达式运算。

2. 空语句

在表达式语句中，若将表达式删除，仅保留分号，则该语句将成为空语句。空语句不执行任何有效操作。

3. 复合语句

用一对花括号"{"与"}"把一组声明和语句括在一起就构成一个复合语句（也称为程序块），复合语句在语法上等价于单条语句，右花括号用于结束程序块，其后不需要分号。

复合语句的格式如下：

```
{
    语句1;
    语句2;
      ⋮
    语句n;
}
```

复合语句常出现在分支、循环等程序结构中，更多详细内容将在第 4 章介绍。

3.2 C 程序输入/输出操作的实现

例 2.6 的程序并不实用，因为它只能求半径为 5.0 的圆的周长和面积，为了改进程序，应该允许用户自行输入圆的半径。

stdio.h 文件定义了与输入/输出有关的函数，本节将介绍最为常用的字符输入/输出函数以及格式输入/输出函数。

3.2.1 字符输入/输出

1. 字符输出函数

字符输出函数（putchar()）的功能是将一个字符输出到显示器上。函数调用形式为：

```
putchar(c);
```

其中 c 为 int 型或 char 型的表达式，当 c 为 int 型表达式时，输出为与 c 等值的 ASCII 字符。要使用 putchar()函数，需要在程序最前面加上#include <stdio.h>。

【例 3.1】 putchar()函数应用举例。

```
#include <stdio.h>
int main()
{
    char a='n',b='i';
    int c=99;
    putchar(a-32);              //输出大写字母 N
    putchar(b);
    putchar(c);
    putchar(c+2);
    putchar('\n');             //输出换行符
    return 0;
}
```

程序运行结果如下：

Nice

程序在输出"Nice"后，光标移到下一行。从这个例子可以看出，putchar()函数一次只能输出一个字符。

2. 字符输入函数

字符输入函数（getchar()）返回从键盘输入的一个字符的 ASCII 值。该函数调用的常用形式为：

```
c=getchar();
```

执行该语句时，变量 c 将得到用户从键盘输入的一个字符的 ASCII 值，c 可以为 char 型或 int 型变量。

【例 3.2】　getchar()函数应用举例。

```
#include <stdio.h>
int main()
{
    char a,b;
    a=getchar();
    b=getchar();
    putchar(a);
    putchar(b);
    return 0;
}
```

程序运行时，若输入 AB↙（↙代表回车符），则程序的输出结果为：

AB

若输入 A_B↙（_代表空格），则程序的输出结果为：

A_

字符输入与
输出函数的
使用

由此可见，在第 2 种输入方式下，变量 b 得到的是空格。

注意

　　使用 getchar()函数时，若连续输入多个字符，在有效字符的中间不能加入空格、回车符等分隔符。否则，getchar()函数将把这些分隔符当作有效字符，而剩余的字符（含回车符）将驻留在键盘缓冲区。驻留在键盘缓冲区的字符会对程序中后续的字符输入语句产生影响。

3.2.2　格式输入/输出

1. 格式输出函数

格式输出函数（printf()）用来显示格式串（Format String）中的内容，并且在该格式串中的指定位置插入要显示的值。调用 printf()函数时必须提供格式串，格式串后面的参数是需要显示的插入该格式串中的值，又称为输出项列表。格式输出函数的一般调用形式如下。

```
printf("格式串",表达式 1,表达式 2,…);
```

输出项列表用逗号 "," 分隔若干表达式，这些表达式可以是常量、变量或者更加复杂的表达式。每个表达式可以计算出一个值，该值将按照格式串中相应的格式控制符的要求输出。调用 printf() 函数一次可以输出的值的个数没有限制。

由于信息在计算机内部采用二进制的形式存储，但在进行人机交互时，通常不采用二进制的形式输出，所以输出函数需要将不同数据类型的数据转换成符合人们阅读习惯的形式输出。格式串可以实现这个功能，格式串包含普通字符串和转换说明，普通字符串完全如在字符串中出现的那样显示出来；转换说明以字符%开头，用来表示输出过程中待填充的值的占位符。

跟在字符%后面的信息指定了把数值从内部形式（二进制）转换成输出形式的方法。

例如%d 指定 printf() 函数把 int 型值从二进制形式转换成十进制形式输出，%f 对 float 型和 double 型值也进行类似的转换。

图 3-1 展示了一条格式输出语句各部分与输出结果的对应关系。

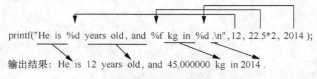

printf("He is %d years old, and %f kg in %d .\n",12, 22.5*2, 2014);

输出结果：He is 12 years old, and 45.000000 kg in 2014 .

图 3-1　格式输出函数对应关系示例

从图 3-1 可见，格式串可以指定输出数据项的类型和格式，对于不同类型的数据项应当使用不同的格式控制符作为转换说明。常用的几种格式字符如表 3-1 所示。

表 3-1　　　　　　　　　　　　　　　　　常用格式字符

类型	说　　明	类型	说　　明
d	以有符号的十进制整数（正数不输出符号）形式输出	c	以字符形式输出，只输出一个字符
o	以八进制无符号整数（不输出前导符 0）形式输出	s	以字符串形式输出
x	以十六进制无符号整数（小写字母 a~f）形式输出	f	以小数形式输出单、双精度数，默认输出 6 位小数
X	以十六进制无符号整数（大写字母 A~F）形式输出	e	以十进制指数（小写 e）形式输出
u	以无符号十进制整数形式输出	E	以十进制指数（大写 E）形式输出
g、G	选用%f 或%e 格式中输出宽度较短的一个格式输出		

在转换说明中，%和上述格式字符之间可以按以下顺序插入如下附加字符：

%	+、−、#	m	.n	h、l	d、f 等
↓	↓	↓	↓	↓	↓
开始符	标志字符	宽度指示符	精度指示符	长度修正符	格式字符

printf() 函数的各种附加字符的含义如表 3-2 所示。

表 3-2　　　　　　　　　　　　　　　　　printf()函数的附加字符

字　　符		说　　明
标志字符	−	输出的数字或字符在域内向左对齐，右端补空格，默认为右对齐

续表

字　　符		说　　明
标志字符	+	输出数据为正时冠以 "+" 号，为负时冠以 "−" 号，默认为正数不输出 "+" 号
	#	以八进制形式输出时加前缀 0，以十六进制形式输出时加前缀 0x
宽度指示符	m	指示输出项所占的最小宽度。当 m 小于数据实际宽度时，按实际宽度输出。例如，printf("%3d",1234);实际输出为 1234
精度指示符	.n	对于实数，表示输出 n 位小数；对于字符串，表示截取的字符个数。例如，printf("%6.2f",12.3467);输出结果为_12.35（_代表空格）
长度修正符	字母 l	用于输出长整数，可加在格式字符 d、o、x、u 之前
	字母 h	用于输出短整数，可加在格式字符 d、o、x、u 之前

例如：以下语句分别采用右对齐与左对齐的方式输出整数，每个整数占 6 列。

```
printf("%6d\n",123);
printf("%-6d\n",123);
```

输出结果为：

```
   123
123
```

又如：

```
printf("%+d,%+d\n",123,-123);
```

输出结果为：

```
+123, -123
```

若要按八进制形式或十六进制形式输出，则代码可以使用以下形式：

```
printf("%o,%x\n",10,16);
```

输出结果为：

```
12,10
```

【例 3.3】　格式输出程序示例。

```
#include <stdio.h>
int main()
{
    int a=65;
    long b=1234567;
    float c=12.34567;
    printf("%c,%d,%6d,%-6d,%1d\n",a,a,a,a,a);
    printf("%ld,%8ld,%4ld\n",b,b,b,a);          //此处输出项列表比格式控制符多一项
    printf("%f,%10f,%10.2f,%-10.2f\n",c,c,c,c,c);
    printf("%s,%8.6s,%-8.3s\n","Hello","Hello","Hello");
    return 0;
}
```

程序运行结果如下：

A,65,　　　 65,65　　　　 ,65
1234567, 1234567,1234567
12.345670, 12.345670,　　　 12.35,12.35
Hello,　　 Hello,Hel

格式输出
函数的使用

编译程序不会对输出项列表的项数与格式控制符个数进行检查，当输出项列表的项数多于格式控制符个数时，多余的项将不被输出；反之，则可能出现运行时错误。

此外，当格式控制符与输出项的类型不匹配时，编译程序也不会做检查，但在运行时将得到不正确的运行结果。初写程序时要特别注意，不要误用%d 输出 float 型和 double 型的表达式，同理，也不能用%f 输出 int 型的表达式。但%d 可输出字符的 ASCII 值，%c 可以输出 ASCII 值对应的字符。

2. 格式输入函数

格式输入函数（scanf()）是一个标准输入函数，它的一般调用形式为：

`scanf("格式串",地址列表);`

其中，格式串的作用与 printf()函数的相同，用于控制输入数据的类型与格式。但格式串中的普通字符仅作为输入分隔符，它不会显示在屏幕上。

地址列表中给出各变量的地址。地址由地址符&后跟变量名组成。

格式串的一般形式如下：

%	*	m	h、l	d、f 等
↓	↓	↓	↓	↓
开始符	赋值抑制符	宽度指示符	长度修正符	格式字符

（1）scanf()函数的格式字符。

scanf()函数的格式字符如表 3-3 所示。

表 3-3　　　　　　　　　　　　　　　scanf()函数的格式字符

类　　型	说　　明
d	输入有符号的十进制整数
u	输入无符号的十进制整数
o	输入无符号的八进制整数
x、X	输入无符号的十六进制整数（大小写作用相同）
c	输入单个字符
s	输入字符串。将字符串送到一个字符数组中，在输入时以非空格字符开始，以第一个空格字符结束。字符串以串结束标志\0 作为其最后一个字符
f	输入 float 型实数，可以用小数形式或指数形式输入；当输入 double 型实数时，需用%lf
e、E、g、G	与 f 作用相同，e 与 f、g 可以互相转换。**注意**：输入 double 型数据需要加前缀 l

例如：

```
int a;
double b;
scanf("%d%lf",&a,&b);
```

输入 12 12.34✓ 后，变量 a 获得 12，变量 b 获得 12.34。

当格式串中未指定输入分隔符时，数值型（含整型和浮点型）数据的输入可以用**空格**、**Tab**或**回车符**作为分隔符，本例用以下输入格式同样可完成输入。

```
12✓
12.34✓
```

若将输入语句改成 scanf("%d,%lf",&a,&b);，则输入格式应为：

```
12,12.34✓
```

处于%d 与%lf 之间的 "，" 仅作为输入的分隔符，需要在输入数据时以原样输入。同理，对于 scanf("a=%d,b=%lf",&a,&b);，输入时应采用以下格式：

```
a=12,b=12.34✓
```

格式串中的 "a=" "b=" 不会显示在屏幕上，这与 printf()函数中的格式串不同，普通字符需要以原样输入，显然，这是非常不方便的，编写程序时不推荐使用这样的输入格式。

字符型数据的输入与 getchar()函数类似，同样要注意前面输入信息时驻留在键盘缓冲区中的字符对输入的副作用。

【例 3.4】 scanf()函数输入示例。

```c
#include <stdio.h>
int main()
{    int a;
     char b;
     printf("Please input an integer and then press Enter:");
     scanf("%d",&a);
     printf("a=%d\n",a);
     printf("Please input an character and then press Enter:");
     scanf("%c",&b);
     printf("b=%c\n",b);
     return 0;
}
```

测试：在第 1 次出现输入提示后输入 12 ，程序运行结果如下所示。

Please input an integer and then press Enter:12✓
a=12
Please input an character and then press Enter:b=

当第 2 次出现输入提示时，程序并未等待用户输入字符，scanf("%c",&b);接收了上次输入驻留下来的回车符。

解决的办法有二，一是在 scanf("%c",&b);语句之前加上一条 getchar();语句；二是将scanf("%c",&b);改成 scanf(" %c",&b);，即在%c 之前增加一个空格。

（2）宽度指示符

宽度指示符用十进制整数指定输入数据的**最大宽度**。例如：

```
scanf("%3d",&a);
```

若输入 12345，则仅把前 3 位数 123 赋给整型变量 a，其余部分驻留在键盘缓冲区。

又如：

```
scanf("%3d%3d",&a,&b);
```

若输入数据 12345，则把前 3 位 123 赋给整型变量 a，而把后两位 45 赋给变量 b。

（3）赋值抑制符

赋值抑制符 "*" 表示输入项读入后不赋给相应的变量，即跳过该输入项的值。例如：

```
scanf("%d%*d%d",&a,&b);
```

若输入 10 11 12✓，则把 10 赋给变量 a，11 被读入但未被赋给变量 b，12 被赋给变量 b。

（4）长度修正符

长度修正符 h 和 l 分别用于输入短整数和长整数。另外，l 可加在格式字符 f 前，用于输入 double 型变量的值。

---

① 使用 scanf() 函数最易犯的错误是忘记在输入变量前加地址符&，输入数据被存入以变量值为地址的内存空间中，从而造成非法访问内存的运行错误。例如：int a; scanf("%d",a);是错误的。

② 输入实型数据时，不能规定精度，即没有类似%7.2f 的输入格式。

③ 转义字符\n 常用在 printf() 函数的格式串中，表示换行。但不要将其用于 scanf() 函数的格式串中，例如，有输入语句：

```
scanf("a=%d\n",&a);
```

在输入数据时需要输入：

```
a=12\n✓
```

格式输入函数的使用

注意

也就是说，\n 在这里不代表换行符，要以原样输入，显然，这不符合用户的输入习惯。推荐的做法是先用 printf() 函数输出提示信息，再用 scanf() 函数接收输入数据。例如：

```
printf("a=");
scanf("%d",&a);
```

④ 在输入数据时遇到与所要求的数据类型不匹配的数据，或遇到输入分隔符、达到指定宽度时，都会结束当前输入。

例如，scanf("%d%d",&a,&b);执行时，若输入 12,34，则变量 a 能正确获得 12（遇逗号结束），但在输入 b 值时，遇逗号则提前结束输入，变量 b 未能成功获得输入的值。

同理，若输入 1234ABC，则变量 a 可获值 12，变量 b 可获值 34，本次输入结束后 ABC 仍驻留在键盘缓冲区中。

scanf() 函数与 printf() 函数的使用方法看似复杂，但不需要死记硬背，快速掌握 scanf() 函数与 printf() 函数用法的最好办法就是上机实践、再实践！

【例 3.5】　修改例 2.6，从键盘接收用户输入的圆的半径，计算并输出圆的周长和面积。

```c
#include <stdio.h>
int main()
{
    const float pi=3.1415926;           //定义 const 常量
    float r;
    double length,area;

    printf("Please input radius of a cicle:");
    scanf("%f",&r);                     //输入圆的半径
    length=2.0*pi*r;                    //计算圆的周长
    area=pi*r*r;                        //计算圆的面积
    printf("length=%f\n",length);       //输出圆的周长
    printf("area=%f\n",area);           //输出圆的面积
    return 0;
}
```

思考　　若希望输出周长与面积的格式为"半径为××的圆的周长是××，面积是××。"，应该如何修改程序输出语句？

3.3　算　　法

如前所述，计算机程序是计算任务的处理对象和处理规则的描述。程序设计涉及两个要素："数据"与"算法"。此处的数据即程序的处理对象，算法则是程序处理规则的描述。

图灵奖得主，Pascal 语言的设计者尼古拉斯·沃斯（Niklaus Wirth）在 1976 年出版著作《算法+数据结构=程序》，说明了算法在程序设计中的重要性。

在计算机科学领域，算法是非常重要的，正如高德纳（Donald E.Knuth）所说"计算机科学就是算法的研究。"计算机科学的每个领域都高度依赖于有效算法的设计。

那么，什么是计算机算法呢？简单地讲，算法就是解决一个问题的基本步骤的描述，在计算机中表现为一组有穷动作序列。该动作序列仅有一个初始动作，序列中的每一个动作仅有一个后续动作，序列终止表示问题得到解决或问题没有解决。

本节主要介绍问题求解过程中算法的作用、特点和表示。

3.3.1　问题求解过程中算法的作用

利用计算机进行问题求解，根本上就是弄清楚两个基本问题，一是"做什么"，二是"怎么做"，即"What"和"How"的问题。算法设计回答的就是"怎么做"的问题。

做任何事情都有一定的步骤，例如，要计算 1+2+3+4+5+6 的值，一般先将 1 加 2 得到 3，再将 3 加 3 得到 6，再将 6 加 4 得到 10，再将 10 加 5 得到 15，最后将 15 加 6 得到 21。无论口算、心算或用算盘、计算器计算，都要经过有限的步骤。为解决这一问题而采取的方法的步骤就是算法，算法是解题方法的精确描述，解决一个问题的过程就是实现一个算法的过程。

对于同一个问题，往往有不同的解题方法，各种方法有优劣之分。为了有效地进行运算，应

当选择合适的算法，对计算机而言，就是花最少的代价最高效地解决问题，即算法要在尽可能少地占用计算机资源的情况下尽快地完成算法任务。

为了让大家了解算法效率，我们来看一个猜数字的游戏。

甲、乙两人玩猜数字的游戏，规则如下：一方在标号为 1～100 的卡片中随机抽取一张，让另一方猜他抽的卡片上的数字是什么，如果猜小了，持卡一方要提示"小了"；如果猜大了，持卡一方则提示"大了"，以便让另一方继续猜，直到猜对为止。双方轮流猜，看谁猜的次数少。

甲在猜数时采用以下方法：如果乙告诉他"小了"，他就将猜数增加 1，如果乙告诉他"大了"，他就将猜数减 1，重复这个过程，直到猜对为止。

乙相对聪明，猜数时，如果甲告诉他"小了"，他总是在比该数大的可能答案中以中间的那个数为下一个猜数；如果甲告诉他"大了"，他马上在比该数小的可能答案中取中间的那个数为下一个猜数，重复这个过程，直到猜对为止。

结果甲总是输多胜少，这是为什么呢？

在信息检索中，甲的方法是顺序查找算法。这种算法会逐一搜索解空间，直到找到待检索数据或查找失败为止。

【例 3.6】 序列 A 包含 14 个数据，如图 3-2 所示，分析顺序查找算法查找 22 的过程。

图 3-2 序列 A

为描述方便，我们给序列 A 中的每个元素定一个序号，用于标识它在序列中的位置，序号从 0 开始。

顺序查找过程为：从第 0 个位置向第 13 个位置依次进行比较，直到找到第 10 个位置时，查找成功，共进行了 11 次比较。

一般情况下，假设序列中共有 n 个元素，且序列中每个元素被检索的概率是相等的，即每个元素被检索的概率为 $1/n$。显然，查找第 1 个元素需要比较的次数是 1，查找第 2 个元素需要比较的次数是 2，查找第 n 个元素需要比较的次数是 n。在等概率且查找成功的情况下，在该序列中从前向后顺序查找指定数据的平均比较次数是 $(1+2+3+4+\cdots+n)/n$，即 $(n+1)/2$。这表明，在一个包含 n 个元素的序列中顺序查找一个元素平均要比较的次数约为 $n/2$。而查找失败时，需要比较 n 次。当 n 非常大时，算法效率较低。

乙的方法应用在信息检索中，便是二分查找法。当数据有序时，该方法比顺序查找算法的效率要高得多。

【例 3.7】 假设序列 A 已排序，如图 3-3 所示，分析采用二分查找法在其中查找 15 的过程。

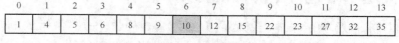

图 3-3 有序序列 A

首先，将 15 与中间元素（位置 6）比较，由于 15>10，且序列已有序递增，所以 15 不可能在序列的前 7 个位置。下一次搜索可以将搜索区间缩小到位置 7～位置 13，如图 3-4 所示。

第 2 次查找将 15 与位置 10 的元素 23 进行比较，由于 15<23，这样可进一步将搜索区间缩小为位置 7～位置 9，如图 3-5 所示。

7	8	9	10	11	12	13
12	15	22	23	27	32	35

图 3-4　二分查找示例 1

7	8	9
12	15	22

图 3-5　二分查找示例 2

重复这一过程，直到成功找到指定数据，返回数据所在的位置。或当搜索空间为空时，则表示检索失败。

对于 n 个有序数，采用二分查找法执行搜索的平均次数约为 $\log_2 n$。

这两个例子说明，解决同一问题可能存在多种算法，但不同算法会有不同的执行效率。程序员在进行问题求解时需要选择合适的算法，以提高问题求解效率。

为帮助大家进一步理解算法在问题求解中的作用，请大家思考：当我们登录网上银行时，计算机系统做了什么事？

登录网银时，网银程序需要将用户输入的用户名、密码及验证码与数据库中相应信息进行比对，以识别用户的身份是否合法。

若网银数据库中的账号信息未按用户账号排序，当某用户输错用户账号时，系统必须由前向后依次查询每一个用户账号，直到查询结束才能识别出该账号是错误的，这将耗费系统大量的查询时间。当网银用户数达到上亿规模时，即使是超级计算机系统，也很难用这种算法来满足来自互联网的大量并发网银用户的使用需求。

若数据库中的用户信息已按账号由小到大排序，情况就不一样了，即使采用顺序查找，当识别出用户输入的账号小于当前比较的账号时，就可立即判断出该账号输入有误，而不需要查询完所有的数据。可见数据的组织方式与算法密切相关，采用二分查找算法可以更快地在有序数据中找到用户账号信息。

由此可见，针对不同的应用需求需要采用不同的数据组织方式和算法。李开复先生在 2006 年写过一篇名为《算法的力量》的文章，推荐大家阅读。文章结合他的亲身经历强调了算法在计算机科学中的重要性。文中提到："算法是计算机科学领域最重要的基石之一，但受到了一些程序员的冷落。许多学生看到一些公司在招聘时要求的编程语言五花八门，就产生了一种误解，认为学计算机就是学各种编程语言……如果把计算机的发展放到应用和数据飞速增长的大环境下，一定会发现，算法的重要性不是在日益减小，而是在日益加强……随着信息技术的发展，计算机的计算能力每年都在飞快增长，同时，需要处理的信息量更是呈指数级增长。日益先进的记录和存储手段使我们每个人的信息量都在爆炸式地增长。每人每天都会创造出大量数据（照片、视频、语音、文本等）。无论是三维图形、海量数据处理，还是机器学习、语音识别，都需要极大的计算量，在网络时代，越来越多的挑战需要靠卓越的算法来解决……"。

烹饪中的食谱是为了创造美味食物而日积月累下来的"古老的智慧"，计算机算法与其相似，自计算机问世以来，人们已研究出无数可以用计算机解决的处理问题的方法。在这种情况下，许多研究人员仍在改进算法，并研究有没有更普适的处理方法，有没有更高效的处理方法，有没有需要的数据量更少的处理方法。这样细化出来的好算法，已经在很多计算机程序中被使用了。所以，算法也是为了创造更"优雅"的程序而积累的"古老的智慧"。

学习算法能提高自己的编程能力。一个好的算法是编写程序的模型，因为它能创造计算机程序，其中包含了程序的精髓。

3.3.2　算法的特点

一个计算机算法应具有以下 5 个特点。

1. 有穷性

一个算法必须总是在执行有限步骤之后结束，即一个算法必须包含有限的操作步骤。在上述顺序查找与二分查找的例子中，算法要么在查找成功后结束查找过程，要么因查找失败而结束查找过程。

2. 确定性

算法中的每一个步骤都应当是确定的，而不应含糊、模棱两可。不应使计算机在执行算法时产生二义性，且在任何条件下，算法只有唯一一条可执行路径，即对于相同的输入只能得到相同的输出。

3. 可行性

算法的可行性指的是算法中的每一个步骤都可以被有效执行，并得到确定的结果。例如，在一个算法中出现 0 做除数的操作是不可行的。

4. 零个或多个输入

输入是指在执行算法时，计算机从外界获取待加工数据的过程。一个算法可以有多个输入，也可以没有输入。

5. 一个或多个输出

算法的目的是求解问题，"解"就是输出。一个算法可以有一个或多个输出，没有输出的算法是没有意义的。在顺序查找与二分查找的例子中，查找成功后告知数据所在的位置或是查找不成功提示查找失败的信息便是算法的输出。

3.3.3 算法的表示

为了表示一个算法，可以用不同的方法。常用的表示法有自然语言表示法、伪代码表示法、传统流程图表示法、N-S 流程图表示法等。下面先对它们做一些简要介绍，然后通过具体例子来展示如何用计算机语言表示算法。

1. 自然语言表示法

自然语言就是人们日常使用的语言，不同国家通常有各自的自然语言，如汉语、英语和法语等。

【例 3.8】 磁带 A 录有大学英语听力，磁带 B 录有新概念英语听力。采用自然语言描述交换这两盘磁带内容的算法如下。

首先，另准备一盘空白磁带 C，然后按以下 3 个步骤完成磁带内容交换。

（1）将磁带 A 中的大学英语听力内容转录到磁带 C 中。

（2）将磁带 B 中的新概念英语听力内容转录到磁带 A 中。

（3）将磁带 C 中的大学英语听力内容转录到磁带 B 中。

自然语言在描述算法时具有通俗易懂的优点，但同时，存在以下一些缺点。

（1）用自然语言表示顺序执行的步骤比较好懂，但如果算法中包含判断和转移，用自然语言描述就不够清晰、简洁。

（2）容易出现"歧义性"。有些自然语言要根据上下文才能判断其含义，用于描述算法不够严谨。例如，"张三叫李四把这封信寄给他的父亲"。究竟是把信寄给张三的父亲？还是李四的父亲？存在歧义。

2. 伪代码表示法

伪代码使用介于自然语言和计算机语言之间的文字和符号来表示算法，书写方便，比较易懂，容易向计算机语言程序过渡。

例如，例 3.8 的算法采用伪代码可表示如下：

```
C←A
A←B
B←C
```

再如，输出 x 的绝对值可以用伪代码表示如下：

```
if x≥0
        输出 x
else
        输出-x
```

可见，伪代码书写形式自由，便于表达算法思想。

3. 传统流程图表示法

流程图是用图形方式来表示算法，用一些几何图形来代表各种不同性质的操作。ANSI 规定的一些常用流程图符号（见图 3-6）应用得较为广泛。

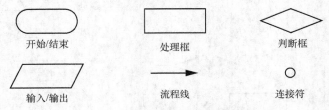

图 3-6　传统流程图中的常用符号

程序中的处理流程，通常可以用以下 3 种结构组合而成。

- 顺序结构——按照所述顺序处理。
- 选择结构——又称分支结构，根据判断条件改变执行流程。
- 循环结构——当条件成立时，反复执行给定的处理操作。

描述任务处理流程的算法，也可以用以上 3 种结构组合表示。

使用流程图可以很方便地表示出顺序结构、选择（分支）结构、循环结构等程序控制流程。

（1）顺序结构

顺序结构是最简单的程序控制结构，也是程序设计中使用最频繁的程序结构，其特点是算法程序按照算法步骤顺序执行。用传统流程图表示的顺序结构如图 3-7 所示。语句 1 执行完将执行语句 2，语句 2 执行完将执行语句 3。

例 3.8 中交换两盘磁带内容的几个主要步骤是典型的顺序结构，其算法流程图可表示为图 3-8。

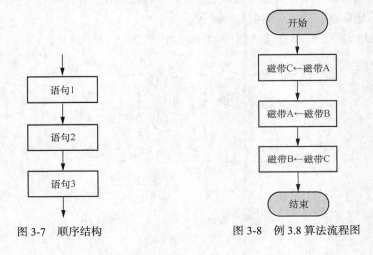

图 3-7　顺序结构　　　　图 3-8　例 3.8 算法流程图

（2）选择结构

选择结构又称分支结构，其流程图可表示为图 3-9。此结构的流程图中包含一个判断框，根据判断框中的条件是否成立来选择执行语句序列。在图 3-9（a）中，当条件成立时执行语句序列，如果条件为假，则受该条件控制的语句序列将不被执行。在图 3-9（b）中，当条件为真时执行语句序列 1，当条件为假时执行语句序列 2。

【例 3.9】 输入 x，计算 x 的绝对值存入 y 中，最后输出 y 的值。请画出算法流程图。

显然，当 x≥0 时，y=x，否则 y=-x，所以，本例的算法流程图如图 3-10 所示。

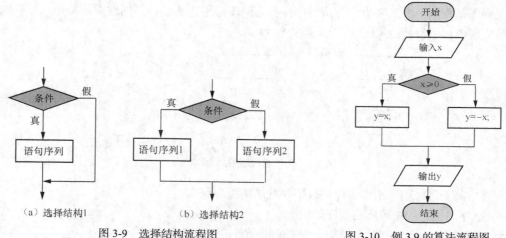

（a）选择结构1　　　　（b）选择结构2

图 3-9　选择结构流程图

图 3-10　例 3.9 的算法流程图

（3）循环结构

循环结构又称重复结构，是非常重要的一种程序结构。循环结构有两种控制方式，分别是当型循环和直到型循环。

当型循环的循环条件在循环体之前，先判断条件，若条件成立则进入循环体，执行完一遍循环体的语句序列后，再判断循环条件是否成立，如果成立，将再次执行循环体的语句序列，重复这一过程，当某次判断循环条件不成立时，将跳过该循环条件控制的循环体，转入后续处理流程。

直到型循环的循环条件在循环体之后，因此，执行程序时将先进入循环体，执行完一遍循环体的语句序列后判断循环条件，如果循环条件成立，将继续执行循环体，直到某次判断循环条件不成立时，退出循环体，进入后续的处理流程。

两种循环结构的流程图分别如图 3-11（a）和图 3-11（b）所示。

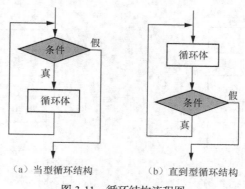

（a）当型循环结构　　　　（b）直到型循环结构

图 3-11　循环结构流程图

【例 3.10】　用传统流程图描述计算 $\sum\limits_{i=1}^{100} i$ 的算法。

本例的算法可以采用循环结构来描述，为求 1～100 的和，可以定义一个变量 sum，用于存放 $\sum\limits_{i=1}^{100} i$ 的结果，其初始值为 0。另使用一个变量 i，用于存放加数，初始值为 1，当 i≤100 时，循环将 i 的值累加进 sum 中，然后 i 自身加 1，直到 i>100 时结束循环，输出 sum 的值，即 $\sum\limits_{i=1}^{100} i$ 的结果。该算法流程图如图 3-12 所示。

【例 3.11】　用传统流程图描述例 3.7 中的二分查找算法。

假设集合 A 共有 n 个元素，且按升序排列，被查找的元素存放在变量 x 中。如果找到与 x 相等的元素，则输出该元素的序号；若找不到，则输出查找不成功的提示。为描述二分查找算法，需要再定义几个辅助变量，一个为 left，用于表示当前搜索集合的最小序号（左边界）；另一个为 right，用于表示当前搜索集合的最大序号（右边界）；mid 表示当前搜索集合的中间元素所在的位置。根据例 3.7 介绍的二分查找算法思想，可以画出该算法的流程图如图 3-13 所示。

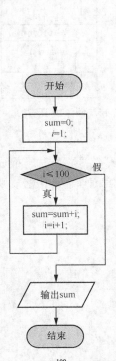

图 3-12　求 sum=$\sum\limits_{i=1}^{100} i$ 的算法流程图

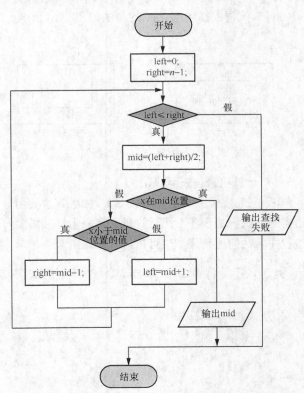

图 3-13　例 3.7 二分查找算法流程图

显然，该算法流程中存在顺序结构、选择结构与循环结构。

传统流程图描述算法的优点是形象、直观，不会产生"歧义性"，便于理解，根据流程图可以顺利地完成程序设计；不足之处是，随着算法复杂度的增加，流程图占用的篇幅较大，过多地使用流程线可能导致流程随意转向，从而增加理解算法的难度，不利于程序设计的实现。

4. N-S 流程图表示法

1973 年，美国的计算机科学家 I.纳斯西（I.Nassi）和 B.施奈德曼（B.Shneiderman）提出了一种新的流程图形式。在这种流程图中，完全去掉了带箭头的流程线。全部算法写在一个矩形框内，该框内可以包含其他从属于它的框，这种流程图称为 N-S 流程图（其名称由两人名字的首字母组成）。与传统的流程图相比，N-S 流程图既直观，又比较节省篇幅，尤其适合于描述仅包含顺序结构、选择结构和循环结构的结构化程序。

用 N-S 流程图表示顺序和选择结构如图 3-14 所示，循环结构如图 3-15 所示。

（a）顺序结构　　　　　（b）选择结构1　　　　　（c）选择结构2

图 3-14　顺序和选择结构 N-S 流程图

用 N-S 流程图描述例 3.10 的算法如图 3-16 所示。

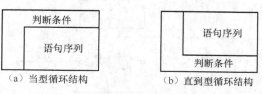

（a）当型循环结构　　　　　（b）直到型循环结构

图 3-15　循环结构 N-S 流程图

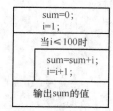

图 3-16　例 3.10 算法的 N-S 流程图

5. 用计算机语言表示算法

前面 4 种方法用于描述算法思想，如果算法要用计算机来执行，最终要将算法转换成用计算机语言书写的算法程序。用计算机语言表示算法需要严格遵守对应语言编译器的语法规则，否则算法程序无法通过编译产生可执行程序。

【例 3.12】　将例 3.10 求 $sum=\sum_{i=1}^{100} i$ 的算法用 C 语言表示。

```
/*
    @程序功能：求 1+2+3+…+100 的结果
    @文件名称：3_12.c
*/
#include <stdio.h>
int main()
{   int sum,i;
    sum=0;
    i=1;
    while (i<=100)                      //当 i<=100 时，重复执行累加语句
    {
        sum=sum+i;                      //将 sum 与 i 相加，结果再存入 sum
        i++;                            //将 i 的值加 1，结果再存入 i
    }
```

```
        printf("1+2+…+100=%d\n",sum);   //输出结果
        return 0;
}
```

程序运行结果如下：

```
1+2+…+100=5050
```

从这个例子可以看出，解决一个问题的关键是设计好算法，一旦弄清了解决问题的算法，再采用一种合适的程序设计语言去实现就变得非常容易。反之，如果没有搞清解决问题的算法，即使对语言、语法再熟悉，也难以编写出好的程序。

正如我们反复强调的，学习高级语言程序设计的重点应该放在程序设计方法的学习上，大部分程序设计语言大同小异，精通一门语言后通常可以做到触类旁通。

3.4 简单程序设计举例

【例 3.13】 从键盘输入两个整数，交换两个变量的值后输出它们的值。

【分析】 本例可以采用例 3.8 的算法，借助中间变量交换两个变量的值，参考程序如下所示。

```
#include <stdio.h>
int main()
{    int a,b;
     int temp;

     printf("Please input two integer(such as 10,20):");
     scanf("%d,%d",&a,&b);                    //输入两个整数
     printf("a=%d,b=%d\n",a,b);

     temp=a;                                  //利用中间变量交换两个整数
     a=b;
     b=temp;

     printf("a=%d,b=%d\n",a,b);               //输出交换后的变量值
     return 0;
}
```

【例 3.14】 丁丁参加了访问北京的夏令营活动，回去前他为爸爸、妈妈、弟弟、好朋友小明和小西分别购买了小礼物。编写一个程序，帮助丁丁计算他一共花费了多少钱，并计算礼物的平均价格。

【分析】 本例可以采用顺序结构设计程序，声明 5 个变量用来存放礼物的价格，并定义存放花费金额总和的变量 sum 和存放平均价格的变量 average。依次输入每件礼物的价格存入相应的变量，计算所有价格之和存入 sum，计算平均价格存入 average 后，输出总花费金额和平均价格。

参考程序如下：

```c
#include <stdio.h>
int main()
{
    float gift1, gift2, gift3, gift4, gift5;                //变量声明
    float sum, average;

    printf("请输入买给爸爸的礼物价格：");                        //输入礼物的价格
    scanf("%f", &gift1);
    printf("请输入买给妈妈的礼物价格：");
    scanf("%f", &gift2);
    printf("请输入买给弟弟的礼物价格：");
    scanf("%f", &gift3);
    printf("请输入买给小明的礼物价格：");
    scanf("%f", &gift4);
    printf("请输入买给小西的礼物价格：");
    scanf("%f", &gift5);

    sum = gift1 + gift2 + gift3 + gift4 + gift5;     //计算总价
    average = sum / 5;                               //求平均值

    printf("总价: %.2f\n", sum);
    printf("平均价格: %.2f\n", average);

    return 0;
}
```

简单程序
设计举例

良好的程序设计风格会提高程序的可读性，C语言允许在标识符、表达式、运算符之间插入任意数量的间隔符，这些间隔符可以是空格、Tab和换行符。

- 在表达式中的标识符、运算符、常量之间增加适当的空格有助于我们阅读表达式。基于这个原因，编写程序时可以在每个运算符的前、后都放上一个空格。

例如：area = PI * r * r;。

此外，可以在逗号后面放一个空格，某些程序员甚至在圆括号和其他标点符号的两边都加上空格。

- 缩进有助于轻松地识别程序嵌套，为了清晰地表示出变量声明和语句都嵌套在main()函数中，应该对它们进行缩进。同时，应注意main()函数中"{"和"}"的放置方法，"{"放在函数名的下一行，而与之匹配的"}"放在独立的一行，并且与"{"排在同一列上。

- 空行可以把程序划分成逻辑单元，从而使读者更容易辨别程序段之间的分界。就像没有段落划分的作文或是没有章节划分的书一样，没有空行的程序很难阅读。

- 适当注释有助于对程序的理解和维护。

读者可以观察例3.14的参考程序。首先，观察在运算符=、+、/两侧的空格是如何使这些运算符凸显出来的。其次，留心为了明确变量声明和语句属于main()函数，如何对它们采取缩进格

式。最后，注意如何利用空行将 main()函数划分成 5 部分：（1）变量声明部分；（2）输入部分；（3）计算部分；（4）输出部分；（5）函数返回部分。

作为初学者，应在书写程序时注意培养良好的程序设计习惯。

【例 3.15 】 计算商品条码的校验码。

EAN-13 条码是一种被广泛使用的商品条码，EAN-13 条码共 13 位数，由 "国家或地区前缀码" 3 位数、"厂商代码" 4 位数、"产品代码" 5 位数及 "校验码" 1 位数组成。

EAN-13 条码示例如图 3-17 所示，其说明如下。

图 3-17 EAN-13 条码示例

（1）国家或地区前缀码由国际物品编码组织授权，我国的国家或地区前缀码为 "690~699"。

（2）厂商代码由中国物品编码中心核发给申请厂商，代表申请厂商的号码。

（3）产品代码是代表单项产品的号码，由厂商自由编定。

（4）校验码是为防止条码扫描器误读的自我检查码。

假设某 EAN-13 条码如下：

```
n1 n2 n3 n4 n5 n6 n7 n8 n9 n10 n11 n12 c
```

已知，校验码 c 的计算方法如下。

$c1 = n1+ n3+n5+n7+n9+n11$

$c2 = (n2+n4+n6+n8+n10+n12) \times 3$

$cc = (c1+c2)\%10$（取个位数）

c (校验码) $= (10 - cc)\%10$ （若值为 10，则取 0）

编写一个程序来计算任意 EAN-13 条码的校验码。要求用户输入商品条码的前 12 位数字，然后程序显示出相应的校验码。为了避免混淆，要求用户分 3 部分输入数字：3 位国家或地区前缀码、4 位厂商代码以及 5 位产品代码。程序会话的形式如下所示。

请输入国家或地区前缀码（3 位数字）：690↙
请输入厂商代码（4 位数字）：8245↙
请输入产品代码（5 位数字）：41251↙
校验码是：7

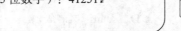

为方便计算，程序在读入每组数时不是按多位数来读取的，而是将每组数均读作多个 1 位数，把数看成一个个独立的数字进行读取更方便计算校验码。为了读取单个的数字，我们使用带有%1d 转换说明的 scanf()函数，其中%1d 用于匹配只有 1 位的整数。程序代码如下。

```
#include <stdio.h>
int main()
{    int n1,n2,n3;
     int n4,n5,n6,n7;
     int n8,n9,n10,n11,n12;
     int c1,c2,cc,c;

     printf("请输入国家或地区前缀码（3位数字）: ");
     scanf("%1d%1d%1d",&n1,&n2,&n3);
     printf("请输入厂商代码（4位数字）: ");
     scanf("%1d%1d%1d%1d",&n4,&n5,&n6,&n7);
     printf("请输入产品代码（5位数字）: ");
     scanf("%1d%1d%1d%1d%1d",&n8,&n9,&n10,&n11,&n12);

     c1=n1+n3+n5+n7+n9+n11;                    //计算校验码
     c2=(n2+n4+n6+n8+n10+n12)*3;
     cc=(c1+c2)%10;
     c=(10-cc)%10;
     printf("校验码是: %d\n",c);               //输出校验码
     return 0;
}
```

本章小结

通过本章学习应达到以下要求。

（1）了解 C 语句的分类。

（2）熟练掌握字符输入/输出函数的使用方法。

（3）熟练掌握格式输入/输出函数的使用方法。

（4）了解算法的概念及其特点，掌握算法的描述方法。

（5）能够应用输入/输出函数与算术运算符进行简单的顺序结构程序设计。

练 习 三

1. 设 int x;，下列选项中错误的输入语句是（   ）。

    A. scanf("%d",x);   B. scanf("%d",&x);

    C. scanf("%o",&x);   D. scanf("%x",&x);

2. 执行语句 printf("|%9.4f|\n",12345.67);后的输出结果是（   ）。

    A. |2345.6700| B. |12345.6700|

    C. |12345.670| D. |12345.67|

3. 若在下面程序运行时输入 123456，程序的输出结果是什么？

```
#include  <stdio.h>
int main()
{     int   a, b;
      scanf("%2d%*2s%2d", &a, &b);
      printf("%d,%d\n", a, b);
      return 0;
}
```

4. 若希望下面程序的输出结果为 a='A',b="%",c=1a，则横线上应填入的语句是什么？程序运行时输入数据的格式是什么样的？

```
#include <stdio.h>
int main()
{     char a,b;
      int c;
      scanf("%c,%c,%d",&a,&b,&c);
      printf(" _____", a,b,c);
      return 0;
}
```

实 验 三

1. 编程，实现从键盘输入一个小写英文字母，将其转换为对应的大写英文字母，将转换后的大写英文字母及其十进制的 ASCII 值显示到屏幕上。

2. 完善实验二第 3 题程序，要求 a 是通过键盘输入的 4 位整数。

3. 完善实验二第 4 题程序，要求能够从键盘输入立方体的长、宽、高，计算立方体的体积和各侧面面积并输出。

4. 已知华氏温度 f 与摄氏温度 c 的转换公式为 $c = \dfrac{5}{9}(f-32)$，请编写程序从键盘上输入华氏温度，将其转换为对应的摄氏温度并输出。

第4章
程序基本控制结构

如前面章节所述，结构化程序的基本结构包括顺序结构、选择结构和循环结构。3.4 节的 3 个例题的程序都是顺序结构。顺序结构只能实现较为简单的程序逻辑，在实际的应用中，常常需要根据不同的情况应用不同的控制结构执行不同的处理流程。

例如，电子商务网站在计算购物总金额时会根据用户的购物金额选择是否免收运费；保险公司的投保系统会根据投保人需求的不同采用不同的保费计算方法；杀毒软件需要对各磁盘文件重复执行相似的扫描，以判断文件是否受病毒感染；搜索引擎需要根据用户的查询要求在数据库中重复查找是否有满足用户需求的信息。实现上述功能需要用到选择与循环控制结构。

通过本章的学习，读者应达成如下学习目标。

知识目标： 掌握 C 语言分支与循环控制结构语句，理解 break、continue 等程序跳转语句的使用方法。

能力目标： 掌握计数法、标记法等循环控制技术，能够熟练应用迭代、递推、穷举等方法进行问题求解。

素质目标： 培养将实际问题转化为基本程序结构的能力，持续提升发现问题、分析问题和解决问题的能力，培养计算思维。

4.1 逻辑运算符与逻辑表达式

4.1.1 逻辑运算符

1. 逻辑运算符及其运算规则

逻辑运算符共 3 个，分别是逻辑与（&&）、逻辑或（||）和逻辑非（!），其中!是一元运算符，而&&和||是二元运算符。利用逻辑运算符可以将简单的表达式构建成表达能力更强的逻辑表达式。

- && （相当于"同时"），即在两条件同时成立时才为真。
- || （相当于"或者"），即两个条件只要有一个成立时即为真。
- ! （相当于"取反"），即条件为真时结果为假，条件为假时结果为真。

表 4-1 给出了逻辑运算的真值表。

表 4-1　　　　　　　　　　　　　　　　　逻辑运算的真值表

a	b	a && b	a ‖ b	!a	!b
真	真	真	真	假	假
真	假	假	真	假	真
假	真	假	真	真	假
假	假	假	假	真	真

例如，可以用逻辑表达式(x>10)&&(x<20)来表示 x∈(10,20)。

2. 逻辑运算符的运算优先次序

在 3 个逻辑运算符中，逻辑非的优先级最高，逻辑与次之，逻辑或最低。

同时，关系运算、逻辑运算符、算术运算与赋值运算的优先级由高到低依次为：

$$! > 算术运算 > 关系运算 > \&\& > \| > 赋值运算$$

因此，逻辑表达式(x>10)&&(x<20)可简写为 x>10 && x<20。

同理，表达式 a=x>y ‖ !z 等价于 a=((x>y)‖(!z))。

4.1.2　逻辑表达式

逻辑表达式是指用逻辑运算符将关系表达式或逻辑量连接起来的表达式。

逻辑表达式的值是一个逻辑量"真"或"假"。C 语言以非零表示逻辑"真"，以零表示逻辑"假"。在计算逻辑表达式时，若结果为"真"，则表达式的值为 1，否则为 0。

例如：

若 int x=10;，则表达式 x>8&&x<15 的值为 1；

若 int x=−9,y=3;，则表达式 x&&y 的值为 1，x‖y 的值为 1，!x&&y 的值为 0。

表达式 a >= 'A'&&a<= 'Z'用于判断变量 a 是否为大写字母。

根据逻辑表达式 x%3==0 && x%5==0 的值是否为 1，可以判断整型变量 x 是否既能被 3 整除又能被 5 整除。

逻辑表达式的计算过程中，并不是所有的逻辑运算都会被执行，只有在必须执行下一个逻辑运算才能求出表达式的值时，才执行该运算，一旦整个逻辑表达式的值可以确定，将停止后续逻辑运算操作。上述情况称为**逻辑运算的短路现象**。

- 对于形如 a&&b 的表达式，只有当 a 为真时才将 a 与 b 的值相与，否则，若 a 为假，则可直接得出 a&&b 的计算结果为 0，表达式 b 将不会被执行。

例如，有 int a=10,b=11,c=12;，则执行表达式(a>10 && b++ && −−c)时，首先判断 a>10，由于 a>10 为逻辑假，所以整个表达式的结果为 0。无须与 b++和−−c 的值进行相与操作，因此执行完逻辑运算后变量 b 与变量 c 的值保持不变，仍为 11 和 12。

- 对于形如 a‖b 的表达式，只有当 a 为假时才将 a 与 b 的值相或，否则，若 a 为真，则可直接得出 a‖b 的结果为 1，表达式 b 未被执行。

例如，有 int a=0,b=0,m=0,n=0;，则执行表达式(m=a==b)‖(n=b==a)时，先计算(m=a==b)，由于 a==b，m 被赋值为 1，所以(m=a==b)‖(n=b==a)的值可以直接根据 m 的值确定为 1，无须将 m 的值与(n=b==a)执行逻辑或运算。所以执行完逻辑运算后 n 的值仍为初值 0。

【例 4.1】　写出下面程序的运行结果。

```
#include <stdio.h>
int main()
```

```
    {
        int a=1,b=10,c=1,x,y;
        x=a && b || ++c;
        printf("x=%d,c=%d\n",x,c);
        y=!a && --b || ++c;
        printf("y=%d,b=%d,c=%d\n",y,b,c);
        return 0;
    }
```

程序运行结果如下：

```
x=1,c=1
y=1,b=10,c=2
```

执行 x=a&&b||++c;时，由于 a&&b 的结果为 1，所以++c 未被计算，逻辑表达式 a&&b||++c 的结果为 1，本条语句执行后输出 x=1,c=1。

执行 y=!a&&--b||++c;时，由于!a 的值为假，所以!a&&--b 发生短路现象，--b 无须计算便可以确定!a&&--b 的值为 0，所以变量 b 的值仍然为 10。此时，还需要进一步计算逻辑或运算的第二个操作数++c，0 与加 1 后的变量 c 相或，得 1 赋值给 y，因此，下一条输出语句的输出结果为 y=1,b=10,c=2。

正确应用逻辑运算符可以表达复杂的条件判断。例如，判断某一年是否是闰年的方法是判断该年份数字是否满足下列条件之一：

（1）能被 4 整除，但不能被 100 整除；

（2）能被 400 整除。

可以用逻辑表达式表示如下：

```
( year % 4 == 0 && year % 100 != 0 ) || ( year % 400 == 0)
```

从 C99 开始，C 语言增加了专门的布尔类型 bool，在 stdbool.h 文件中定义了常量 true 与 false，分别代表逻辑真和逻辑假，这使操作布尔值更加容易。

例如，bool flag; flag=10<20;，语句执行后 flag 的值为真，!(flag)的值为假，后续章节我们将使用该类型。

4.2　选择控制结构

C 语言提供了 if 语句来实现选择结构，if 语句的一般用法有 3 种，分别是 if 单分支语句、if 双分支语句和 if 多分支语句。

4.2.1　if 单分支语句

if 单分支语句的一般格式为：

```
if (条件)
    语句;
```

当判断条件为逻辑真时执行紧跟在判断条件后面的一条语句，若判断条件为逻辑假，则紧跟在其后的一条语句将不被执行。if 单分支语句控制流程如图 4-1 所示。

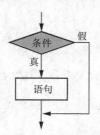

图 4-1　if 单分支语句控制流程

① 判断条件一定要用"( )"括起来。

② if(条件)与紧跟其后的语句构成完整的 if 语句，因此不要在 if(条件)后面加";"，否则被 if(条件)控制的语句是空语句。

③ 为增加程序的可读性，受 if(条件)控制的语句一般采用缩进格式书写。

例如：

```
if (x>0)
        printf("y=1");
printf("Over!");
```

当 x>0 时，printf("y=1");语句才会被执行，此时，上述程序段的输出结果为：

```
y=1 Over!
```

若 x≤0，printf("y=1");语句将不被执行，此时，上述程序段的输出结果为：

```
Over!
```

即 printf("Over!");语句不受 if(条件)的控制，无论 x 的值是大于 0 还是小于或等于 0，该语句都会被执行。

【例 4.2】　从键盘输入两个整数分别存入 a 与 b，判断 a 是否小于 b，若小于则将 a 与 b 的内容交换后输出，否则直接输出 a 与 b 的值。

我们先来看一个初学者特别容易写出的错误程序。

```
#include <stdio.h>
/*
        @文件名:4_2_1.c
        @程序功能:从键盘输入两个整数,若前者小于后者,则交换其值后输出,否则直接输出
        @本程序存在逻辑错误,请改正
*/
int main()
{       int a,b,c;
        printf("Please input 2 integers,such as 2,5:");
        scanf("%d,%d",&a,&b);
        if (a<b)
```

```
                c=a;
                a=b;
                b=c;
        printf("a=%d,b=%d",a,b);
        return 0;
}
```

单分支程序
设计举例

测试一：程序执行时，输入一小一大两个数，如 4 和 8。

```
printf("Please input 2 integers,such as 2,5:");4,8↙
```

程序的输出结果是：a=8,b=4。

若测试到此结束，将给程序留下 bug。

测试二：程序执行时，输入一大一小两个数，如 8 和 4。

```
printf("Please input 2 integers,such as 2,5:");8,4↙
```

此时，程序的输出结果是：a=4,b=2147319808。

显然，这个结果是不正确的。

为何会发生这种现象？变量 b 的值为什么看起来非常奇怪？我们来分析一下。

if(a<b)下面 3 行的语句虽然采用了缩进格式书写，但按照 C 语言语法，真正受 if(a<b)控制的只有 c=a;这条语句，而 a=b;与 b=c;均不受 if(a<b) 的控制。该程序的控制流程如图 4-2（a）所示。

当输入一小一大两个整数时，由于 a<b，所以 c=a;得以执行，接下来执行 a=b;和 b=c;两条语句，完成了 a 与 b 的交换。

当输入一大一小两个整数时，由于 a<b 为逻辑假，所以 c=a;不被执行，但 a=b;及 b=c;会被执行。以输入 8,4 为例，执行 a=b;后，变量 a 被修改为 4，接下来执行 b=c;，由于变量 c 未被初始化，其值为不确定的数，所以程序输出的 b 的值是不确定的。

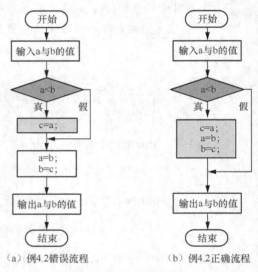

（a）例4.2错误流程　　（b）例4.2正确流程

图 4-2　例 4.2 程序控制流程

正确的做法应该是将 c=a;a=b;b=c;这 3 条语句用 {}括起来，构成复合语句，如下所示。

```
if (a<b)
        {
                c=a;
                a=b;
                b=c;
        }
```

此时 3 条语句同时受 if(a<b)的控制，程序控制流程如图 4-2（b）所示。

测试是发现程序错误的重要手段，软件测试分为白盒测试与黑盒测试。白盒测试是设计合适的测试用例，对程序中的每个流程都进行测试；黑盒测试是把程序看成一个黑箱，主要测试给定的输入经程序处理后是否能得到满足程序功能要求的输出。

　　无论是白盒测试还是黑盒测试，设计测试用例都非常重要。在测试时要特别注意各种输入数据的边界条件。对于本例，还可以用两个相等的数进行测试。

　　在编写程序时，进行严格的程序测试有助于培养设计人员严谨的逻辑思维。

　　【例 4.3】　从键盘输入 3 个整数，将它们按从小到大进行排序后再输出。

　　【分析】　首先从键盘输入 3 个整数分别存入 3 个变量 a、b、c。接下来对 3 个变量进行简单排序，使 a 保存三者中的最小数，b 保存三者中的中间数，c 保存三者中的最大数。之后输出 a、b 和 c 的值即可。

　　可以采用以下方法排序：首先判断 a 是否大于 b，若大于，则交换 a 与 b 的值，此时 a 已为 a、b 中的较小者。再判断 a 是否大于 c，若大于，则交换 a 与 c 的值。这样 a 必为三者中的最小数。同理，比较 b 是否大于 c，若大于，则交换 b 与 c 的值，此时 c 必为三者中的最大数。

　　程序如下：

```
#include <stdio.h>
int main()
{    int a,b,c;
     int t;
     printf("Please input 3 integers(such as 50 10 30):\n");
     scanf("%d%d%d",&a,&b,&c);
     printf("Before sorting:\n");
     printf("a=%d,b=%d,c=%d\n",a,b,c);
     if (a>b)
     {
          t=a;    a=b;    b=t;        //交换 a 与 b 的值
     }
     if (a>c)
     {
          t=a;    a=c;    c=t;        //交换 a 与 c 的值
     }
     if (b>c)
     {
          t=b;    b=c;    c=t;        //交换 b 与 c 的值
     }
     printf("After sorting:\n");
     printf("a=%d,b=%d,c=%d\n",a,b,c);
}
```

　　【例 4.4】　模拟魔术师的猜数字游戏。

　　魔术师首先让观众在心里默想一个小于 50 的两位数，之后他依次向观众展示图 4-3 所示的 6 张卡片（0#～5#），要求观众告诉他这 6 张卡片中，哪几张卡片里有观众想的那个数，之后魔术师便能轻松地猜出这个数。

　　例如，当某观众告诉他所想之数在 0#、2#、4#这 3 张卡片中时，他便知道其心里想的这个数是 21；当某观众告诉他所想之数在 1#、2#、5#这 3 张卡片中时，他立即能猜出其想的数是 38。

0#卡片				
1	3	5	7	9
11	13	15	17	19
21	23	25	27	29
31	33	35	37	39
41	43	45	47	49

1#卡片				
2	3	6	7	10
11	14	15	18	19
22	23	26	27	30
31	34	35	38	39
42	43	46	47	50

2#卡片				
4	5	6	7	12
13	14	15	20	21
22	23	28	29	30
31	36	37	38	39
44	45	46	47	

3#卡片				
8	9	10	11	12
13	14	15	24	25
26	27	28	29	30
31	40	41	42	43
44	45	46	47	

4#卡片				
16	17	18	19	20
21	22	23	24	25
26	27	28	29	30
31	48	49	50	

5#卡片				
32	33	34	35	36
37	38	39	40	41
42	43	44	45	46
47	48	49	50	

图 4-3　6 张卡片

这是为什么呢？请同学们思考其中的道理，并编写程序，模拟魔术师的猜数字游戏。

根据十进制数与二进制数相互转换的规则，已知二进制数，可以按照多项式展开法计算与其等值的十进制数，例如与二进制数 10101 等值的十进制数为 21，其计算过程如下：

2^7	2^6	2^5	2^4	2^3	2^2	2^1	2^0
0	0	0	1	0	1	0	1

$$S= \quad 16+ \quad\quad 4+ \quad\quad 1 \quad = \quad 21$$

反之，任何一个十进制数都可以转换成与其等值的二进制数。实际上，魔术师在设计这个游戏时利用了十进制数与二进制数相互转换的原理。魔术师首先将 1～50 的所有十进制数转换成对应的二进制数，如果某数 S 对应的二进制数在第 i 位上取值为 1，则在设计卡片时，将 S 放在 i# 卡片里，如图 4-4 所示。

	2^7	2^6	2^5	2^4	2^3	2^2	2^1	2^0	每张卡片上的数					
S	d_7	d_6	d_5	d_4	d_3	d_2	d_1	d_0	0#	1#	2#	3#	4#	5#
1	0	0	0	0	0	0	0	1	1					
2	0	0	0	0	0	0	1	0		2				
3	0	0	0	0	0	0	1	1	3	3				
4	0	0	0	0	0	1	0	0			4			
5	0	0	0	0	0	1	0	1	5		5			
6	0	0	0	0	0	1	1	0		6	6			
7	0	0	0	0	0	1	1	1	7	7	7			
					...				...	...	...	...	...	...
21	0	0	0	1	0	1	0	1	21		21		21	
					...					...		...		
50	0	0	1	1	0	0	1	0		50			50	50

图 4-4　猜数字游戏卡片设计过程示例

由于 50 以内的数转换成二进制数最多需要 6 位数字，所以只需要 6 张卡片。

　　例如，21 对应的二进制数在第 0、第 2、第 4 位上取值为 1，所以它将放在 0#、2#和 4#这 3 张卡片上。50 对应的二进制数在第 1、第 4、第 5 位上取值为 1，所以它将放在 1#、4#和 5#这 3 张卡片上。

　　自上而下收集每个卡片上的数，便可完成卡片的设计。

　　这样，一旦观众告诉魔术师哪几张卡片上有他想的数，说明该数对应的二进制数在这几位上的取值都是 1，其他位为 0。于是按照多项式展开法可以快速地心算出等值的十进制数。这就是魔术师可以快速猜出观众心里所想数的原因。

　　由此可以设计出模拟魔术师猜数的程序。

```c
#include <stdio.h>
int main()
{
    int data=0;
    char answer;

    printf("您心里想的数是否在其中？\n");          //输出 0#卡片
    printf("1    3    5    7    9\n");
    printf("11   13   15   17   19\n");
    printf("21   23   25   27   29\n");
    printf("31   33   35   37   39\n");
    printf("41   43   45   47   49\n");
    printf("若在请输入 Y，若不在请输入 N:");
    scanf("%c",&answer);
    if (answer=='Y'  ||  answer=='y')
        data=data+1;


    printf("您心里想的数是否在其中？\n");          //输出 1#卡片
    printf("2    3    6    7    10\n");
    printf("11   14   15   18   19\n");
    printf("22   23   26   27   30\n");
    printf("31   34   35   38   39\n");
    printf("42   43   46   47   50\n");
    printf("若在请输入 Y，若不在请输入 N:");
    scanf(" %c",&answer);                          //注意，%c 前有一个空格，下同
    if (answer=='Y'  ||  answer=='y')
        data=data+2;


    printf("您心里想的数是否在其中？\n");          //输出 2#卡片
    printf("4    5    6    7    12\n");
    printf("13   14   15   20   21\n");
    printf("22   23   28   29   30\n");
    printf("31   36   37   38   39\n");
    printf("44   45   46   47\n");
    printf("若在请输入 Y，若不在请输入 N:");
    scanf(" %c",&answer);
    if (answer=='Y'  ||  answer=='y')
        data=data+4;


    printf("您心里想的数是否在其中？\n");          //输出 3#卡片
    printf("8    9    10   11   12\n");
    printf("13   14   15   24   25\n");
```

```
    printf("26  27  28  29  30\n");
    printf("31  40  41  42  43\n");
    printf("44  45  46  47\n");
    printf("若在请输入Y，若不在请输入N:");
    scanf(" %c",&answer);
    if (answer=='Y' || answer=='y')
        data=data+8;

    printf("您心里想的数是否在其中？\n");          //输出4#卡片
    printf("16  17  18  19  20\n");
    printf("21  22  23  24  25\n");
    printf("26  27  28  29  30\n");
    printf("31  48  49  50\n");
    printf("若在请输入Y，若不在请输入N:");
    scanf(" %c",&answer);
    if (answer=='Y' || answer=='y')
        data=data+16;

    printf("您心里想的数是否在其中？\n");          //输出5#卡片
    printf("32  33  34  35  36\n");
    printf("37  38  39  40  41\n");
    printf("42  43  44  45  46\n");
    printf("47  48  49  50\n");
    printf("若在请输入Y，若不在请输入N:");
    scanf(" %c",&answer);
    if (answer=='Y' || answer=='y')
        data=data+32;

    printf("哈哈，我猜您心里想的数是：%d\n",data);
    return 0;
}
```

猜数字游戏
程序设计

注意

初学者常会误将关系运算符==写成赋值运算符=，从而导致程序错误。例如，本例中如果误将 if (answer=='Y' || answer=='y')写成 if (answer='Y' || answer='y')，那么此时无论输入什么字符，在执行条件判断时，answer 均会先被赋值为'Y'，再判断逻辑条件，因为C语言将非0值（'Y'的 ASCII 值非0）视为逻辑真，所以紧跟其后的加法语句均会被执行。

因此，在判断某变量是否等于某常量时，可将判断条件写成（常量==变量）。例如，if ('Y' ==answer||'y'==answer)。这样，一旦错写成 if ('Y'=answer||'y'=answer)，编译程序将检查出'Y' =answer 和'y' =answer 的语法错误（常量不可以被赋值），从而避免程序运行时发生逻辑错误。

在 Java 等语言中，用于逻辑判断的值只能是布尔类型，用 if (answer='Y' || answer='y')进行判断也会被视为不合法。

4.2.2 if 双分支语句

if 双分支语句的一般语法格式为：

```
if (条件) 语句1;
else
        语句2;
```

　　if 双分支语句控制流程如图 4-5 所示，当判断条件为逻辑真时，执行语句 1，否则执行语句 2。执行语句 1 与执行语句 2 为互斥关系。

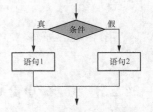

图 4-5　if 双分支语句控制流程

　　if 与 else 分支均只能控制一条语句，如果有多条语句要被 if 分支或 else 分支控制执行，则可以采用复合语句实现。

　　例如：

```
if  (x>y)  maxData=x;
    else  maxData=y;
```

实现的是将 x 与 y 中的更大者存入 maxData。程序根据 x>y 是否为逻辑真，选择性地执行 max Data=x; 或 maxData=y; 语句。

　　【例 4.5】　编写一个程序，输入一个年份，判断该年是否为闰年，若是，则输出该年是闰年的提示信息，否则输出该年不是闰年的提示信息。

　　【分析】　根据 4.2.1 小节介绍的闰年判断条件可以采用 if 双分支语句写出如下程序。

```
#include <stdio.h>
int main()
{
    unsigned int year;

    printf("Please input a year:");
    scanf("%u",&year);
    if (  ( year % 4 == 0 && year % 100 != 0 ) || ( year % 400 == 0)  )
        //闰年判断
        printf("%u is a leap year.\n",year);
    else
        printf("%u is not a leap year.\n",year);

    return 0;
}
```

　　【例 4.6】　水仙花数是指一个 3 位整数的各位数立方之和等于该数本身，如 153 是水仙花数（ $1^3+5^3+3^3=153$ ）。编写程序，当用户从键盘输入一个 3 位的整数时，程序判断该数是否为水仙花数。若是，则输出该数为水仙花数的提示信息，否则输出该数不是水仙花数的提示信息。

　　程序如下：

```
#include <stdio.h>
int main()
{
    int x,b0,b1,b2;
    printf("请输入一个 3 位整数:");
    scanf("%d",&x);
    b0=x%10;            //求个位数
    b1=x/10%10;         //求十位数
    b2=x/100;           //求百位数

    if (b0*b0*b0+b1*b1*b1+b2*b2*b2==x)
            printf("%d 是一个水仙花数\n",x);
```

```
        else
            printf("%d不是一个水仙花数\n",x);
    return 0;
}
```

4.2.3　if 多分支语句

if 多分支语句的一般语法格式为：

```
if (条件1) 语句1;
    else
        if (条件2) 语句2;
        else
            if (条件3) 语句3;
                …
                else if (条件n) 语句n;
                    else 语句n+1;
```

if 多分支语句控制流程如图 4-6 所示。

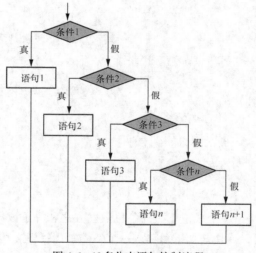

图 4-6　if 多分支语句控制流程

嵌套的 if else 语句在使用时一定要注意 if 与其对应的 else 的配对关系。通常，else 与其上方的离其最近且尚未与其他 else 匹配的 if 配对。采用{ }可以改变匹配关系。

例如：

```
if (x<0) y=-1;
    else if (x==0) y=0;
else y=1;
```

虽然第 3 行的 else 在格式上与 if(x<0)对齐，但按照语法规则，与其匹配的应该是 if(x==0)，因此在书写时尽量将该 else 缩进，以便于阅读和理解程序的逻辑。

```
if (x<0) y=-1;
    else if (x==0) y=0;
            else y=1;
```

利用复合语句可以改变 if else 的匹配关系。

例如：

```
if (条件 1)
    {   if (条件 2)
            语句 1;
    }
    else 语句 2;
```

此处与 else 语句 2;匹配的是 if(条件 1)，而不是 if(条件 2)。

【例 4.7】　某超市新店开张，举行促销活动，活动规则如下。

（1）购物金额在 100 元以下，总价打 9.5 折。

（2）购物金额大于或等于 100 元且小于 200 元，总价打 9 折。

（3）购物金额大于或等于 200 元且小于 500 元，总价打 8.5 折。

（4）购物金额大于或等于 500 元，总价打 8 折。

编写程序，输入顾客购物总价，输出顾客应实付购物金额和节约金额。

程序 1：采用并列的 if 语句实现。

```
#include <stdio.h>
int main()
{
    float total,payment,saving;
    printf("请输入购物总价: ");
    scanf("%f",&total);
    if (total<100)
        payment=total*0.95;
    if (total>=100 && total<200)
        payment=total*0.9;
    if (total>=200 && total<500)
        payment=total*0.85;
    if (total>=500)
        payment=total*0.8;

    saving=total-payment;          //计算节约金额

    printf("实付: %.2f 元.\n",payment);
    printf("节约: %.2f 元.\n",saving);
    return 0;
}
```

上述程序虽然能够实现程序功能，但是多个并列的 if(条件)从逻辑上是互斥关系，采用平行的 if 语句实现，会产生不必要的 CPU 处理时间。

程序 2：采用嵌套的 if else 语句实现。

```
#include <stdio.h>
int main()
{
    float total,payment,saving;
    printf("请输入购物总价: ");
```

```
            scanf("%f",&total);
            if (total<100)
                payment=total*0.95;
                else
                if (total<200)                          //此时，total 必大于或等于100
                        payment=total*0.9;
                        else
                        if (total<500)                  //此时，total 必大于或等于200
                            payment=total*0.85;
                            else                        //此时，total 必大于或等于500
                                payment=total*0.8;
            saving=total-payment;

            printf("实付：%.2f元.\n",payment);
            printf("节约：%.2f元.\n",saving);
            return 0;
        }
```

对于互斥的判断条件，建议采用 if else 嵌套结构实现。

【例 4.8】 编写程序，输入一元二次方程 $ax^2+bx+c=0$ 的 3 个系数 a、b、c，分情况计算并输出一元二次方程的根。

【分析】 根据中学数学知识，方程的系数 a、b、c 决定了方程的根。据此，可以容易地设计出求解方程根的算法流程，如图 4-7 所示。

当 $b^2-4ac>0$ 时，方程有两个不同的实根：

$$x = \frac{-b \pm \sqrt{b^2-4ac}}{2a}$$

此时，需要对 b^2-4ac 进行开方，C 语言的头文件 math.h 提供了大量数学库函数，表 4-2 列出了常见的数学库函数，本例中可以使用 sqrt() 函数进行开方运算。

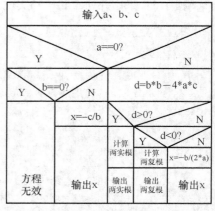

图 4-7　求解方程根的算法流程

表 4-2　　　　　　　　　　　常见的数学库函数

函数名	函数原型说明	功能	备注
sin	double sin(double x)	计算 $\sin(x)$ 的值	x 为弧度
cos	double cos(double x)	计算 $\cos(x)$ 的值	x 为弧度
sqrt	double sqrt(double x)	计算 x 的平方根	$x \geq 0.0$
pow	double pow(double x,double y)	计算幂指数 x^y	
log	double log(double x)	计算 $\log_e(x)$	
log10	double log10(double x)	计算 $\log_{10}(x)$	
fabs	fabs double(double x)	计算 x 的绝对值	

编程时若需使用其他的数学函数可查询相关资料。

根据算法可以写出如下求一元二次方程根的程序：

```c
#include <stdio.h>
#include <math.h>
int main()
{
    const double zero=1.0e-7;            //定义近似0.0常量
    double a,b,c,d,r,l,x1,x2;

    printf("请输入一元二次方程的系数(such as 2,8,5):");
    scanf("%lf,%lf,%lf",&a,&b,&c);

    if ( fabs(a)<zero )                  //a近似为0.0，方程不是一元二次方程
    {
        if ( fabs(b)<zero )              //b近似为0.0，方程无解
            printf("输入有误，无解!\n");
        else
        {
            x1=-c/b;
            printf("x=%f\n",x1);
        }
    }
    else                                 //a不为0.0，方程为一元二次方程
    {
        d=b*b-4*a*c;
        if (d>0)                         //有两个不同的实根
            {
                x1=-b/(2*a)+sqrt(d)/(2*a);
                x2=-b/(2*a)-sqrt(d)/(2*a);
                printf("x1=%f\nx2=%f\n",x1,x2);
            }
        else
            if ( fabs(d)<zero )          //d近似为0.0，有两个相同的实根
            {
                x1=x2=-b/(2*a);
                printf("x1=x2=%f\n",x1);
            }
            else                         //方程无实根
            {
                r=-b/(2*a);
                l=sqrt(-d)/(2*a);
                printf("x1=%f + %f i\n",r,l);
                printf("x2=%f - %f i\n",r,l);
            }
    }
    return 0;
}
```

① 早期 C 语言版本不能直接处理复数类型的数据，在本例中，需要将根的实部与虚部分别计算，并与格式控制符配合以实现复根的输出。

② 由于浮点数的舍入误差，程序中不能直接判断浮点型数据是否等于 0.0，此时可采用本例中的处理方法。

C99 在 complex.h 中定义了复数类型。复数类型数据由一个实数数据和一个虚数数据构成。根据占用空间的大小不同，复数类型可以分为 3 种子类型：float complex、double complex 和 long double complex。

4.3　条件表达式

C 语言提供了一种特殊的条件运算符，这种运算符允许表达式依据条件的值求解两个表达式中的一个。条件运算符由符号?和符号:组成，两个符号必须按下列格式一起使用：

> 表达式 1?表达式 2:表达式 3;

条件表达式的执行过程为：先计算表达式 1 的值，如果表达式 1 的值为逻辑真（非 0），则求解表达式 2，将表达式 2 的值作为整个条件表达式的值；否则，求解表达式 3，将表达式 3 的值作为整个条件表达式的值。

条件运算符是 C 语言中唯一的三元运算符，其结合性为右结合，其优先级高于赋值运算符。例如：

```
maxData=a>b?a:b;
```

等价于

```
if (a>b)  maxData=a;
        else  maxData=b;
```

再如，下面的语句用于将输入的大写字母转换成小写字母输出，其他字符原样输出。

```
char c;
c=getchar();
printf("%c", c>= 'A' && c<= 'Z' ?  c+32 : c);
```

4.4　switch 多分支语句

在介绍 switch 语句之前，我们先看一个例题。

【例 4.9】　下面的程序表示：首先从键盘上输入两个浮点数存入变量，在屏幕上显示一个菜单选项，根据用户输入的选项分别执行加、减、乘、除 4 种运算。

```
#include <stdio.h>
#include <math.h>
int main()
{
        const double zero=1.0e-7;
        double x,y,result;
        int select;
        printf("Input two data(such as 5,2.3):\n");
```

```
                scanf("%lf,%lf",&x,&y);
                printf("[1]计算两个数的和并输出\n");
                printf("[2]计算两个数的差并输出\n");
                printf("[3]计算两个数的积并输出\n");
                printf("[4]计算两个数的商并输出\n");
                printf("请输入选项[ ]\b\b");
                scanf("%d",&select);
                if (select==1)                              //求和
                    {
                            result=x+y;
                            printf("%f+%f=%.4f\n",x,y,result);
                    }
                else
                        if (select==2)                      //求差
                        {
                                result=x-y;
                                printf("%f-%f=%.4f\n",x,y,result);
                        }
                        else
                            if (select==3)                  //求积
                            {
                                    result=x*y;
                                    printf("%f*%f=%.4f\n",x,y,result);
                            }
                            else
                                if (select==4)              //求商
                                {
                                        if ( fabs(y)<zero )     //判断除数是否为 0
                                                printf("除数不能为 0! \n");
                                        else
                                        {
                                                result=x/y;
                                                printf("%f/%f=%.4f\n",x,y,result);
                                        }
                                }
                                else
                                    printf("选项输入错误! \n");
                return 0;
}
```

程序运行结果如下：

```
Input two data(such as 5,2.3):
5,2.3
[1]计算两个数的和并输出
[2]计算两个数的差并输出
[3]计算两个数的积并输出
[4]计算两个数的商并输出
请输入选项[2]
5.000000-2.300000=2.7000
```

本程序采用嵌套的 if else 语句（有时也称级联式 if 语句）实现根据输入的不同整型选项值，

执行不同的分支语句的目的。在日常的编程中，常常需要把表达式和一系列值进行比较，从中找出与其匹配的值，然后执行相应的程序代码，如软件中的菜单选项或快捷键。当分支非常多时，采用嵌套的 if else 语句显得有些烦琐。

C 语言提供了 switch 语句作为这类嵌套 if 语句的替换。

switch 语句的语法格式如下：

```
switch (表达式)
{
    case 常量表达式 1:语句序列 1
    case 常量表达式 2:语句序列 2
    …
    case 常量表达式 n:语句序列 n
    default:语句
}
```

有关 switch 语句的使用需要注意如下事项。

（1）switch 后面必须跟由 "()" 括起来的整型表达式。C 语言会把字符当成整型来处理，因此 switch 语句中可以对字符进行判断，但是不能对浮点数和字符串进行判断。

（2）所有分支包含在一对{}中，每个分支的开头都有一个标号，格式如下：

```
case 常量表达式:
```

（3）常量表达式中不能包含变量和函数，且其值必须是整数。每个分支标号的后边可以跟任意数量的语句，且不需要用花括号把这些语句括起来。

（4）switch 语句执行时从上至下依次将 switch()中的表达式的值与每个分支的常量表达式进行匹配，一旦两个表达式的值相等，就从该标号后的语句开始执行，直至遇到 break;或 switch 语句结束符 "}" 为止。

（5）当所有 case 分支匹配均不成功时，程序跳转到 default 分支开始执行，直至遇到 break;或遇到 switch 语句结束符 "}" 为止。default 可以省略，如果 default 不存在，而且 switch()中的表达式的值和任何一个 case 分支都不匹配，控制会直接传给 switch 语句后面的语句。

（6）同一个 switch 语句里，所有 case 分支的常量表达式不能相同，但 case 分支的顺序没有要求，特别是 default 分支不一定要放在最后。

下面的 switch 语句等价于例 4.9 的嵌套式 if 语句。

```
switch (select)
{
    case 1:   result=x+y;
              printf("%f+%f=%.4f\n",x,y,result);
              break;
    case 2:   result=x-y;
              printf("%f-%f=%.4f\n",x,y,result);
              break;
    case 3:   result=x*y;
              printf("%f*%f=%.4f\n",x,y,result);
              break;
    case 4:   if ( fabs(y)<zero )          //判断除数是否为 0
                      printf("除数不能为 0! \n");
              else
```

```
                                {
                                        result=x/y;
                                        printf("%f/%f=%.4f\n",x,y,result);
                                }
                        break;
                default: printf("选项输入错误! \n");
        }
```

　　执行这条 switch 语句时，变量 select 的值将与 1、2、3 和 4 进行比较。如果 select 的值与 1 匹配，那么从 case 1:后面的语句开始执行，直至遇到 break;结束 switch 语句。若 select 的值与 1 匹配不成功，则继续与 2 进行比较，若 select 的值与 2 匹配成功，则从 case 2:后面的语句开始执行，直至遇到 break;结束 switch 语句。同理，易知当输入 3 或 4 时的程序执行情况。

　　若用户输入的不是 1、2、3、4，则执行 default 后的语句 printf("选项输入错误! \n");，之后遇 switch 结束符 "}" 跳出 switch 语句。如果 default 分支不是放在所有 case 之后，则应在 printf("选项输入错误! \n");语句后面加上 break;。

　　switch 语句往往比嵌套的 if else 语句更容易阅读，特别是在有许多分支的时候，使用 switch 语句将使程序更加简洁。

　　break;语句的作用是在 switch 语句中，让程序控制转移到 switch 语句外面。是否需要在每个 case 分支后面加上 break;语句视程序的功能而定。

　　当有多个分支需要执行相同的语句时，可使多个 case 分支共享一段代码，如例 4.10 所示。

【例 4.10】　switch 程序示例。

```
#include <stdio.h>
int main()
{       char c;
        printf("Please input yes or no(Y/N)?");
        c=getchar();
        switch (c)
        {
                case 'Y':
                case 'y':
                                printf("Yes");
                                break;
                case 'N':
                case 'n':
                                printf("No");
                                break;
                default:  printf("Input Error!");
        }
        return 0;
}
```

　　case 'Y':后面没有跟任何语句，也没有跟 break;语句，当输入 Y 时，执行与 case 'y':后相同的代码，均输出 Yes，而输入 N 或 n 时，均输出 No。

　　如果删除 case 'N':前面的 break;语句，在输入'Y'或'y'时，程序的输出结果是什么？

有些程序设计任务中，分支条件不一定是明显的整型表达式，这时可以通过适当的计算进行转换，如例 4.11 所示。

【例 4.11】 输入学生的考试分数 score（0～100），按以下规则输出其对应的等级：

score < 60	不及格
60 ≤ score < 70	及格
70 ≤ score < 80	中
80 ≤ score < 90	良
90 ≤ score ≤ 100	优秀

由于本例有较多的分支，为简化程序结构，可采用 switch 语句来实现。

```c
#include <stdio.h>
int main()
{    float score;
     int grade;

     printf("请输入分数:");
     scanf("%f",&score);
     grade=(int)score/10;        //将浮点型数据转换成整型表达式
     switch(grade)
     {
         default:
                    printf("分数输入有误\n");
                    break;
         case 0: case 1: case 2: case 3: case 4: case 5:
                    printf("不及格\n");
                    break;
         case 6: printf("及格\n");
                    break;
         case 7: printf("中等\n");
                    break;
         case 8: printf("良好\n");
                    break;
         case 9: case 10:
                    printf("优秀\n");
                    break;
     }
     return 0;
}
```

switch case
多分支语句的
使用

说明 有时人们会将执行相同功能的 case 分支的标号写在同一行，如本例所示。

注意 default 分支的位置可以在 case 分支前面、中间或后面。本例将 default 分支放到最前面，以提示读者这时需要在其分支后增加 break;语句，以免出现逻辑错误。

读者在运行例 4.11 的程序时会发现一次程序运行中只能输入一个分数，如果要对 10 位同学的分数进行等级转换，需要重复运行 10 次程序。如果需要在一次程序运行中连续处理 10 位同学的分数，该如何实现呢？4.5 节介绍的循环控制语句将帮助我们实现这一功能。

4.5　循环控制语句

4.5.1　while 循环语句

while 语句是 C 语言非常重要的循环语句，其语法格式如下：

```
while (条件)
{
    语句序列;
}
```

程序执行时，首先判断条件是否为逻辑真，如果为逻辑真，则 while 后的语句块（循环体，即{}内的语句序列）将被执行，执行完一次循环体后，将再判断条件是否为逻辑真，若条件仍为逻辑真，循环体将再次被执行。重复上述过程，直到条件为逻辑假，循环体不再被执行，程序控制转到 while 语句之后。若 while 语句的循环体中只有一条语句，则{}可省略。

在 while(条件)后面不要跟 "；"，否则 while 语句的循环体将变成空语句。

while 语句语法格式与循环控制流程如图 4-8 所示。

【例 4.12】　将例 4.11 的程序的功能改成连续处理 10 个学生的成绩。

【分析】　例 4.11 的程序从 printf("请输入分数:");开始至 return 0;的前一条语句这一段代码的功能是输入 1 个学生的分数，并将它转换成相应的等级后输出。通过观察可以发现，这正是程序要执行的循环体，我们可以将其视为图 4-8 中的循环体的语句序列，于是循环控制流程可用图 4-9 表示。为实现重复执行该循环体，我们可以将它放置在一个 while 语句中的复合语句里。

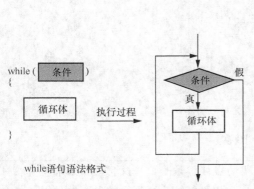

图 4-8　while 语句语法格式与循环控制流程

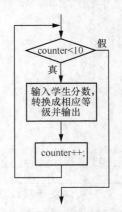

图 4-9　循环控制流程

while 语句循环的条件至关重要，一种有效的循环控制方法称为**计数法**。计数法在生活中的应用并不少见，例如我们在长 400m 的跑道上进行 4000m 长跑，每跑一圈，计数加 1，直到计数满 10 为止。

程序中实现计数法的方法可简单概括如下：定义一个计数变量，通常为整型，如 int counter，并将其初值赋值为 0。此时，while 语句的控制条件可以写成 counter<10，每执行一次循环体，需将计数变量加 1，因此，可以将 counter++;语句放在循环体的最后，如图 4-9 所示。根据 while 语句的语法，循环体将被执行 10 次。

修改后的程序如下所示。

```c
#include <stdio.h>
int main()
{
    float score;
    int grade;
    int counter=0;                    //计数变量初始化

    while (counter<10)
    {
        printf("请输入分数:");
        scanf("%f",&score);
        grade=(int)score/10;          //将分数转换成整型表达式
        switch(grade)
        {
            default:
                      printf("分数输入有误\n");
                      break;
            case 0: case 1: case 2: case 3: case 4: case 5:
                      printf("不及格\n");
                      break;
            case 6: printf("及格\n");
                      break;
            case 7: printf("中等\n");
                      break;
            case 8: printf("良好\n");
                      break;
            case 9: case 10:
                      printf("优秀\n");
                      break;
        }
        counter++;        //计数变量加 1
    }
    return 0;
}
```

请读者测试该程序是否能正确地运行 10 次。

思考　　如果需要连续处理 60 个学生的成绩，该如何修改程序？如果需要在每次提示输入成绩时能够显示当前是第几位学生，该如何修改程序？请动手做一做，体会一下循环程序是不是比想象的要简单得多！

【例 4.13】　编写程序，利用 while 语句计算 $\sum\limits_{i=1}^{100} i$ 的值并输出。

【分析】　我们可以定义一个整型变量 sum 来保存最终的结果，利用计算机快速计算的能力，可以重复地将变量 i 的值累加到 sum 中，i 从 1 递增至 100，由于循环次数已知，可以采用计数法编写程序。

4_13_1.c 给出了本例的程序的第 1 种实现方法。

```c
#include <stdio.h>
int main()
{    int sum,i;
     sum=0;                  //求和变量初始化
     i=1;                    //计数变量初始化
     while (i<=100)
         {
                 sum=sum+i;
                 i++;
         }
     printf("sum=%d\n",sum);
     printf("i=%d\n",i);
     return 0;
}
```

程序运行结果如下：

```
sum=5050
i=101
```

从运行结果可见，循环结束时变量 i 的值已变成 101。

若删除 sum=0;语句，由于 sum 未被正确地赋初值，程序将输出不确定的计算结果。

注意

用于存储求和结果的变量一定要正确地初始化，否则程序将出现逻辑错误。这就好比我们在乘出租车之前应将计价器清零一样（见图 4-10），若计价器未清零，最终的费用显然是不正确的。

while 语句的使用

图 4-10　出租车计价器及清零装置

倒计数也是一种常用的方法，即让 i 的值从 100 递减到 1，此时循环条件应相应地修改为 while (i>0)或 while (i>=1)。

而循环体应修改为：

```c
{
     sum=sum+i;
     i--;
}
```

可以进一步精简为 sum=sum+i--;，这时循环体只包括一条语句，可省略{}。

4_13_2.c 给出了本例的程序的第 2 种实现方法。

```c
#include <stdio.h>
int main()
{
    int sum,i;
    sum=0;                          //求和变量初始化
    i=100;                          //计数变量初始化
    while (i>0)
            sum=sum+i--;            //循环体
    printf("sum=%d\n",sum);
    printf("i=%d\n",i);
    return 0;
}
```

程序运行结果如下：

```
sum=5050
i=0
```

虽然计数法是一种有效的循环控制方法，但有时却不实用。例如，商场收银员在收银时不可能先数好顾客买了多少件商品，再控制收银设备逐个扫描商品价格。

程序设计中，对于预先无法得知循环次数的程序，可以采用**标记法**进行循环控制。简单地讲，**标记法**就是事先设置一个标记变量用于控制循环条件，初始值为逻辑真，在循环过程中当满足一定条件时，将该标记变量设置为逻辑假，从而结束循环。

以商场收银程序为例，可以通过输入一个非法的商品信息来结束输入过程，如输入"空"的条码。下面的程序可以模拟商品信息输入过程，循环输入每件商品的价格，计算并输出顾客应付款金额，然后输入顾客实付款金额，再计算找零金额。

【例 4.14】 模拟商场收银程序。

本例以输入价格小于 0.01 元的商品信息来结束循环输入过程，如可以直接输入 0 元。程序如下。

```c
#include <stdio.h>
int main()
{
    double price;                   //商品价格
    double total=0;                 //应付款
    double payment;                 //实付款
    double change;                  //找零
    int flag=1;                     //标记变量初始化为逻辑真
    while (1==flag )                //循环输入商品价格
    {
            printf("请输入商品价格: ");
            scanf("%lf",&price);
            if (price<0.01)
                    flag=0;         //修改标记变量
            else
                    total=total+price;
    }
```

```
        printf("应付: %.2f\n",total);
        printf("付款: ");                    //输入实付款
        scanf("%lf",&payment);
        if (payment>=total)                  //计算找零
            {
                    change=payment-total;
                    printf("找零: %.2f\n",change);
            }
        else
            printf("付款不足! ");
        return 0;
}
```

程序运行结果如下：

```
请输入商品价格: 12.7
请输入商品价格: 30.8
请输入商品价格: 89.99
请输入商品价格: 0
应付: 133.49
付款: 140
找零: 6.51
```

请读者认真分析程序是如何实现循环控制的。当输入金额大于或等于 0.01 元时，该商品被视为有效商品，其价格被累加到应付款中；当输入金额小于 0.01 元时，标记变量 flag 被赋值为 0，当进入下一次的循环判断时，由于 flag!=1 而结束循环。

如果要求在输出应付款前输出顾客共购买了几件商品，程序应如何实现？

4.5.2　for 循环语句

用计数法控制循环需要先初始化计数变量，并在完成一次循环后修改计数变量。C 语言提供的 for 语句特别适合用来实现计数法。

for 语句的语法格式如图 4-11 所示，for 语句的执行过程如图 4-12 所示。

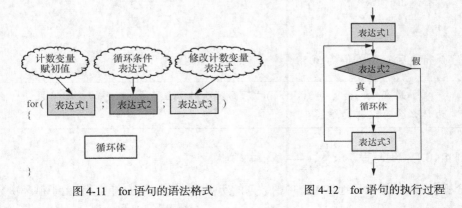

图 4-11　for 语句的语法格式　　　　图 4-12　for 语句的执行过程

表达式 1 一般用于对计数变量赋初值，它仅在进入 for 循环时被执行 1 次。

表达式 2 是循环条件表达式，一般为关系表达式或逻辑表达式，它将在每次执行循环体前被判断，若该表达式的值为逻辑真，则执行循环体；若为逻辑假，则结束循环，程序控制跳转到 for 语句之后。

表达式 3 一般为修改计数变量的表达式，在每执行完一次循环体后自动被执行一次，再判断表达式 2 的值是否为逻辑真，若为逻辑真，则循环体将再次被执行。重复这个过程，直到表达式 2 的值为逻辑假时结束循环。

例如，下面的程序段用 counter 控制循环体输出 1～100 的整数。

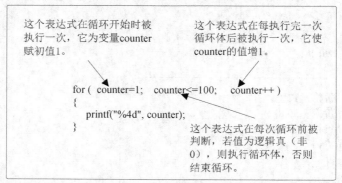

表达式 1、表达式 2 和表达式 3 均可省略，但两个 ";" 不能省略，即 for(; ;)是合法的。表达式 2 省略表示无穷循环。

【例 4.15】 采用 for 语句改写例 4.13，编写程序计算 $\sum_{i=1}^{100} i$ 的值并输出。

根据 for 语句的语法功能，可写出下面的程序。

```c
#include <stdio.h>
int main()
{
    int sum,i;
    sum=0;                    //求和变量初始化
    for (i=1;i<=100;i++)
        {
            sum=sum+i;
        }
    printf("sum=%d\n",sum);
    printf("i=%d\n",i);
    return 0;
}
```

程序执行之后 sum 的值为 5050，变量 i 的值为 101。

如果在 for (i=1;i<=100;i++)的后面不小心加了 ";"，程序的输出结果是什么？请思考为什么会有这样的结果？

【例 4.16】 编写程序求 $\sum_{i=0}^{100} \frac{1}{1+5i}$ 的值并输出。

【分析】 本例需循环地将 101 项的数列的所有项的值加到求和变量，由于循环次数已知，所以程序特别适合用 for 语句实现。需要注意的是，该数列的项的值为浮点数，所以用于计算数列的当前项与和的变量应该定义成浮点型变量。

思考　　　下面的程序存在一处错误，导致程序输出结果不正确，请分析出现错误的原因，并改正程序。

```
#include <stdio.h>
int main()
{
    double sum ,term;
    int i;
    sum=0;                      //求和变量赋初值为 0

    for (i=0;i<=100;i++)
    {
        term=1/(1+5*i);         //求数列的当前项
        sum+=term;              //累加求和
    }

    printf("sum=%f\n",sum);
    return 0;
}
```

程序运行结果为：sum=1.000000。

程序中虽没有语法错误，也能顺利执行并输出结果，但这个结果显然是错误的。

程序中的这类逻辑错误，初学者非常容易犯，也难以发现。目前 CB、VC 等集成开发环境都提供了程序调试的功能，可以通过调试单步执行程序指令，并观察各变量在每次循环后的状态。通过比较内存中的变量的值与其期望值是否相等，可以发现程序中隐藏的逻辑错误。

本程序的错误在于 for 语句中的 term=1/(1+5*i);语句，赋值运算符右边的 1 和(1+5*i)均为整数，所做除法为整除，当 i≥1 时，term 的值全部为 0，从而导致结果错误。正确的做法应将该语句改为 term=1.0/(1+5*i);，从而得到正确的程序运行结果：sum=1.980238。

本例中定义了变量 term 来存储数列的当前项的值，这样可使程序结构更加清晰。

数列求解是训练循环程序设计的有效案例。把数列看成 $a_1,\cdots,a_i, a_{i+1},\cdots,a_n$，对这类问题，可首先分析当前项 term 的值是否可以通过循环计数变量 i 计算出来，即观察 a_i 与 i 是否存在直接映射公式。例 4.16 中，$a_i=1.0/(1+5*i)$，这样便可以方便地通过循环程序来求解出数列的所有项的值。

而另有一些数列求解问题不能直接找到当前项 a_i 与 i 的映射公式，这时需要认真分析数列规律，看是否能根据已求解出的数列项的值计算出下一个数列项的值。若能找到 a_i 与 a_{i+1} 之间的迭代关系，则可利用循环程序，从 a_1 开始，逐一求出所有数列项的值。这种方法通常称为**迭代法**，也称**辗转法**，它是不断用变量的旧值递推新值的一个过程。迭代算法是用计算机解决问题的一种基本方法。它利用计算机运算速度快、适合做重复性操作的特点，让计算机重复执行一组指令（或一定步骤），在每次执行这组指令（或这些步骤）时，都从变量的旧值推出它的新值。

【例 4.17】　有一个分数数列：2/1,3/2,5/3,8/5,13/8,21/13,…,编写程序，输出这个数列前 20 项之和。

【分析】　通过观察可以发现该数列中 a_i 与 a_{i+1} 存在以下递推关系：

$a_i=2/1$，$i=1$，

$a_{i+1}=1+1/a_i$，$i\geq2$。

编程时，可以定义一个变量 term 用于表示数列的当前项 a_i，则求解 a_{i+1} 的迭代表达式为：

```
term=1.0+1.0/term;
```

赋值运算符右边的 term 是已求出的项，赋值运算符左边的 term 则是该项的下一项。此处，要特别注意 term 的初始值。

实现本例功能的程序代码如下所示。

```
#include <stdio.h>
int main()
{
    double sum,term;
    int i;
    sum=0;
    term=2;                              //数列第 1 项
    for (i=1;i<=20;i++)
        {
            sum=sum+term;                //将当前项加入求和变量
            term=1.0+1.0/term;           //计算产生下一数列项
        }
    printf("sum=%f\n",sum);
    return 0;
}
```

程序运行结果如下：

sum=32.660261

for 语句的
使用

 如果将程序中 sum 的初值改为数列的第 1 项的值，那么应该在下面的横线上分别填
上什么表达式？

```
#include <stdio.h>
int main()
{
    double sum,term;
    int i;
    term=2;                          //数列第 1 项
    sum=2;                           //初始值为数列第 1 项
    for (i=1;      (1)      ;i++)
        {
                  (2)      ;
                  (3)      ;
        }
    printf("sum=%f\n",sum);
    return 0;
}
```

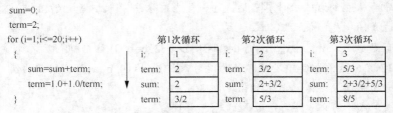

　　初学循环程序设计时，可以手动分析前 3 次循环执行过程，写出每次循环结束后关键变量的值，通过观察循环的前 3 次迭代关键变量值的状态变化是否与期望的值相符，可以判断程序是否存在逻辑错误。

　　采用这种方式也有助于初学者确定关键变量在循环之前应赋的初值。4_17.c 执行的前 3 次循环各关键变量值的状态变化情况如图 4-13 所示。

图 4-13　各关键变量值的状态变化情况

【例 4.18】　某大奖赛有 7 位评委，记分规则为：按百分制记分，去掉一个最高分和一个最低分，再求平均分。试设计一个计分程序，输入 7 位评委的评分，计算并输出选手的得分（精确到 3 位小数）。

【分析】

（1）循环 7 次——输入每个评委的评分，同时通过累加求其和存入变量 sum，并记下最高分 maxScore 和最低分 minScore。

（2）计算(sum−maxScore−minScore)/5，并输出结果。

程序如下：

```c
#include <stdio.h>
#define N 7
int main()
{    double score,maxScore,minScore;
     int i;
     double sum=0;
     maxScore=0;                          //初始时最高分设为 0
     minScore=100;                        //初始时最低分设为 100
     for (i=1;i<=N;i++)
     {
          printf("请输入第%d 个评委评分: ",i);
          scanf("%lf",&score);
          if ( score>maxScore ) maxScore=score;
          if ( score<minScore ) minScore=score;
          sum+=score;
     }
     printf("去掉一个最高分:%.3f\n",maxScore);
     printf("去掉一个最低分:%.3f\n",minScore);
     printf("选手得分:%.3f\n",(sum-maxScore-minScore)/(N-2));
     return  0;
}
```

为何需要将 maxScore 初值赋为 0，minScore 初值赋为 100？

for 语句的()中只允许用两个 ";" 分隔开 3 个表达式，表达式 1 与表达式 3 通常用于给计数变量赋初值和修改计数变量的值，如果涉及多个变量需要在表达式 1 的位置赋值，或多个变量需要在表达式 3 的位置修改，可以采用逗号表达式。

C 语言的逗号表达式的格式为：

> 表达式 1,表达式 2,…,表达式 n;

其计算顺序为从左到右依次计算表达式 1~表达式 n，并将表达式 n 的值作为整个逗号表达式的值。逗号表达式的优先级低于赋值表达式。

例如，若有变量定义 int a,b,c,d;，则 d=(a=10, b=a+2, c=b*3);语句执行后，变量 a、b、c、d 的值分别为 10、12、36 和 36。其中 d 被赋值为逗号表达式(a=10, b=a+2, c=b*3)的值，而该逗号表达式的值是最后一项赋值表达式 c=b*3 的值，即 36。

借助逗号表达式，可以扩展 for 语句的表达式 1 或表达式 3 的功能。

例如，我们可以将上例中的以下 3 行

```
maxScore=0;
minScore=100;
for (i=1;i<=N;i++)
```

改为

```
for ( maxScore=0, minScore=100, i=1; i<=N; i++)
```

4.5.3 do while 循环语句

C 语言提供了 do while 循环语句来实现图 4-14 所示的循环控制流程，即先执行循环体，再判断循环条件是否为逻辑真，若为逻辑真，则继续执行循环体。重复这一过程，直到循环条件为逻辑假为止。

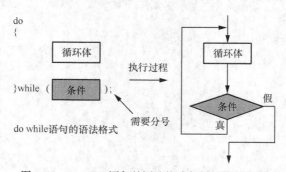

图 4-14 do while 语句的语法格式与循环控制流程

do while 语句与 while 语句的差别在于 do while 语句至少执行一次循环体，而 while 语句的循环体有可能一次也不会被执行。

do while 语句常被称为**直到型循环语句**，而 while 语句常被称为**当型循环语句**。

do while 语句的循环控制方法同样可采用**计数法**与**标记法**。

【例 4.19】 用 $\dfrac{\pi}{4} = 1 - \dfrac{1}{3} + \dfrac{1}{5} - \dfrac{1}{7} + \dfrac{1}{9}\cdots$ 的公式求 π 的近似值，直到最后一项的绝对值小于 10^{-6}

为止，并统计一共循环了多少次。

【分析】　本例要求最后一项的绝对值小于 10^{-6}，在程序运行前并不清楚需要循环的总次数，但至少会进行一次循环，因此程序适合用 do while 语句来实现。

具体实现时可以定义一个求和变量 pi 用于存放各项之和，同时定义一个变量 term 用于存放每次要累加的当前项。由于当前项呈现为一正一负的规律，一个有效的方法是定义一个符号变量 flag，其值交替取 1 和-1，每次循环将 flag*term 的值作为当前项的值。

```c
#include <stdio.h>
int main()
{     double pi,term;
      long n=1,counter=0;
      int flag=1;                    //符号开关
      pi=0;
      do
      {     term=1.0/n;             //求当前项
            pi+=flag*term;
            n+=2;                    //为下一次循环做准备
            flag=-flag;              //符号位取反
            counter++;              //迭代次数加 1
      }while ( term >=1e-6);
      pi=pi*4;

      printf("pi=%-10.6f",pi);
      printf("counter=%ld\n",counter);
      return 0;
}
```

do while
语句的使用

本例中的相关变量的含义及其初始值非常重要。

今后凡遇数列呈现一正一负变化的情况，可以借鉴本例的程序实现方法。

【例 4.20】　编写一个程序，输入一个小于或等于 10 的正整数 n，计算 $n!$并输出。

【分析】　根据数学定义 $n!=1\times 2\times 3\times \cdots \times n$，编程时可以定义一个整型变量 p，初始值为 1，循环 $n-1$ 次，分别将 2～n 依次与 p 相乘并将结果存入 p 中。

由于 n 的阶乘值随着 n 的增大迅速增大，为保证其值不溢出，本例要求输入的正整数小于或等于 10，这时可以采用一个 do while 语句来控制输入过程，如果所输入的整数为负数或者大于 10，则要求用户重新输入，直到满足输入要求为止。

而循环相乘的过程，用 for 语句表达更为简洁。

程序如下：

```c
#include <stdio.h>
int main()
{
      long p;
      int i,n;
      p=1;
      do
      {   printf("Input an integer(<=10):");
          scanf("%d",&n);
      }while (n<=0 || n>10);          //输入无效整数时重新输入
```

```
        for (i=2;i<=n;i++)              //求 n!
                p=p*i;
        printf("%d!=%ld\n",n,p);

        return 0;
}
```

若需要求更大数的阶乘值，可将 p 的类型定义为 long long int 型，或直接定义为 double 型（输出结果时只需输出整数部分）。

在学习完 3 种循环语句后，可以小结如下：通常情况下，for 语句适合循环次数事先确定的情况；while 语句适合循环次数事先未知，且有可能一次都不需要循环的情况；而 do while 语句适合循环次数事先未知，但循环体至少被执行一次的情况。这 3 种循环结构实际上可以相互代替。例如：

```
i=1;
for (;i<10;)    sum+=i++;
```

就等价于

```
i=1;
while (i<10)    sum+=i++;
```

因此，编程时请不要将以上规则当成教条，关键是能够采取有效的方法来应用循环结构实现问题求解的算法。

4.6 程序跳转语句

4.6.1 break 语句

前面已经介绍过 break 语句可以把程序控制从 switch 语句中转移出来。break 语句还可以用于跳出 while、for 和 do while 循环。

break 语句为我们提供了提前结束循环的手段。例如，假设某图书馆信息管理数据库共有 500 万册电子图书，当在其中查找某本书时，默认需要查找 500 万次，但一旦提前查找成功，则应该立即结束查找过程，节约不必要的查询时间。

break 语句的语法格式为：

```
break;
```

通常 break 语句与 if(条件)一起使用：

```
if (条件) break;
```

当在循环体中执行 break 语句后，循环体中的剩余语句将被跳过，程序控制直接转到循环体之外，break 语句的流程如图 4-15 所示。

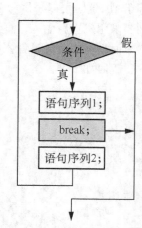

图 4-15 break 语句的流程

【例 4.21】　分析下面程序的输出结果。

```
#include <stdio.h>
int main()
{    int i;
     for (i=1;i<=10;i++)
     {    printf("*");
          if (i>=5)   break;
          printf("|");
     }
     printf("\ni=%d",i);
     return 0;
}
```

本程序的输出结果如下：

```
*|*|*|*|*
i=5
```

当 i 等于 1、2、3、4 时，循环体每输出一个*，就会输出一个|，第 5 次循环体执行时，由于 i>=5 为逻辑真，执行 break;语句，程序控制转移到循环体外的 printf("\ni=%d",i);语句，换行后输出 i=5。

【例 4.22】　从键盘输入一个数，判断该数是否为素数（又称质数，指在大于 1 的自然数中，除了 1 和此整数自身外，无法被其他自然数整除的数）。

【分析】　要判断正整数 n 是否为素数，根据定义，可以循环地把[2,n-1]中的所有整数作为除数，一旦发现 n 的某个因子，则可提前终止循环，并确定 n 不是素数。若[2,n-1]中的所有整数均不能整除 n，则 n 是素数。

程序（4_22_1.c）如下：

```
#include <stdio.h>
int main()
{    int n;
     int i;
     printf("Input an integer(>=2):");
     scanf("%d",&n);

     for (i=2;i<n;i++)
          if (n%i==0)
               break;      //提前结束循环
     if (i<n)     //若 i<n，则说明循环是由 break;语句提前结束的，此时 n 能被 i 整除
          printf("%d is not a prime number.\n",n);
     else         //若[2,n-1]中的所有整数均不能整除 n，则 n 为素数，循环结束时 i 必等于 n
          printf("%d is a prime number.\n",n);
     return 0;
}
```

根据数学性质，对于一个整数 n，如果 $2\sim\sqrt{n}$ 的所有整数都不是 n 的因子，那么 $\sqrt{n}\sim n-1$ 也

不可能存在 n 的因子。作为改进，循环变量 i 只需从 2 增至 $\sqrt{n}$ 即可。另外，也可以巧用标记变量的设置代替 break;语句，达到提前结束循环的目的。

C 语言中开根号运算可以用 math.h 中的 sqrt()函数来完成。

综上所述，素数判断问题也可以用下面的程序（4_22_2.c）来实现。

 素数判断
程序举例

```c
#include <stdio.h>
#include <math.h>
#include <stdbool.h>
int main()
{
    int n,i,k;
    bool  prime=true;              //素数标记变量，初始值为 true
    printf("Input an integer(>=2):");
    scanf("%d",&n);
    k=(int)sqrt(n);
    for (i=2; i<=k && prime; i++)
        if (n%i==0)
            prime=false;          //修改素数标记变量，提前结束循环
    if (!prime)                    //若 prime==false,则说明 n 存在除 1 和它本身以外的因子
        printf("%d is not a prime number.\n",n);
    else                           //若 prime==true,则说明所有[2,n]中的整数均不能整除 n
        printf("%d is a prime number.\n",n);
    return 0;
}
```

本例用了 stdbool.h 文件中的 bool 类型。标记变量 prime 的初始值为 true，循环的条件是 i<=k&&prime，当发现 n 的因子时，将 prime 的值修改为 false，从而提前结束 for 循环。循环结束时，若 prime 的值仍然为 true，则说明未发现 n 的因子，n 为素数，否则 n 不是素数。

4.6.2 continue 语句

continue 语句的功能是结束本次循环。对于 for 循环，continue 语句跳过 continue 之后的循环体中剩余语句，程序控制转向表达式 3 的计算；对于 while 循环和 do while 循环，continue 语句跳过其后的循环体中剩余语句，程序控制转向循环条件的判定。

continue 语句的语法格式为：

```c
continue;
```

continue 语句也常与 if(条件)一起使用：

```c
if  (条件) continue;
```

continue 语句仅用于结束本次循环，而不是结束整个循环，因此，如果循环条件为真，则继续下一次循环。continue 语句的流程如图 4-16 所示。

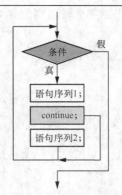

图 4-16　continue 语句的流程

【例 4.23】　分析下面程序的运行结果，与例 4.21 的程序运行结果进行对比。

```c
#include <stdio.h>
int main()
{
    int i;
    for (i=1;i<=10;i++)
    {
        printf("*");
        if (i>=5)    continue;
        printf("|");
    }
    printf("\ni=%d",i);
    return 0;
}
```

程序运行结果如下：

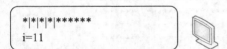

```
*|*|*|*|******
i=11
```

从程序运行结果可见，当 i 为 1、2、3、4 时，continue;语句未被执行，每次输出一个*号、一个|号，当 i>=5 时，每次循环均执行 continue;语句，其后的 printf("|");语句被跳过。所以当 i 为 5、6、7、8、9、10 时，每次仅输出"*"。当 i==11 时，循环结束，在下一行输出 i=11。

4.6.3　goto 语句

除 break 语句与 continue 语句，C 语言还提供了 goto 语句来实现程序跳转，它可以跳转到函数中任何有标号的语句处。

标号是指放在语句开始处的标识符，其语法格式如下：

标号:语句;

goto 语句的语法格式如下：

goto 标号;

例如，执行 goto Loop;，程序控制会转移到标号 Loop 后面的语句上。利用 if 与 goto 语句可以实现循环控制结构。

【例 4.24】 利用 if-goto 语句求 $\sum_{i=1}^{100} i$ 的值。

```
#include <stdio.h>
int main()
{
    int sum,i=1;
    sum=0;                      //求和变量初始化
    Loop:   sum=sum+i++;
    if (i<=100) goto Loop;
    printf("sum=%d\n",sum);
    return 0;
}
```

 现代程序设计观点认为过多地使用 goto 语句将会使程序难以理解，目前大多数的高级程序设计语言都具有丰富的控制结构，且允许使用 break 语句和 continue 语句作为程序跳转语句，因此，一般很少需要使用 goto 语句，编程时应尽量避免使用。

4.7 多重循环及其应用

在介绍多重循环程序设计之前，我们先来看一个例子。

【例 4.25】 编写一个程序，在屏幕上输出以下图形，要求行数可以从键盘输入。

```
************************************************************
************************************************************
************************************************************
************************************************************
************************************************************
************************************************************
```

【分析】 上述图形共含 n 行（$n=6$），每行有 60 个*。因此，可用循环控制方法重复调用 n 次 printf 语句来输出 n 行图形，即：

```
for (i=1;i<=n;i++)
     printf("************************************************************\n");
```

程序（4_25_1.c）只需用一个单重循环来实现，如下所示。

```
#include <stdio.h>
int main()
{
    int i,n;
    printf("输入要输出的行数:");
    scanf("%d",&n);
    for (i=1;i<=n;i++)
         printf("************************************************************\n");
```

```
        return 0;
}
```

在编写上述 printf 语句时，需要手动控制输入的 * 的个数，这显得过于烦琐。我们可以通过重复调用 60 次 printf("*"); 语句来输出 60 个 *，再输出换行符，即上述 printf 语句可以分解成以下两条语句：

```
for (j=1;j<=60;j++)              //输出 60 个 *
        printf("*");
printf("\n");                    //换行
```

这段代码的功能与 4_25_1.c 中的 printf 语句完全等价。当我们把它作为复合语句替换到 for(i=1;i<=n;i++) 的循环体中时，出现了循环内部嵌套循环的现象，这便是 **多重循环**（本例为双重循环），如下所示：

```
for (i=1;i<=n;i++)
{
        for (j=1; j<=60; j++)          ▶ 输出 60 个 *
            printf("*");
        printf("\n");                  ▶ 换行
}
```

至此，我们可以写出能够实现本例图形输出功能的双重循环程序（4_25_2.c）。

```
#include <stdio.h>
int main()
{
        int i,j,n;
        printf("输入要输出的行数:");
        scanf("%d",&n);
        for (i=1;i<=n;i++)
            {
                    for (j=1;j<=60;j++)      //输出 60 个 *
                        printf("*");
                    printf("\n");            //换行
            }
        return 0;
}
```

注意

多重循环中的内、外循环应该采用不同的计数变量，正如一个钟表的时针、分针、秒针，各自独立计数，但又相互关联，秒针每走 60 格，分针走 1 格；分针每走 60 格，时针走 1 格，如图 4-17 所示。本例中的内循环计数变量 j 好比秒针，外循环计数变量 i 好比分针，变量 j 从 1 递增至 60 控制内循环重复执行 60 次，外循环计数变量 i 才增 1。对于外循环的每一次执行，变量 j 都是从 1 开始重新计数。

图 4-17　时针、分针、秒针

为加深对多重循环计数变量变化状态的理解，大家可以观察例 4.26 的输出。

【例 4.26】　分析下面双重循环程序的功能。

```
#include <stdio.h>
int main()
{     int i,j;
      for (i=1;i<=9;i++)
          {
                for (j=1;j<=i;j++)
                     printf("%d*%d=%-4d",i,j,i*j);
                printf("\n");
          }
}
```

多重循环
程序设计
举例

该程序的功能是输出一个九九乘法表，如下所示。

```
1*1=1
2*1=2    2*2=4
3*1=3    3*2=6    3*3=9
4*1=4    4*2=8    4*3=12   4*4=16
5*1=5    5*2=10   5*3=15   5*4=20   5*5=25
6*1=6    6*2=12   6*3=18   6*4=24   6*5=30   6*6=36
7*1=7    7*2=14   7*3=21   7*4=28   7*5=35   7*6=42   7*7=49
8*1=8    8*2=16   8*3=24   8*4=32   8*5=40   8*6=48   8*7=56   8*8=64
9*1=9    9*2=18   9*3=27   9*4=36   9*5=45   9*6=54   9*7=63   9*8=72   9*9=81
```

通过这个例子，可看出内、外循环计数变量的变化情况，外循环用变量 i 控制输出行，内循环用变量 j 控制输出列。对于每个 i 值，变量 j 均要从 1 变化到 i，控制每行最终输出 i 列。（读者还可以借助程序调试工具观察循环变量的状态变化。）

 在实际应用中，许多问题需要用多重循环来解决，对所有的高级语言而言，多重循环的概念是一样的。

在多重循环的使用中，被嵌套的循环可以不止一个，并且可以嵌套多层，但不论是哪种情况，内循环和外循环都必须是完整的结构，不允许有相互交叉的情况出现。多重循环最忌内、外循环共用一个计数变量。

C 语言提供的 3 种循环语句（for 语句、while 语句和 do while 语句）都可以相互嵌套。

对于例 4.25 完全可以用下面这段代码实现与 4_25_1.c 等价的功能。

```
i=1;
while (i<=n)
    {
        for (j=1;j<=60;j++)      //输出 60 个*
             printf("*");
        printf("\n");            //换行
        i++;
    }
```

【例 4.27】 请设计一个 C 程序，实现在屏幕中央输出以下图形。图形行数可由键盘输入。

【分析】　每行的输出分 3 步：①在本行的左侧输出若干个空格使图形居中对齐；②输出若干"*"；③换行。

由于屏幕共有 80 列，为实现上述图形居中输出，第 1 行可输出 40 个空格，再输出 1 个"*"后换行；第 2 行输出 39 个空格，再输出 3 个"*"后换行……

不失一般性，如果用变量 i 来表示输出的行（$1 \leqslant i \leqslant n$），则输出规律是：第 i 行先输出 $41-i$ 个空格，再输出 $2i-1$ 个*，然后换行。

程序如下：

```
#include <stdio.h>
int main()
{
    int i,j,n;
    printf("How many rows of * for trangle(1<=n<=30):\n");
    scanf("%d",&n);
    for (i=1;i<=n;i++)
    {
        for (j=1; j<=41-i; j++)        //（1）输出本行的*前的空格
            printf(" ");
        for (j=1; j<=2*i-1 ;j++)       //（2）输出本行的*
            printf("*");
        printf("\n");                  //（3）换行
    }
    return 0;
}
```

【例 4.28】　编写一个程序，输出 1000 以内的所有素数，要求每行显示 10 个素数，并统计共输出了多少个素数。

【分析】　例 4.22 中介绍了判断一个数是否为素数的方法，要输出 1000 以内的所有素数，可以增加一个外循环，对 2～1000 的所有整数判断它们是否为素数，若为素数则输出。

程序如下：

```
#include <stdio.h>
#include <math.h>
#include <stdbool.h>
int main()
{    int n,i,k,counter=1;
     bool prime;
     printf("%5d",2);
     for (n=3;n<1000;n=n+2)
       {
         k=(int)sqrt(n);
         prime=true;                //在判断每个n是否为素数前,均要重新将prime置为true
         for (i=2;i<=k && prime;i++)
               if (n%i==0)  prime=false;
         if (prime)                 //如果是素数
         {
             counter++;        //计数器加1
             printf("%5d",n);
             if (counter%10==0) //每输出10个素数后换行
                 printf("\n");
         }
```

```
        }
    printf("\n 共有%d 个素数.\n",counter);
    return 0;
}
```

4.8　循环程序设计方法

利用循环语句可以充分发挥计算机的高速处理能力，对 C 语言而言，while 语句、for 语句和 do while 语句只是提供了实现循环的基本手段，在进行问题求解时，还应该掌握必要的程序设计方法。下面再通过一些实例介绍两类经典的循环程序设计方法。

4.8.1　迭代法

在例 4.17 中简单介绍了迭代法，鉴于其在程序设计中的重要作用，下面再介绍两个应用迭代法求解问题的实例。

【例 4.29】　假设兔子在出生两个月后，就有繁殖能力，一对兔子每个月能生出一对小兔子。如果所有兔子都不死，那么一年以后可以繁殖多少对兔子？请编程计算之。

【分析】　我们不妨拿新出生的一对小兔子分析一下：

一个月后，小兔子没有繁殖能力，所以还是一对；

两个月后，生下一对小兔子，兔子总共有两对；

3 个月后，老兔子又生下一对，因为小兔子还没有繁殖能力，所以一共有 3 对；

……

迭代法举例

以此类推，可以列出兔子繁殖序列，如表 4-3 所示。

表 4-3　　　　　　　　　　　　　兔子繁殖序列

经过月数	0	1	2	3	4	5	6	7	8	9	10	11	12
幼仔对数	1	0	1	1	2	3	5	8	13	21	34	55	89
成兔对数	0	1	1	2	3	5	8	13	21	34	55	89	144
总体对数	1	1	2	3	5	8	13	21	34	55	89	144	233

可以看出总体对数构成了一个数列。这个数列有十分明显的特点：前面相邻两项之和，构成了后一项。

这个数列是意大利中世纪数学家斐波那契（Fibonacci）在《算盘全书》中提出的。

对于斐波那契数列 1,1,2,3,5,8,13,…，有如下定义：

$$\begin{cases} f(0) = 1, & n = 0, \\ f(1) = 1, & n = 1, \\ f(n) = f(n-1) + f(n-2), & n \geq 2。 \end{cases}$$

根据数列规律可用迭代法写出求解本例的程序如下。

```
#include <stdio.h>
int main()
{
```

```
        long int f1=1,f2=1,f;
        int i;
        for (i=2;i<=12;i++)
        {     f=f1+f2;
              f1=f2;
              f2=f;
        }
        printf("%ld",f);
        return 0;
}
```

【例 4.30】　用二分法求 $x^3-3x^2+x+1=0$ 在区间[−7,7]上的近似根，允许误差为 10^{-6}。

【分析】　如图 4-18 所示，若 $x^3-3x^2+x+1=0$ 在区间[x_1,x_2]内有实根，则曲线 $y=f(x)=x^3-3x^2+x+1$ 与 x 轴应有交点，且函数值 $f(x_1)$ 与 $f(x_2)$ 符号相反，即异号。可以利用这一原理，逐步缩小异号区间，如果区间的长度小于给定的精度要求，则认为求得一个根。设异号区间为[x_1,x_2]，求解方程近似根的算法可归纳为以下几点。

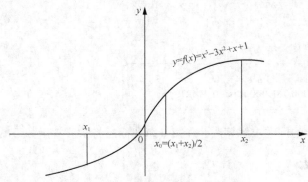

图 4-18　用二分法求方程的根

（1）判断 $f(x_1)f(x_2)$ 是否小于 0，若是则转到第（2）步，否则重新输入 x_1 与 x_2。

（2）取区间[x_1,x_2]的中点 $x_0=(x_1+x_2)/2$。

（3）若 $f(x_0)=0$，则 x_0 为方程的根。

（4）否则，若 $f(x_0)$ 与 $f(x_1)$ 同号，则将区间缩小到[x_0,x_2]；若 $f(x_0)$ 与 $f(x_1)$ 异号，则将区间缩小到[x_1,x_0]。

（5）重复（2）～（4），直到区间长度达到所要求的精度为止。

本例程序如下：

```
#include <stdio.h>
#include <math.h>
int main()
{
        float x0,x1,x2,y0,y1,y2;
        do
        {
              printf("请输入两个数（用逗号分隔）:");
              scanf("%f,%f",&x1,&x2);
              y1=x1*x1*x1-3*x1*x1+x1+1;
              y2=x2*x2*x2-3*x2*x2+x2+1;
        }while ( y1*y2>0 );    //输入 x1,x2，直到 f(x1)与 f(x2)异号
```

```
        printf("The root in [%f,%f] is:",x1,x2);
        do
        {
                x0=(x1+x2)/2;              //使用二分法
                y0=x0*x0*x0-3*x0*x0+x0+1;
                if (y0*y1<0)               //将异号区间缩小为[x1,x0]
                        {
                                x2=x0;
                                y2=y0;
                        }
                else                       //将异号区间缩小为[x0,x2]
                        {
                                x1=x0;
                                y1=y0;
                        }
        }while ( fabs(y0)>=1.0e-6 );
        printf("%f\n",x0);
        return 0;
}
```

程序运行结果如下：

请输入两个数（用逗号分隔）：−7,7
The root in [−7.000000,7.000000] is:−0.414213

二分法是一种高效的问题求解算法，在第 6 章我们还将学习基于数组的二分查找算法。

4.8.2 穷举法

程序设计中还有一种应用非常广泛的方法——**穷举法（Exhaustive Attack Method），又称枚举法**，它是一种最直接、实现最简单、最耗时的解决实际问题的方法。该方法利用计算机运算速度快、精确度高的特点，对要解决问题的所有可能情况，一个不漏地进行检验，从中找出符合要求的答案。

使用穷举法解决实际问题的最关键步骤是划定问题的解空间，并在该空间中一一列举每一个可能的解。这里有两点需要注意：一是解空间的划定必须保证覆盖问题的全部解，如果解空间集合用 H 表示，问题的解用集合 h 表示，那么只有当 $h \subset H$ 时，才能使用穷举法求解；二是解空间集合及问题的解的集合一定是离散的，也就是说它们的元素个数是有限的。例 4.28 就是应用穷举法来输出 1000 以内的所有素数。

【例 4.31】 编程输出 1000 以内的所有的水仙花数。

【分析】 例 4.6 中介绍了判断一个数是否为水仙花数的方法。要输出所有的水仙花数，可以对解空间，即 100～999 的所有 3 位整数进行搜索，判断每个数是否为水仙花数，若是则输出。

本例程序如下：

```
#include <stdio.h>
int main()
{
        int n,b0,b1,b2;
        for (n=100;n<1000;n++)
```

```
        {
            b0=n%10;              //求个位数
            b1=n/10%10;          //求十位数
            b2=n/100;             //求百位数
            if (b0*b0*b0+b1*b1*b1+b2*b2*b2==n)
                    printf("%d\n",n);
        }
    return 0;
}
```

程序运行结果如下：

```
153
370
371
```

穷举法举例

【例 4.32】 有 4 位同学中的 1 位做了好事，不留名，表扬信来了之后，校长问这 4 位同学是谁做的好事。

A 说："不是我。"

B 说："是 C。"

C 说："是 D。"

D 说："C 胡说。"

已知 3 个人说的是真话，1 个人说的是假话。现在要根据这些信息，找出做了好事的人。

【分析】 根据已知条件，4 位同学中只有 1 位做了好事，因此可能的解只有 4 种：A、B、C 或 D。利用循环依次搜索解空间，根据约束条件选出满足条件的解。假设做好事者用 thisman 表示，则解空间可用表 4-4 表示。

可以利用关系表达式将 4 个人所说的话表示成表 4-5 所示的表达式。

表 4-4　解空间

状　　态	赋值表达式
1	thisman='A'
2	thisman='B'
3	thisman='C'
4	thisman='D'

表 4-5　利用关系表达式表示 4 个人所说的话

说话人	说的话	写成关系表达式
A	"不是我"	thisman!= 'A'
B	"是 C"	thisman=='C'
C	"是 D"	thisman=='D'
D	"C 胡说"	thisman!= 'D'

在 C 语言中，逻辑真的结果为 1，逻辑假的结果为 0，因已知 4 句话中有 3 句为真话，所以正确解的约束条件可表示为：

```
(thisman!= 'A'+thisman== 'C'+thisman== 'D'+thisman!= 'D'==3)
```

据此，可以写出求解本例的程序如下。

```
#include <stdio.h>
int main()
{
    int thisman,sum;
    for (thisman='A'; thisman<='D'; thisman++)
```

```
        {
            sum =((thisman!='A')+(thisman=='C') +(thisman=='D')+(thisman!='D'));
            if (sum==3)
                printf("做好事者为%c\n",thisman);
        }
        return 0;
}
```

本章小结

通过本章学习应达到以下要求。

（1）熟练掌握逻辑运算符与逻辑表达式的概念，理解逻辑运算的短路现象发生的条件。

（2）熟练掌握 if 语句、if else 语句及嵌套的 if else 语句的用法。

（3）熟练掌握 switch 多分支语句的适用场合及用法。

（4）熟练掌握使用 while 语句、for 语句及 do while 语句实现循环控制的方法。

（5）熟练掌握使用 break 及 continue 语句实现程序跳转的方法。

（6）了解 goto 语句的使用方法。

（7）能够熟练应用迭代法、穷举法等方法进行问题求解。

（8）掌握 3 种循环控制结构的书写规范及使用特点，能够综合利用这些语句设计循环程序。

练 习 四

1. 设 a 为整型变量，不能正确表达数学关系 10<a<15 的 C 语言表达式是（   ）。

    A. 10<a<15   B. a==11||a==12||a==13||a==14

    C. a>10&&a<15   D. !(a<=10)&&!(a>=15)

2. 能表达 30<x<50 或 x<-100 的 C 语言表达式是_____。

3. 设 int a=5,b=4,c=2;，则表达式 a>b>c 的值为_____。

4. 设 int a=0,b=0,c=2,d=4;，则执行(c=a= =b)||(d=b= =a);语句后变量 d 的值是_____。

5. 以下程序的输出结果是（   ）。

```
int main()
{
    int a=-1,b=4,k;
    k=(++a<=0) && !(b--<=0);
    printf("%d %d %d\n",k,a,b);
}
```

    A. 1 0 4   B. 1 0 3   C. 0 0 3   D. 0 0 4

6. 执行下列语句后输出的结果是（   ）。

```
int a=8,b=7,c=6;
if (a<b)  if(b>c)  {a=c; c=b;}
printf("%d,%d,%d\n",a,b,c);
```

    A. 6,7,7   B. 6,7,8   C. 8,7,6   D. 8,7,8

7. 写出下面程序的运行结果。

```
#include <stdio.h>
int main()
{     int a,b,c,d;
      a=c=0;
      b=1;
      d=20;
      if (a) d=d-10;
      else if(!b)
            if(!c) d=25;  else  d=15;
      printf("d=%d\n",d);
}
```

8. 写出下面程序的运行结果。

```
#include <stdio.h>
int main()
{     int  a=2, b=3, c=1;
       if (a>b)
             if (a>c)     printf("%d\n",a);
             else         printf("%d\n",b);
             printf("over!\n");
}
```

9. 下面程序的功能是判断输入的年份是否为闰年，请在横线上填上适当的语句。

```
int main()
{     unsigned int year;
      int leap;
      scanf("%u",&year);
      if   (_____(1)_____ )
            leap=1;
      else leap=0;
      if  (_____(2)_____)   printf("%u is a leap year.\n",year);
      else  printf("%u is not a leap year.\n",year);
}
```

10. 设 int m1=5,m2=3;，表达式 m1>m2 ?(m1=1):(m2=-1)运算后，m1 和 m2 的值分别是（　　）。

    A. 1 和-1   B. 1 和 3   C. 5 和-1   D. 5 和 3

11. 若有定义 float x; int a,b;，则正确的 switch 语句是（　　）。

    A.

```
switch(x)
{     case 1.0: printf("A");
       case 2.0: printf("B");
}
```

    B.

```
switch(a+b)
{     case 1: printf("A");
case 1+2:printf("B");
}
```

C.

```
switch(int(x))
{       case 1:printf("A");
        case 2:printf("B");
}
```

D.
```
switch(a+b)
{       case 1: printf("A");
case 2: printf("B");
}
```

12. 写出下面程序的输出结果。

```
int main()
{       int x=16, y=21, z=0;
        switch (x%3)
        {       case 0:       z++;  break;
                case 1:        z++;
                               switch (y%2)
                               {       default: z++;
                                       case 0: z++; break;
                               }
        }
        printf ("%d\n", z);
}
```

13. 设 int a;，则语句 for(a=0;a==0;a++);和语句 for(a=0;a=0;a++);执行循环体的次数分别是
(   )。

    A. 0, 0   B. 0, 1   C. 1, 0   D. 1, 1

14. 执行语句 for(i=1;i++<4;);后 i 的值是 (   )。

    A. 3   B. 4   C. 5   D. 不确定

15. 写出下面程序的输出结果。

```
int main()
{
        int a=0, b=5, c=3;
        while (c>0 && a<5)
        {       b=b-1;
                ++a;
                c--;
        }
        printf ("%d, %d, %d\n", a, b, c);
}
```

16. 华氏温度和摄氏温度的转换公式为 $C=5/9 \times (F-32)$，其中 C 表示摄氏温度值，F 表示华氏温度值。下面的程序要求从 0 华氏度到 300 华氏度，每隔 20 华氏度输出一个与华氏温度值对应的摄氏温度值，请在横线上填上适当的语句。

```
#include <stdio.h>
int main()
{       float   fahr = 0,celsius;
        while (       (1)          <=300)
```

```
{                    (2)                ;
        printf("%4.0f\t%6.1f\n", fahr, celsius);
                     (3)                ;
    }
}
```

17. 写出下面程序运行时输入 420↙ 的输出结果。

```
#include <stdio.h>
int main()
{
    char c;
    while ((c=getchar())!='\n')
    switch(c-'0')
    {           case 0:
                case 1:putchar(c+2);
                case 2:putchar(c+3);break;
                case 3:putchar(c+4);
                default:putchar(c+1);break;
    }
    printf("\n");
}
```

18. 下面的程序用于输出[100,1000]中既能被 3 整除，又能被 5 整除的整数，要求每行输出 10 个数。问：程序结束前一共输出了多少个满足条件的数？请修改程序中的错误。

```
#include <stdio.h>
int main()
{   int  n,count;
    for (n=100;n<=1000;n++)
    {
        if (n%3=0 && n%5=0)
            printf("%5d",n);
            if (++count%10=0)  printf("\n");
    }
    printf("共输出了%d个数\n",count);
}
```

19. 下面的程序用于求出 1000 以内的"完全数"。

提示：如果一个数恰好等于它的因子之和（因子包括1，不包括该数本身），则称该数为"完全数"。例如，6 的因子是 1、2、3，而 6=1+2+3，则 6 是"完全数"。请在横线上填上适当的表达式。

```
#include <stdio.h>
int main()
{
    int n,i,m;
    for (n=1;n<1000;n++)
    {
        for (m=0,i=1;      (1)      ;i++)
            if ( !(n%i) )        (2)       ;
        if (       (3)       )
            printf("%5d",n);
    }
    return 0;
}
```

20. 写出下面程序的运行结果。

```
#include <stdio.h>
int main()
{   int   i, j, k;
```

```
char   space = ' ';
for (i=1;i<=4;i++)
    {    for (j=1; j<=i; j++)
                printf("%c",space);
         for (k=1; k<=6; k++)
                printf("*");
         printf("\n");
    }
}
```

实 验 四

1. 请模仿例 4.4，编写一个猜生日游戏的程序，向用户显示 5 张数字卡片，根据用户的回答，猜出用户的生日是哪一天。

2. 编程输入 3 条边长 a、b、c，判断它们能否构成三角形，若能构成三角形，则进一步判断此三角形是哪种类型的三角形。

3. 编写一个程序，输入年和月，输出该月有多少天。

4. 编写程序，从键盘输入一个无符号整数，输出它的各位数字之和。如输入 1476，则输出为：6+7+4+1=18。

5. 编写程序，求 1!+2!+3!+…+20!。

6. 编写程序，用迭代法求 $x = \sqrt{a}$，已知求 a 的平方根的迭代运算公式为 $x_{n+1} = \dfrac{1}{2}\left(x_n + \dfrac{a}{x_n}\right)$，要求求出的前、后两项 x 的差的绝对值小于 10^{-5}。

7. 舍罕王是古印度的国王，据说他非常喜欢玩游戏。宰相达依尔为讨好国王，发明了国际象棋献给国王。舍罕王非常喜欢这项游戏，于是决定嘉奖达依尔，许诺可以满足达依尔提出的任何要求。达依尔指着舍罕王面前的棋盘提出了要求："陛下，请您按棋盘的格子赏赐我一点麦子吧，第 1 个小格赏我 1 粒麦子，第 2 个小格赏我 2 粒，第 3 个小格赏我 4 粒，以后每一小格都比前一小格的麦粒数增加一倍，只要把棋盘上的 64 个小格全部按这样的方法得到的麦粒都赏赐给我，我就心满意足了。"舍罕王听了达依尔的这个"小小"的要求，想都没想就满口答应下来。

如果 1m³ 麦子约 1.42×10^8 粒，舍罕王能兑现他的许诺吗？试编程计算舍罕王共需要将多少立方米麦子赏赐给达依尔。

8. 编写程序，利用泰勒级数 $e = 1 + \dfrac{1}{1!} + \dfrac{1}{2!} + \dfrac{1}{3!} + \cdots + \dfrac{1}{n!}$ 计算 e 的近似值。当最后一项的绝对值小于 10^{-5} 时认为达到精度要求，要求统计总共累加了多少项。

9. 如果正整数 n 与它的反序数 m（数字排列相反）同为素数，且 m 不等于 n，则称 n 和 m 是一对"幻影素数"。例如，107 与 701 是一对"幻影素数"。编程找出 3 位数中所有的幻影素数，并统计共有多少对。

10. 哥德巴赫猜想是说任何一个大于 2 的偶数都能表示成两个素数之和。哥德巴赫猜想的证明是一个世界性的数学难题，至今未能完全解决。我国著名数学家陈景润先生为哥德巴赫猜想的证明做出了杰出贡献。

应用计算机可以很快地在一定范围内验证哥德巴赫猜想的正确性。请编写一个 C 程序，验证指定范围内哥德巴赫猜想的正确性，区间的范围要从键盘输入。

11. 编写程序，在屏幕上输出如下所示的九九乘法表。

```
1    2    3    4    5    6    7    8    9
--------------------------------------------
1    2    3    4    5    6    7    8    9
     4    6    8    10   12   14   16   18
          9    12   15   18   21   24   27
               16   20   24   28   32   36
                    25   30   35   40   45
                         36   42   48   54
                              49   56   63
                                   64   72
                                        81
```

12. 采用循环程序设计方法，分别在屏幕中央输出以下图形。

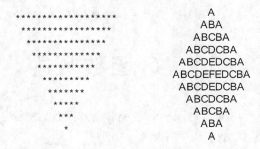

```
*********************          A
 *******************          ABA
  *****************          ABCBA
   ***************          ABCDCBA
    *************          ABCDEDCBA
     ***********          ABCDEFEDCBA
      *********          ABCDEDCBA
       *******          ABCDCBA
        *****          ABCBA
         ***          ABA
          *           A
```

13. 编写程序，求正整数 a 和 b 的最大公约数（Greatest Common Divisor，GCD）。

提示： a 与 b 的最大公约数是指两个数 a、b 的公因数中最大的那一个。欧几里德算法是求解两个正整数最大公约数的一种有效方法，又称辗转相除法。设 GCD(a,b) 表示 a 与 b 的最大公约数，辗转相除法的基本原理可描述如下：若 b 是 0，则最大公约数是 a 中的值；否则计算 a 除以 b 的余数 r，把 b 保存到 a 中，并把余数 r 保存到 b 中，重复上述过程，直到 b 为 0，a 中的数即为最大公约数。

14. 我国古代数学家张丘建在《算经》一书中曾提出过著名的"百钱买百鸡"问题，该问题叙述如下：鸡翁一，值钱五；鸡母一，值钱三；鸡雏三，值钱一；百钱买百鸡，则翁、母、雏各几何？请编写 C 程序，解决"百钱买百鸡"问题。

15. 有红、黄、绿 3 种颜色的球，其中红球 3 个，黄球 3 个，绿球 6 个。现将这 12 个球混放在一个盒子中，从中任意摸出 8 个球，编程列举摸出球的各种颜色搭配。

16. 现有 21 根火柴，两方轮流取，每方每次可以走 1～4 根火柴，不可多取，也不能不取，谁取最后一根火柴谁输。请编写一个足够"聪明"的程序进行人机对弈，要求人先取，计算机后取，让计算机成为"常胜将军"。

第5章
函数及其应用

函数是用于完成特定功能的程序模块，它是构成 C 程序的基本单位，程序的功能是通过函数及函数调用来实现的，函数是实现模块化程序设计的重要手段。本章介绍函数的定义及其使用方法。

通过本章的学习，读者应达成如下学习目标。

知识目标： 掌握函数的定义方法，领会有参函数与无参函数、有返回值函数与无返回值函数的使用场合，理解递归程序的执行过程。

能力目标： 理解函数的参数传递方式，掌握汉诺塔等典型问题的递归算法设计方法，能够应用函数进行模块化程序设计。

素质目标： 培养分析问题、设计与选择方案、实现与评价方案的基本能力。

5.1　C 函数概述

通过学习前面几章的例子，读者对 scanf() 和 sqrt() 等库函数的使用应该并不陌生。到目前为止，由于需要解决的问题较为简单，我们所写的大部分程序都只用了 main() 函数来实现。然而，对于一个复杂问题，将全部功能仅通过设计一个 main() 函数来实现是不现实的，这将使 main() 函数变得过于庞大，结构复杂。一些实现相似功能的程序模块需要重复地进行多次编写，一方面降低了编程效率；另一方面，可能导致同一类错误在程序中重复出现，从而使程序难以维护。

正所谓术业有专攻，若能将复杂问题的多个任务交由不同的函数来完成，则可以大大降低单个函数设计的复杂性，有利于提高代码复用率。这就如木工为实现复杂的家具加工，设计出不同的工具来满足不同的工艺需求，如图 5-1 所示。

图 5-1　不同的木工工具

同理，在解决一个问题时，可以将较大的问题分解成较小的单元，这样不仅有利于理解，而且容易逐个解决，更适合分工协作，提高项目组工作效率，这就是分而治之的思想。分解是编程的一个基本策略，然而，如何实现"好"的分解是一门学问。"好"的分解将使每个单元具有概念上的完整性，使程序更容易理解，反之，如果分解得不合适，将会产生干扰。"好"的分解方法没有固定的规则，但有很多成功的经验可以借鉴。

当需要编写一个程序时，通常从主程序开始，在主程序中，可以完整地考虑整个问题，然后对完成整体任务需要的主要功能进行划分。一旦划出程序的主要模块，就可以用独立的函数定义它们。由于在这些函数中，有些函数可能仍然很复杂，所以可对它们进行再次分解。重复这个过程，直到每个模块足够简单为止。上述过程被称为自顶向下设计，或者逐步求精。

因此，一个完整的 C 程序可以包含多个源程序文件，而每个源程序文件又可以包含多个函数，C 程序结构示意如图 5-2 所示。

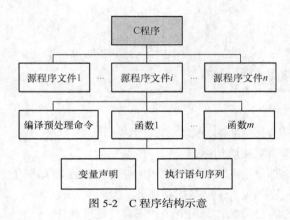

图 5-2　C 程序结构示意

5.2　C 语言函数的定义和调用

5.2.1　C 语言函数的定义

函数定义的一般格式如下。

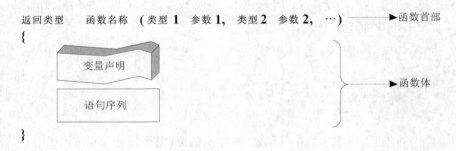

一个函数定义由**函数首部**和**函数体**两部分组成。

1. 函数首部

函数首部说明了函数的返回类型、函数名及形式参数。

（1）返回类型：函数的返回类型是函数返回值的类型。若函数没有返回值，则指定返回类型为

void。如果省略返回类型，C89 会假定函数返回值的类型是 int 型，但在 C99 后这是不合法的。

（2）函数名：函数名由用户命名，命名规则同标识符并应遵循见名知意的原则。

（3）形式参数：函数名后边的一串参数称为形式参数，形式参数用于从主调函数向被调函数传递加工对象，需要在每个形式参数前面说明其类型（即使几个形式参数具有相同的数据类型，也必须对每个形式参数分别进行类型说明），形式参数用逗号进行分隔。

例如，例 2.1 的 getMax()函数中两个形式参数 a 与 b 均为 int 型，但在函数首部中需要对其类型分别进行说明。

```
int getMax (int a, int b)
{
    if (a>b)      return a;      /*如果 a>b，则返回 a，否则返回 b*/
    else          return b;
}
```

2. 函数体

函数首部下用一对{}括起来的部分称为函数体。

函数体一般包括变量声明和语句序列。

（1）变量声明：在这部分定义本函数所使用的变量或进行有关声明。

（2）语句序列：语句序列定义了函数的功能。

函数体为空的函数称为**空函数**。调用空函数不执行任何操作。

虽然程序中的函数的概念来源于数学函数，但程序中的函数不一定都是用来进行数学运算的，函数的功能由函数体中的语句序列决定。

例如，下面的 printWelcome()函数用于完成在屏幕上输出字符串 "Welcome to China."。

```
void printWelcome()
{
    printf("Welcome to China.\n" );
}
```

编程时可根据函数的功能需求设计函数体，函数体从格式上与 main()函数的函数体类似，可以包含变量声明和语句序列。例如：

```
int getMax (int a, int b)
{     int c;
    c=(a>b)? a: b;
    return c;
}
```

与例 2.1 的程序实现了相同的功能，函数内部定义的 int 型变量 c 专属于该函数，其他函数（包括 main()函数）不能对它进行访问（读取和修改），这种变量称为局部变量，5.7 节将对局部变量进行详细的说明。

函数的形式参数与返回值是主调函数与被调函数的重要接口，形式参数如同数学函数 $y=f(x)$ 中的自变量 x，而函数的返回值则用于从被调函数向主调函数传递计算结果，如同数学函数 $y=f(x)$ 中的 y。

通常函数是否需要形式参数和返回值是由其功能来决定的，若主调函数需要传递数据给被调函数处理，则在设计被调函数时应该根据所需传递的数据类型来定义形式参数；否则形式参数可以为空。若被调函数需要将某个数据返回给主调函数，则需要指定返回值的类型；否则函数的返回类型可为空（void）。

在 getMax() 函数中，函数需要将形式参数 a 与 b 中的较大者的值作为函数的返回值，所以函数的返回类型定义为 int。

而对于 printWelcome() 函数，因在调用函数时不需要返回任何值，所以其返回类型为 void（我们称该函数为 void 函数）。

C 语言中的所有函数都是平行的，即不能在一个函数内部定义另一个函数。main() 函数是 C 程序的唯一执行入口，而其他函数必须直接或间接地被 main() 函数调用才能执行，在 main() 函数中可以结束整个程序运行。

C99 之前，函数中的变量声明必须出现在语句之前。从 C99 开始，变量声明和语句可以混合在一起，只要在第一次使用变量之前进行声明就行。

5.2.2　return 语句

return 语句用于结束被调函数的执行，程序控制从被调函数返回主调函数。return 语句的语法格式如下：

```
return 表达式;
```

或

```
return;
```

- 对于返回类型为非 void 的函数必须使用 return 表达式; 语句来指定要返回的值。

表达式可以是常量、变量或复杂的表达式。例如，main() 函数用 return 0; 向操作系统返回 0；例 2.1 中的 getMax() 函数返回 a 与 b 中的较大值；return (ch>='a' && ch<='z')?ch-32:ch; 语句执行时，将先计算条件表达式 (ch>='a' && ch<='z')?ch-32:ch 的值，如果 ch 是小写字母，这条语句返回 ch-32 的值（即对应的大写字母），否则直接返回 ch 的值。

- 若函数的返回值类型与函数声明的返回类型不同，则以函数声明的返回类型为准。

例如，函数声明的返回类型为 int 型，但是 return 语句包含 double 型的表达式，那么系统将把该表达式的值转换成 int 型。

- 使用 return 语句将直接导致函数执行结束，因此，如果函数中出现多个 return 语句，只有一个 return 语句会被执行。

例如：

```
int abs(int x)
{       if (x>=0)    return x;
        return -x;
}
```

当 x>=0 时，将执行 return x; 语句而结束执行函数，return -x; 将不被执行。当 x<0 时，将执行 return -x; 语句，返回 x 的绝对值结束执行函数。

- 对于返回类型为 void 的函数，可省略 return 语句或直接用 return; 结束执行函数。例如：

```
void printWelcome()
{
```

```
        printf("Welcome to China.\n" );
        return;     //可省略
}
```

main()函数是 C 语言中的一个特殊函数，C99 之前 main()函数的返回类型可定义为 void，C99 规定 main()函数的返回类型为 int 型。因此，本书中所有的 main()函数都是这样定义的：

```
int main()
{
 ...
 return 0;
}
```

main()函数返回的值是程序执行的状态码，某些操作系统在程序终止时可以检测到状态码。如果 main()函数返回 0，则表明该程序正常终止；否则表示该程序被异常终止。例如，在程序执行过程中出现除 0 等错误将导致程序异常终止。

在早期的一些 C 语言教程中，常见 void main()的函数首部形式。新的 C 语言标准要求其返回类型为 int 型。

在 main()函数中执行 return 语句是终止程序的一种方法，另一种方法是调用 exit()函数，此函数属于 stdlib.h 头文件。传递给 exit()函数的实际参数和 main()函数的返回值具有相同的含义：两者都可以说明程序终止时的状态。表示程序正常终止的，传递 0：

```
exit(0);
```

而表示异常终止时，传递 1：

```
exit(1);
```

> return 语句仅当在 main()函数中执行时才会导致程序终止，而在任何函数中调用 exit()函数都会导致程序终止。

5.2.3 函数调用

函数调用时函数名后的参数列表称为**实际参数**，实际参数可以是表达式、常量或变量，甚至是函数调用本身。

函数调用通常由函数名和跟随其后的实际参数列表组成，其中实际参数列表用圆括号括起来。

- 非 void 函数调用会产生一个返回值，这类函数调用通常可构成新的表达式或作为其他函数调用的参数。

例如，语句 c=getMax (20,30+5);调用了 getMax()函数，实际参数分别是数值常量 20 和表达式 30+5，C 语言会先计算出表达式的值作为函数的实际参数。函数的返回值（35）通过赋值运算符赋值给变量 c。

再如，函数调用 getMax (10, getMax (20,30))的第 2 个实际参数为函数调用 getMax (20,30)的返回值。

printf("%d", getMax (x,y));语句中，也是将函数调用 getMax (x,y)的返回值作为 printf()函数的实际参数。

当然，如果不需要非 void 函数的返回值，可以将其丢弃。

例如：

```
getchar();
```

此处函数调用语句 getchar();作为一条独立的语句，该语句从键盘读入一个字符，返回其 ASCII 值，但是该返回值既未赋值给某变量，也未应用于其他表达式，其值将被丢弃。

- 返回类型为 void 的函数，可在函数调用后加上分号，作为独立的语句来使用。其一般语法格式为：

函数名称(参数);

例如，putchar('A');。

【例 5.1】　无参函数调用示例。

```
#include <stdio.h>
void printWelcome()
{
      printf("Welcome to China.\n");
}
int main()
{     printWelcome();
      printWelcome();
      return 0;
}
```

程序从 main()函数开始执行，当 main()函数第 1 次遇到 printWelcome()函数调用时，程序控制转到 printWelcome()函数的函数体内，执行完 printf("Welcome to China.\n");语句后，程序控制返回 main()函数。此时第 2 次遇到 printWelcome();函数调用语句，程序控制再次转到 printWelcome()内部，再次执行 printf("Welcome to China.\n");语句后返回 main()函数，遇到 return 0;语句，结束整个程序的执行。

本例中的 printWelcome();是直接作为 C 语句使用的。

通过本例可知 C 程序的执行总是从 main()函数开始，函数一经书写，可以多次调用。

【例 5.2】　分析下面程序的运行结果。

```
#include <stdio.h>
void print()
{
      printf("***************\n");
}
int main()
{     int i;
      for (i=1;i<=6;i++)
            print();
      return 0;
}
```

main()函数每调用一次无参函数 print()都会输出 15 个*，因此，程序将在屏幕上输出 6 行*。

灵活应用形式参数可丰富函数的功能。例如，我们可以为 print()函数增加一个形式参数，使其输出的*的个数可以随参数变化而变化。

【例 5.3】 请分析下面程序的运行结果。

```c
#include <stdio.h>
void print(int n)
{    int i;
     for (i=1;i<=n;i++)
                  printf("*");
     printf("\n");
}
int main()
{    int i;
     for (i=1;i<=6;i++)
           print(i);
     return 0;
}
```

函数调用的
执行过程
分析

如果要输出下面图形，该如何修改 main()函数？

```
******
*****
****
***
**
*
```

5.2.4 函数声明

5.2.3 小节的程序中，函数的定义总是放在函数调用的前面。事实上，C 语言并没有要求函数的定义必须放在函数调用之前。重新编排 5_3.c 为 5_4_1.c，使 print()函数的定义放在 main()函数之后，观察编译现象。

【例 5.4】 将函数的定义放在函数调用之前。

```c
#include <stdio.h>        //5_4_1.c
int main()
{    int i;
     for (i=1;i<=6;i++)
           print(i);
     return 0;
}
void print(int n)
{    int i;
     for (i=1;i<=n;i++)
                  printf("*");
     printf("\n");
}
```

当遇到 main()函数中的 print(i)函数调用时，编译器没有任何关于 print()函数的信息，编译器不知道 print()函数的返回类型是什么，也不知道有多少形式参数、形式参数的类型是什么。此时，编译器可能给出如下提示信息，表示编译失败。

```
\ch5\5_4_1.c |8| warning: conflicting types for 'print'|
\ch5\5_4_1.c |5| note: previous implicit declaration of 'print' was here|
||=== Build finished: 0 errors, 1 warnings ===|
```

使用函数声明可以避免编译时出现上述错误。函数声明的具体用法是，在调用前声明函数，而函数的完整定义以后再给出。函数声明类似于函数首部，不同之处是其结尾处有分号，其一般语法格式为：

返回类型　函数名(类型 参数 1, 类型 参数 2,…);

或

返回类型　函数名(类型, 类型,…);

上述函数声明又称函数原型，注意函数原型必须与函数的定义一致。

下面是为 print()函数添加了函数声明后的程序。

```c
#include <stdio.h>        //5_4_2.c
void print(int n);        //或用 void print(int)
int main()
{    int i;
     for (i=1;i<=6;i++)
          print(i);
     return 0;
}
void print(int n)
{    int i;
     for (i=1;i<=n;i++)
               printf("*");
     printf("\n");
}
```

增加函数声明后，程序可正常编译运行。

5.3　引用库函数与自定义函数

5.3.1　库函数分类

一般而言，C 语言的库函数分为系统标准库函数、第三方库函数和用户自定义库函数。

C 编译系统提供了很多非常有用的标准库函数，程序设计者可根据需要进行调用。调用时需要用#include 将该函数定义所在的文件（称为头文件）包含到程序中。库函数不是 C 语言本身的组成部分，而是由 C 编译系统提供的具有特定功能的函数集。库函数是编译过的文件。例如，C 语言没有输入输出语句，也没有直接求绝对值的运算符，所以 C 编译系统以库函数的方式提供这些功能。这些函数可供用户直接调用，可极大地提高用户的编程效率。

一些厂商为了提高开发效率，会自行开发一些第三方的库函数供用户使用，以扩充 C 语言在图形、网络和通信等方面的功能。借助这些库函数，用户可以进行快速的软件开发。如一些机器人厂商就基于 C 语言开发了很多操控机器人的库函数，方便机器人使用者进行二次开发。

此外，程序员自定义的函数，经过封装后，也可以成为库函数，供别人使用。

5.3.2　#include 指令

在前几章中，我们一般使用指令#include <头文件>的方式来加载头文件到程序中，<>可以告诉编译器到编译器库函数所在的文件夹中读取头文件。例如，对于 CB 编译器，编译器提供的头文件在 CodeBlocks\MinGW\include 文件夹下（见图 5-3）。

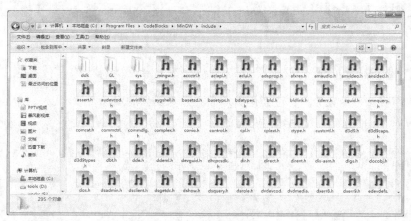

图 5-3　头文件所在文件夹

除了使用#include <头文件>的方式，还可以使用#include "头文件"的方式，如#include "stdio.h"也可以将 stdio.h 加载到源程序中，但区别在于采用双引号时编译器先在源程序文件所在的文件夹中读取双引号中的文件，若读取失败，则再到编译器库函数所在文件夹中读取该文件。

程序员自己编写的某些可以复用的函数也可以用独立的文件形式存放在与源程序文件相同的文件夹或子文件夹里，这样在源程序中可以用**#include "文件名"**或**#include "相对路径\文件名"**将该文件加载到程序中。

【例 5.5】　演示#include "文件名"的使用方法。

编写如下所示的 getMax()函数并以 mymath.h 存盘，编写如下所示的 main()函数并以 5_5.c 存盘（mymath.h 与 5_5.c 文件存放在同一个文件夹下），编译并运行 5_5.c。

```
#include <stdio.h>
int getMax(int a, int b)
{
    int c;
    c=(a>b)? a: b;
    return c;
}
```
mymath.h

```
#include "mymath.h"
int main()
{   int x,y,z;
    printf("Please input two integers(such
        as 20,10): ");
    scanf("%d,%d",&x,&y);
    z=getMax(x,y);
    printf("较大数是: %d", z);
    return 0;
}
```
5_5.c

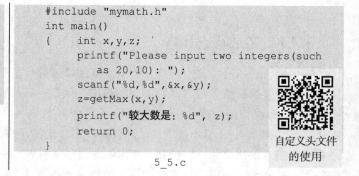

自定义头文件的使用

思考　　若将 5_5.c 中的#include "mymath.h"改成#include <mymath.h>，在编译 5_5.c 时会出现什么情况？

5.4　函数参数传递方式

如前所述，函数的参数分为形式参数（形参）与实际参数（实参），调用函数时，必须提供所有的参数（对于变量，必须是已赋值的），且参数个数、类型、顺序应与函数定义相同。

为了进一步理解函数形参与实参的关系，我们先来看下面的例子。

【例 5.6】　分析下面程序的运行结果。

```c
#include <stdio.h>
void change( int a)
{       printf("a=%d\n",a);
        a=0;
        printf("a=%d\n",a);
}
int main()
{
        int x=10;
        printf("x=%d\n",x);
        change(x);                //函数调用
        printf("x=%d\n",x);
        return 0;
}
```

程序运行结果如下：

```
x=10
a=10
a=0
x=10
```

从运行结果看，实际参数 x 在函数调用前后值并未发生变化，这是因为形式参数 a 是 change() 函数的局部变量，当该函数被调用时，操作系统为形式参数分配内存，且将对应实际参数的值赋值给形式参数，如图 5-4（a）所示。修改形式参数并不影响实际参数，如图 5-4（b）所示。

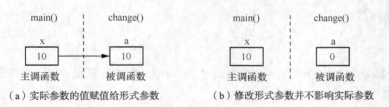

（a）实际参数的值赋值给形式参数　　　（b）修改形式参数并不影响实际参数

图 5-4　实际参数向形式参数单向值传递示意

就本例而言，变量 x 是 main() 函数的局部变量，其初值为 10，当 main() 函数调用 change() 函数时，实际参数 x 的值赋值给了形式参数 a，所以执行 change() 函数的第一条输出语句输出 a=10。之后形式参数 a 被赋值为 0，所以执行 change() 函数的第 2 条输出语句输出 a=0，之后形式参数 a 所占的内存空间因 change() 函数的执行结束而被释放（若函数被多次调用，形式参数将经历多次分配与释放过程）。

在函数调用的过程中，程序对形式参数 a 的任何修改都不会影响实际参数 x。因此，当函数调用结束后，执行 main()函数的第 2 条输出语句输出 x=10。

由此可见，从实际参数到形式参数的参数传递方式是单向值传递。

思考　　若将本例中的形式参数名称改为 x，实际参数的值会改变吗？请自行测试。

```
void change( int x)
{      printf("x=%d\n",x);
       x=0;
       printf("x=%d\n",x);
}
```

【例 5.7】　编写函数 fact(int n)计算 n!，并编写 main()函数进行测试。

【分析】　由于 n!的值随着 n 的值增长而快速增长，所以可以将 fact()函数的返回类型定义为 double型。在 main()函数中定义变量 f 用于接收用键盘输入的数，并调用 fact()函数求其阶乘值后输出。

```
#include <stdio.h>
/*
      @函数名称：fact        @入口参数：整数n
      @出口参数：n!          @函数功能：计算n!
*/
double fact(int n)
{
      double f=1;
      int i;
      for (i=1;i<=n;i++)
            f=f*i;
      return f;
}
int main()
{
      int n;
      double f;
      printf("Please input an integer:");
      scanf("%d",&n);
      f=fact(n);
      printf("%d!=%.0f\n",n,f);
      return 0;
}
```

函数的参数
传递方式

请读者仔细分析 main()函数中的变量 n、f 与 fact()函数中的变量 f 和形式参数 n 的关系。

　　由于函数的形式参数用于接收供函数处理的数据，所以习惯上我们又称其为入口参数，相应地，函数的返回值称为出口参数。在定义函数时，用适当的注释说明函数的入口参数与出口参数有助于用户对函数功能的理解。

当实际参数与形式参数的类型不完全一致时，参数传递遵循赋值相容规则。

例如，可以将字符型实参传递给整型形参，可以将整型实参传递给浮点型形参。

函数设计遵循信息隐藏的原则，即将函数的入口参数与出口参数向用户展示清楚，而将函数的具体实现细节隐藏在函数内部；同时尽量遵循高内聚的原则，即函数的功能尽可能单一。例 5.7 中的 fact() 函数仅将 n! 的值作为函数的返回值，把对 n! 的值的处理交给主调函数，这有利于 fact() 函数适用更多场合，实现函数复用。

5.5　函数嵌套调用

5.5.1　嵌套调用的概念

C 语言中函数的定义是平行的，即不允许嵌套定义函数。但是 C 语言中允许嵌套调用函数，即一个函数在被调用的过程中可以调用另一个函数。

例如，图 5-5 所示的 main() 函数在执行过程中调用了 fun1() 函数，此时，程序控制转移到 fun1() 函数中，main() 函数被暂时挂起；fun1() 函数在执行过程中又调用了 fun2() 函数，程序控制转移到 fun2() 函数中，fun1() 函数被暂时挂起；当 fun2() 函数执行完成后，程序控制先返回 fun1() 函数，从 fun1() 函数中的函数调用 fun2() 之后的语句开始执行 fun1() 函数中的剩余语句，直至执行完成后返回 main() 函数。

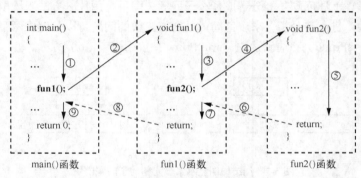

图 5-5　函数嵌套调用示意

5.5.2　模块化程序设计基本方法

抽象是开发软件的关键技术。抽象是通过将函数的使用和它的实现分离来实现的。用户在不知道函数是如何实现的情况下，就可以使用函数。函数的实现细节封装在函数内，对使用函数的用户来说是隐藏的，这称为**信息隐藏**。如果改变函数的实现方法，但不改变函数的名称和接口，用户使用程序就不受影响。

函数的实现方法对用户而言是隐藏在黑盒中的，如图 5-6 所示。

正如软件补丁一样，虽然补丁对程序的实现方法进行了修改，但更新前后名称与接口是一致的，所以能够保证更新后的用户程序正常运行。

函数设计一般需要遵循以下基本原则。

（1）函数功能的设计原则：函数的功能要单一，不要设计多用途的函数。

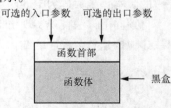

图 5-6　函数的实现方法隐藏在黑盒中

（2）函数规模的设计原则：函数的规模要小，尽量控制在 50 行代码以内，这样可以使函数更易于维护。

（3）函数接口的设计原则：函数的接口包括函数的入口参数和出口参数，不要设计过于复杂的接口，应合理选择、设置并控制参数的数量。

抽象的概念可以应用于程序开发的过程中。当编写一个大型程序时，可以使用分治（Divide and Conquer）策略，也称为**逐步求精**（Stepwise Refinement），将大问题分解成子问题，将子问题又分解成更小、更容易处理的问题。

下面我们用熟悉的素数问题来演示分治策略在函数设计中的应用。

【例 5.8】　编程输出区间[m,n]内的素数，区间范围由用户输入，并统计所输出的素数总数。

【分析】　初学者常常针对问题立即开始编写代码，且习惯只用一个 main()函数解决每一个细节问题。然而，在前期过多关注细节会阻碍解决问题的进程，且在编程过程中有可能会因为结构设计不合理导致程序难以调试。为使解决问题的流程尽可能流畅，本例先用抽象法把细节与结构设计分离，在最后才实现具体细节。

对本例来说，先把问题分成 3 个子问题：读取用户输入区间（readInput）、求解区间内的所有素数（getPrime）、输出素数总数（printCount）。我们可以通过图 5-7（a）所示的方式来理解问题的分解过程。

然后，应该考虑上述问题还能分解成什么子问题，而不是用什么方法来读取输入区间和输出区间内的所有素数。进一步分析，求解区间内的所有素数的问题可以分解成两个子问题：判断某个数是否为素数（isPrime）和输出素数（printPrime），如图 5-7（b）所示。

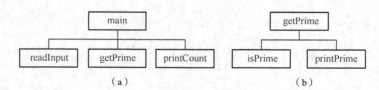

图 5-7　用结构图显示素数问题的子问题模块

现在我们可以把注意力转移到模块的具体实现上。通常一个模块对应于程序中的一个函数。有些简单的模块可以结合到另一个函数中，当然这取决于整个程序是否更便于阅读。在本例中，子问题 readInput 和 printCount 只需在 main()函数中调用输入、输出函数即可实现；求解素数的工作可交由函数 getPrime(int m,int n)来完成，该函数用于输出[m,n]区间内的所有素数，并返回素数的个数到 main()函数。

实现程序时可以采用"自顶向下"或"自底向上"的方法。自顶向下方法是自上而下地每次实现结构图中的一个模块。等待实现的模块可以先用待完善函数代替，它是函数的一个简单但不完整的版本（函数体为空的函数是最简单的函数版本）。

自顶向下方法首先实现 main()函数，而其他函数则暂用待完善函数代替。使用待完善函数可以快速地构建整个程序的结构，如下所示。

```c
bool isPrime(int k);
int getPrime(int m,int n);
int main()
{    int m,n;
     int counter;
     printf("请按()中的格式输入一段正整数区间(10,20):");
```

```
        scanf("%d,%d",&m,&n);
        counter=getPrime(m,n);
        printf("\n[%d,%d]共有%d个素数。\n",m,n,counter);
        return 0;
}
/*
        @函数名称: isPrime
        @入口参数: 整数 k
        @出口参数: 若 k 为素数, 返回 true, 否则返回 false
        @函数功能: 判断 k 是否为素数
*/
bool isPrime(int k)
{

}
/*
        @函数名称: getPrime
        @入口参数: 整数 m, 整数 n
        @出口参数: [m,n]的素数个数
        @函数功能: 输出[m,n]的所有素数, 并返回素数个数
*/
int getPrime(int m,int n)
{

}
```

至此，逐一具体实现每个待完善函数，直至程序正确运行。

在具体实现的细节方面，可以增加对输入数据有效性的判断。例如，输入区间为空应视为无效输入，并要求用户重新输入，这样可以增加程序的健壮性。

据此，可以写出解决本例问题的程序如下。

```
#include <stdio.h>
#include <math.h>
#include <stdbool.h>
bool isPrime(int k);
int getPrime(int m,int n);
int main()
{       int m,n;
        int counter;
        do              //用于控制输入有效的数据区间
        {
                printf("请按()中的格式输入一段正整数区间(10,20):");
                scanf("%d,%d",&m,&n);
        }while (m>n || m<1);

        counter=getPrime(m,n);
        printf("\n[%d,%d]共有%d个素数。\n",m,n,counter);
        return 0;
}
/*
        @函数名称: isPrime
        @入口参数: 整数 k
        @出口参数: 若 k 为素数, 返回 true, 否则返回 false
```

```
                @函数功能：判断 k 是否为素数
*/
bool isPrime(int k)
{
        int i,t;
        if (k<2) return false;             //1 不是素数，直接返回 false
        t=(int)sqrt(k);
        for (i=2;i<=t;i++)
                if (k%i==0)
                        return false;      //若能整除，则可直接返回 false
        return true;                       //如果所有数都不能整除，则是素数，返回 true
}
/*
        @函数名称：getPrime
        @入口参数：整数 m,整数 n
        @出口参数：[m,n]之间的素数个数
        @函数功能：输出[m,n]之间的所有素数，并返回素数个数
*/
int getPrime(int m,int n)
{       int k,counter=0;
        for (k=m;k<=n;k++)
                if (isPrime(k))                            //调用 isPrime()函数判断 k 是否为素数
                {
                        printf("%6d",k);
                        counter++;
                        if (counter%10==0)     //每输出 10 个素数换行
                                printf("\n");
                }
        return counter;                                    //返回素数总个数
}
```

程序运行情况如下：

函数嵌套
调用举例

```
请按()中的格式输入一段正整数区间(10,20):30,10
请按()中的格式输入一段正整数区间(10,20):2,100
    2       3       5       7      11      13      17      19      23      29
   31      37      41      43      47      53      59      61      67      71
   73      79      83      89      97
[2,100]共有 25 个素数。
```

3 个函数嵌套调用关系如图 5-8 所示。

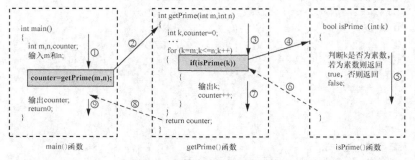

图 5-8 函数嵌套调用关系示意

自底向上方法是从下向上地每次实现结构图中的一个模块（函数），对每个模块都写一个测试程序进行测试，每个模块调试正确后再集成出求解问题的程序。

自顶向下方法和自底向上方法的优点是显然的，它们都是逐步地实现模块，当模块划分合理时，每个模块功能单一，这有助于分离程序设计错误，使调试变得更容易。有时，这两种方法可以一起使用。

5.6 递归函数及其应用

5.6.1 递归的概念

在介绍递归的概念之前，我们先来看一个特殊的函数嵌套调用的例子。

【例 5.9】 试分析下面程序的输出结果。

```
#include <stdio.h>
void print()
{    printf("How are you?\n");
     print();                    //嵌套调用函数本身
}
int main()
{    print();
     return 0;
}
```

运行本程序发现，程序重复地在屏幕上输出字符串"How are you?"。C 语言允许函数直接或间接地调用函数本身，我们把这种特殊的嵌套调用称为**递归**。有一个故事体现了生活中的一种递归现象——山上有座庙，庙里有个老和尚，老和尚在给小和尚讲故事："山上有座庙，庙里有个老和尚，老和尚在给小和尚讲故事：'山上有座庙，庙里有个老和尚，老和尚在给小和尚讲故事'……"显然，这个故事永远讲不完。本例的程序中的 print() 函数正如这个故事，由于函数对自身无条件调用，导致程序无法终止。因此，程序设计中的无条件递归通常是没有意义的。

巧妙地给递归调用增加限制条件，改无条件递归为有条件递归，将产生奇妙的效果。

我们为上面的 print() 函数增加一个整型参数 n，同时将其函数体修改如下。

```
#include <stdio.h>
void print(int n)
{
     if (n>0)
     {    printf("%d:",n);
          printf("How are you?\n");
          print(n-1);
     }
}
int main()
{    print(3);
     return 0;
}
```

程序运行结果如下：

```
3:How are you?
2:How are you?
1:How are you?
```

此时的递归调用被放在一个 if 语句中，当 if 语句的条件为逻辑真时，才进行递归调用，否则本次函数执行结束后将返回主调函数。程序运行过程中的函数递归调用关系如图 5-9 所示（实线表示调用关系，虚线表示从被调函数返回主调函数）。尽管每次递归调用的是函数本身，但每次递归调用将重新执行新的函数进程（进程是操作系统的一个基本概念，指的是一个程序在 CPU 上的一次运行过程），这与在一台计算机上同时登录 3 个 QQ 账号类似，虽然运行的都是 QQ 程序，但却有 3 个不同的 QQ 进程。

为便于观察，在图 5-9 中，我们将每次递归调用的实参值写在 print()函数的()中。

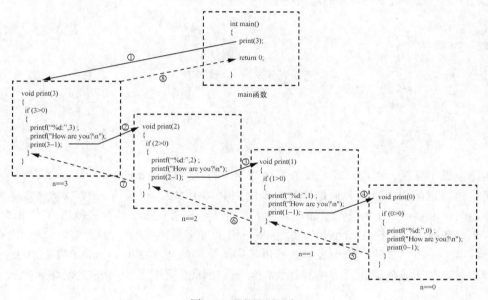

图 5-9 递归调用示意

下面来分析一下该程序的执行过程。

当在 main()函数中调用 print(3)时，程序控制转移到 print()函数中，此时形式参数 n==3，由于 3>0 为逻辑真，所以输出：

```
3:How are you?
```

然后递归调用 print(2)，程序控制转移到新的函数 print(2)中，如②所示。此时，print(3)函数尚未运行结束，因调用 print(2)函数而被暂时挂起。在执行 print(2)函数时，形式参数 n==2，由于 2>0 为逻辑真，所以输出：

```
2:How are you?
```

接着递归调用 print(1)，程序控制转移到新的函数 print(1)中，如③所示。此时，print(2)函数尚未运行结束，因调用 print(1)函数而被挂起。在执行 print(1)函数时，形式参数 n==1，由于 1>0 为逻辑真，所以输出：

```
1:How are you?
```

再接着递归调用 print(0)。此时形式参数 n==0，导致 0>0 为逻辑假，print(0)函数将遇函数体结束符而返回上一级主调函数 print(1)中，程序控制回到 print(1)函数中调用 print(0)函数的语句之后，如⑤所示。

此时，print(1)函数遇函数体结束符而返回 print(2)函数中，如⑥所示。

以此类推，最终将按递归调用的逆序结束各个递归进程，程序控制回到 main()函数中，直至程序运行结束。

在 print()函数中增加 printf("%d",n)；语句就是为了让读者可以观察形参的变化。如果去除这个语句，不难发现 print(int-n)函数的功能是在屏幕上输出 n 行字符串 "How are you?"。

上面这个任务可分解成两部分：输出 1 行字符串和输出 n-1 行字符串。

```
How are you?    1行
How are you?
...            ⎫ n-1 行
How are you?    ⎭
```

输出 n-1 行字符串的任务性质与输出 n 行字符串的任务性质相同，但规模更小，因此可以借助 print(n-1)函数来完成。

为了保证程序能在有限次递归调用后结束，应该定义好递归的出口条件，就本例而言。当 n<=0 时，不需要进行字符串输出。因此，可以将 n>0 作为递归的入口条件，n<=0 作为递归的出口条件，当满足递归出口条件时，将结束本次函数调用，并返回上一级主调函数。

对于符合如下条件的类似问题，均可以在编程中应用这一方法。

（1）必须能够确定一个简单情景，且该情景的答案是可以直接确定的。

（2）必须能够确定一个递归的分解方式，能够将大的问题分解为更小的、具有相同形式的问题。

例 5.9 展示了递归的魅力。初始问题通过分解成更小的子问题而得以解决，这些子问题与初始问题的差别仅仅是在规模上有所不同。

今后可以用下面的递归范式来刻画类似的问题。

```
if    (递归出口条件)
      {  进行直接求解；
      }
else
      {  将原问题分解成规模更小、性质相同的子问题；
         递归调用解决每个子问题；
         将子问题的解合并为原问题的解；
      }
```

思考

若将 print()函数修改如下，函数调用 print(3)的输出结果是什么？

```
void print(int n)
{    if (n>0)
     {       print(n-1);
             printf("%d:",n);
             printf("How are you?\n");
     }
}
```

5.6.2 递归程序分析

例 5.9 对递归的程序执行过程进行了较为详细的分析，下面再通过一个简单的数学递归问题来加深读者对递归程序的理解。一些数学函数的递归结构能直接从问题的陈述中得到。在这些数学函数中，典型的是阶乘函数 Fact(n)=n！。由阶乘的数学定义可知阶乘函数具有下列性质：

$$\text{Fact}(n) = \begin{cases} 1, & n = 0, \\ n\text{Fact}(n-1), & n > 0。 \end{cases}$$

在 C 语言中，我们可以设计解决阶乘问题的函数原型：

```
long fact(int n)
```

在这个函数原型中，入口参数是整数 n，出口参数是 n 的阶乘。

【例 5.10】 设计递归函数求解 n！。

【分析】 例 5.7 采用一个简单的 for 语句实现了 fact()函数，这是我们熟悉的迭代法。在递归函数中，并不需要这个循环，而是可以通过递归调用来实现。

迭代策略和递归策略常被看成是相反的，迭代策略采用自底向上的方法产生计算序列，该方法首先计算规模最小的子问题的解，然后在此基础上依次计算规模较大的子问题的解，直到最后产生原问题的解。

而使用递归策略实现解决问题的算法程序，其前提是必须使用划分技术，把需要求解的问题划分成若干和原问题结构相同，但规模较小的子问题，这样可以使原问题的求解建立在子问题求解的基础上，而子问题的求解又可建立在更小的子问题求解的基础上。由于问题的求解是从原问题开始的，因此其求解过程是自顶向下产生计算序列。

阶乘的数学性质定义了它的递归原型，在 C 语言中，可以按照如下的形式实现计算阶乘的函数 fact()。

```
long fact(int n)
{    if (n==0)   return 1;
     else    return n*fact(n-1);
}
int main()
{    int n;
     long f;
     printf("Please input an integer:");
     scanf("%d",&n);
     f=fact(n);
     printf("%d!=%ld\n",n,f);
     return 0;
}
```

我们可以用图 5-10 所示方式来分析 f=fact(4)递归函数的调用与返回过程。图中按序标出了程序控制转移的轨迹。（为方便观察，我们直接在每个函数进程中标出了形参值。）

从图 5-10 可以看出，当在 main() 函数中调用 f=fact(4) 求解 4! 时，共产生了 5 次 fact() 函数调用，第一次调用 fact() 函数时，形式参数被赋值为 4，因不满足递归出口条件（n==0），所以产生 4*fact(3) 的递归调用，如②所示。

程序控制因此转移到新的函数进程 fact(3) 中。

与上述过程类似，将依次产生 3*fact(2)、2*fact(1) 和 1*fact(0) 的递归调用，如③、④、⑤所示。

当程序控制转移到 fact(0) 函数中时，此时的形式参数 n==0，满足递归出口条件，所以 fact(0) 函数将执行 return 1; 语句，返回 1 给上一级主调函数 fact(1)，程序控制重新回到 fact(1) 函数，如⑥所示。

在 fact(1) 函数中将执行 return 1*1; 语句，将 1 作为 fact(1) 函数的返回值，函数控制重新回到 fact(2) 函数，如⑦所示。

在 fact(2) 函数中将执行 return 2*1; 语句，将 2 返回给上一级主调函数 fact(3)，如⑧所示。

同理，fact(3) 函数将在执行 return 3*2; 语句后结束并将 6 返回给 fact(4) 函数，程序控制回到 fact(4) 函数，如⑨所示。

fact(4) 函数将在执行 return 4*6; 语句后结束，并将 24 返回给 main() 函数，24 经赋值语句赋值给变量 f。

至此，变量 f 获得 24（4!）。

作为程序员，理解递归函数执行的原理是非常重要的，这将有助于正确地采用递归策略进行问题求解。

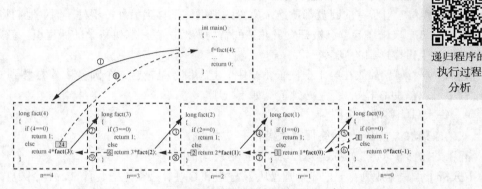

图 5-10　f=fact(4) 递归函数的调用与返回过程示意

递归程序的执行过程分析

计算机为了使函数在嵌套调用或递归调用结束后能正确地返回上一级主调函数，采用了一种特殊的称为"栈"的结构来记录函数调用时的"断点"。

栈是一种特殊的线性空间，它规定进栈与出栈只能在其中的一端进行（称为栈顶），这使它具有"先进后出、后进先出"的特点。栈结构如图 5-11 所示。

程序在发生嵌套调用或递归调用时，操作系统会将主调函数的断点地址存入栈中，当被调函数执行结束需返回主调函数时，其需返回的断点地址正好在栈顶，操作系统将从栈顶取出该地址，并依据该地址将程序控制转移到相应的函数。这样就确保了程序能够进行正确的函数嵌套调用与返回。因系统中栈的空间是有限的，若持续递归调用使进栈地址超过系统中栈能够存储的最大数据量，将导致栈"溢出"，递归过程将被异常中断。

有关栈的更多知识可在"数据结构"课程中学习。

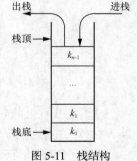

图 5-11　栈结构

5.6.3 递归程序应用

递归策略可广泛应用于程序设计，如排序、图形绘制、排列组合等。一种著名的快速排序算法就是采用递归策略实现的。

有些问题既可采用递归方法也可采用非递归方法求解，但下面介绍的汉诺塔问题，如果不用递归方法而是采用迭代方法，可能会非常困难，甚至无从下手，而采用递归策略却可以得到简洁明了的解决方案。

【例 5.11】 汉诺塔问题。

19 世纪 80 年代法国数学家爱杜瓦德·卢卡斯首先提出汉诺塔问题，之后该问题迅速风靡欧洲。这个问题源于一个古老的传说。相传在印度北部的一座庙里，一块黄铜板上插着 3 根宝石柱。上帝在创造万物时，在其中一根柱子上放了 64 个纯金圆盘，其中最大的圆盘放在下面，然后依次叠放，直到把最小的圆盘放在最顶上，这就是所谓的汉诺塔，如图 5-12 所示。不论白天黑夜，总有一个人不停地把这些圆盘从一根柱子移到另外一根柱子，但他需要按照下面的法则移动这些圆盘：一次只能移动一个圆盘，不管在哪根柱子上，小盘必须在大盘

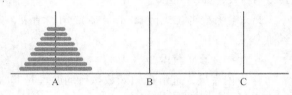

图 5-12 汉诺塔问题示意图 1

上面。僧侣相信，当所有的圆盘都从上帝放置的那根柱子移到另外一根柱子时，他们将获得永生。

时至今日，汉诺塔问题已被开发成儿童的智力游戏。在计算机科学的课程里，教师常用这个问题来给学生讲授递归的概念。

起初，n 个圆盘都放在第 1 根柱子（A 柱）上，目标是把这 n 个圆盘从 A 柱移到 C 柱上（移动过程中可以借助 B 柱），但是必须遵循如下规则。

- 每次只能移动一个圆盘。
- 在移动的过程中，始终保持大盘在下，小盘在上。

问：共需多少步可以完成移动，移动的顺序是什么？

【分析】 根据规则，要把 n 个圆盘从 A 柱搬到 C 柱，必须先把上面的 n−1 个圆盘搬到 B 柱，然后把第 n 个圆盘搬到 C 柱，最后把 n−1 个圆盘从 B 柱搬到 C 柱。即原问题可分解为以下子问题。

（1）把 A 柱上的 n−1 个圆盘搬到 B 柱，以 C 柱作为中转，如图 5-13 所示。

（2）把第 n 个圆盘从 A 柱搬到 C 柱，如图 5-14 所示。

图 5-13 汉诺塔问题示意图 2

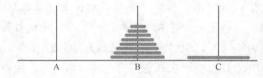

图 5-14 汉诺塔问题示意图 3

（3）把 B 柱上的 n−1 个圆盘搬到 C 柱，以 A 柱作为中转，如图 5-15 所示。

显然 n 个圆盘的移动问题，转换成了 n−1 个圆盘的移动问题和 1 个圆盘的移动问题。1 个圆盘的移动相当于汉诺塔问题的最简情景，

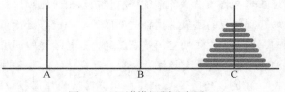

图 5-15 汉诺塔问题示意图 4

此时只要直接从"源柱"移动到目标柱即可。

而 *n*-1 个圆盘的移动问题性质与原问题相同，且规模更小，可以用相同的办法解决。

综上分析，汉诺塔问题可以用递归策略进行求解。

为了用递归函数模拟圆盘的移动过程，可以设计以下函数原型：

```
void moveTower(int n, char source, char temp, char goal);
```

该函数的 4 个形式参数含义如下。

（1）n 表示需要移动的圆盘的数量。

（2）source 表示最开始圆盘所在的柱子编号。

（3）temp 表示用于临时放置圆盘的柱子的编号。

（4）goal 表示最终圆盘所在柱子的编号。

将 *n* 个圆盘借助 B 柱从 A 柱移动到 C 柱的函数调用语句是：

汉诺塔程序
设计

```
moveTower(n,'A','B','C');
```

显然，将 *n*-1 个圆盘借助 C 柱从 A 柱移动到 B 柱的函数调用语句是：

```
moveTower(n-1,'A','C','B');
```

为了表示移动编号为 *n* 的圆盘，可以设计如下函数原型：

```
void move(int n,char source, char goal);
```

此处，*n* 代表需要移动圆盘的编号，source 表示移动起点编号，goal 表示移动终点编号。

根据上面的分析，我们可以写出模拟汉诺塔问题移动过程的递归程序。

```
#include <stdio.h>
void move(int n,char source, char goal);
void moveTower(int n,char source, char temp , char goal);
int main()
{       int n;
        printf("Please enter the number of disks:");
        scanf("%d",&n);
        printf("Steps of moving %d disks from A to C by means of B:\n",n);
        moveTower(n,'A','B','C');
        return 0;
}
/*
        @函数名称：move
        @入口参数：圆盘编号（整型变量 n），移动起点（字符变量 source），移动终点（字符变量 goal）
        @函数功能：输出 n 号圆盘从 source 移动到 goal 的路径
*/
void move(int n, char source, char goal)
{
        printf("Move %d: from %c to %c\n", n, source, goal);
}
/*
        @函数名称：moveTower
        @入口参数：圆盘总数（整型变量 n），移动起点编号（字符变量 source），字符变量 temp，移动
终点编号（字符变量 goal）
```

```
            @函数功能：利用递归法将 n 个圆盘借助于 temp 从 source 移动到 goal
*/
void moveTower(int n, char source, char temp, char goal)
{
        if (n==1)
                move(n,source,goal);              //将第 n 个圆盘从 source 移动到 goal
        else
        {
          moveTower(n-1,source,goal,temp);       //将 n-1 个圆盘借助 goal 从 source 移动到 temp
          move(n,source,goal);                    //将第 n 个圆盘从 source 移动到 goal
          moveTower(n-1,temp, source, goal);      //将 n-1 个圆盘借助 source 从 temp 移动到 goal
        }
}
```

请读者根据 5.6.2 小节介绍的方法追踪汉诺塔问题递归程序的运行过程。分析当圆盘总数为 3 时以下运行结果是如何得到的。

```
Please enter the number of disks:3
Steps of moving 3 disks from A to C by means of B:
Move 1: from A to C
Move 2: from A to B
Move 1: from C to B
Move 3: from A to C
Move 1: from B to A
Move 2: from B to C
Move 1: from A to C
```

5.7 变量的作用域与生存期

5.7.1 局部变量

在本小节之前所有例题的程序中定义的变量都只能在其所在的函数内使用，这种变量称为**局部变量**，又称**内部变量**。

默认情况下，局部变量具有下列性质。

- **块作用域**。变量的作用域是可以引用该变量的程序语句部分。局部变量拥有块作用域，即从变量声明开始一直到函数体的末尾。因为局部变量的作用域不能延伸到其所属函数之外，所以其他函数可以定义同名变量，且可用于不同用途，它们互不影响。

- **自动存储期限**。变量的存储期限是指变量在内存的存储期限。默认的局部变量的存储单元是在包含该变量的函数被调用时"自动"分配的，当局部变量所在的函数或复合语句被执行时，操作系统为该局部变量分配存储单元；当函数或复合语句执行结束时，该局部变量占用的存储单元将被收回。

例如：

```
void fun()
{     int i;
      …        }fun()函数中定义的变量 i 的作用域
}
int main()
{     int i;
      …        }main()函数中定义的变量 i 的作用域
}
```

在 fun()函数与 main()函数中都定义了一个整型变量 i，两个变量 i 虽然同名，但互不影响。其作用域均只在各自的函数内部。

再次强调，函数的形式参数是局部变量，只在函数体内有效，当调用结束时，形式参数消失。事实上，形式参数和局部变量唯一的区别是，在每次函数调用时形式参数会被实际参数初始化。

例如：

```
#include <stdio.h>
void fun(int a)
{     a++;
      printf("a=%d\n",a);
}
int main()
{
      int a=10,i;
      for (i=1;i<=3;i++)
            fun(a);
}
```

3 次循环调用 fun(a)的输出结果均是 a=11，表明 fun()函数的形参变量 a 每调用一次就进行一次内存的分配和回收。

【例 5.12】　分析各局部变量的作用域，写出下面程序的运行结果。

```
#include <stdio.h>
void fun(int a,int b);
int main()
{
      int a=1,b=2;
      fun(a,b);                           //（1）
       if (b>1)
      {     int a=5;                      //（2）
            printf("a=%d,b=%d\n",a,b);    //（3）
      }
      printf("a=%d,b=%d\n",a,b);
      return 0;
}
void fun(int a,int b)
{
      a=3;                                //（4）
      printf("a=%d,b=%d\n",a,b);          //（5）
      b=3;                                //（6）
}
```

程序的运行结果如下：

```
a=3,b=2
a=5,b=2
a=1,b=2
```

程序首先在（1）处调用 fun(a,b)，此时实参变量 a、b 为 main()函数中的局部变量，其值分别为 1 和 2，当程序转移到 fun()函数中执行时，fun()函数的形参变量 a、b 的初值为 1 和 2。在（4）处，fun()函数中的形参变量 a 被修改为 3，因此，（5）处输出结果为 a=3,b=2。

（6）处修改的只是 fun()函数中的形参变量 b，main()函数中的变量 b 并未被修改。当 fun()函数返回 main()函数时，进入 if(b>1)的复合语句，在复合语句内定义的变量 a 仅在该复合语句内有效（该变量屏蔽了 main()函数中定义的变量 a），因此（3）处的输出结果为 a=5,b=2。退出该复合语句后，复合语句中定义的变量 a 所占内存将被回收。

而 main()函数结束前的最后一条输出语句输出的结果显然是 a=1,b=2。

　C99 不要求在函数一开始就进行变量声明，所以局部变量的作用域可能非常小。

例如：

```
int main()
{   int a;
    a=10;
    printf("a=%d\n",a);
    int b=20;
    printf("a=%d,b=%d\n",a,b);
    return 0;
}
```
（右侧标注：b 的作用域 / a 的作用域）

5.7.2　全局变量

与局部变量相对应，在函数外部定义的变量称为**全局变量**或**外部变量**。

全局变量有以下不同于局部变量的性质。

（1）**静态存储期限**。在程序的整个执行期间，全局变量的内存空间一直存在。存储在外部变量中的值将永久保留下来。

（2）**文件作用域**。全局变量拥有文件作用域，即从变量被声明的地方开始一直到所在文件的末尾。因此，跟随在全局变量声明之后的所有函数都可以访问（并修改）它。

与局部变量不同的是，全局变量在分配内存空间时将被初始化为 0（字符型变量则初始化为 '\0'）。全局变量可以实现多个函数之间的数据传递。

【例 5.13】　对例 4.29 中的斐波那契数列求解问题进行扩展，要求统计递归函数被调用的次数。

【分析】　由于每次递归调用均会为每个函数分配新的内部变量，且这些内部变量在执行结束后将释放内存空间，因此无法用函数内部变量来计算函数本身被调用的次数。

```
long fib(int n)
{     int counter=0;
      counter++;
      if (n==0 || n==1 )
```

```
            return 1;
        else
            return fib(n-1)+fib(n-2);
}
```

上述代码试图用 counter 来记录 fib()函数被调用的次数。但实际上，每次调用 fib()函数时都会新分配 counter，其初始值为 0，各个函数中的 counter 彼此独立，无法实现计数功能。

利用外部变量的可共享性质，可以将 counter 定义为外部变量，在 fib()函数中进行一次计数操作。修改后的程序如下：

```
#include <stdio.h>
int counter=0;          //全局变量，用于统计递归调用次数
//函数 fib()，用递归法求斐波那契数列
long fib(int n)
{     counter++;
      if (n==0 || n==1 )
            return 1;
      else
            return fib(n-1)+fib(n-2);
}
int main()
{     long f;
      f=fib(4);
      printf("fib(4)=%ld\n",f);
      printf("counter=%d\n",counter);  //输出全局变量值
}
```

程序运行结果如下：

```
fib(4)=5
counter=9
```

这表明在求解 fib(4)时共调用了 9 次 fib()函数。斐波那契数列递归函数调用示意如图 5-16 所示。

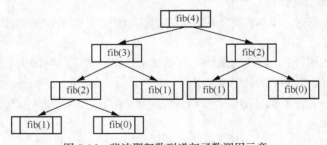

图 5-16   斐波那契数列递归函数调用示意

本例中 main()函数及所有 fib()函数进程共享了全局变量 counter。

显然，对于斐波那契数列问题，采用递归策略求解的算法效率是不高的，在程序运行的过程中存在大量的重复函数调用情况。

在一个程序中可以定义同名的局部变量与全局变量，在局部变量的作用域内，全局变量将自动被屏蔽。

虽然全局变量可方便地用于函数间传递信息，但过多地使用全局变量会破坏程序的结构，不利于数据保护。全局变量的使用使相关函数过分依赖它们，从而让这些函数的独立性降低，从模块化程序设计的观点来看是不利的。

程序设计初学者往往过于依赖外部变量来实现多函数间数据传递，而这种依赖外部变量的函数不是"独立的"，为了在另一个程序中使用该函数，必须带上此函数需要的外部变量，这导致很难在其他程序中复用这样的函数。

利用函数的返回值和指针参数可有效解决函数间数据双向传递的问题。有关指针内容将在第 7 章介绍。因此，在能不用全局变量的情况下应尽量不用。

5.7.3 变量的存储类型

变量的存储类型是指变量在计算机中的存储方式，它决定了变量的生存期。

C 语言中完整的变量声明格式为：

存储类型 数据类型 变量名;

C 程序变量的存储类型共有 4 种：auto 型（自动变量）、static 型（静态变量）、extern 型（外部变量）和 register 型（寄存器变量）。变量声明时默认的类型为 auto 型。

程序运行时，操作系统会分配一段内存空间（称为用户区）供用户程序使用。用户区通常分为图 5-17 所示的 4 部分。

| 运行栈 |
| 动态存储区 |
| 静态存储区 |
| 程序代码区 |

图 5-17　用户区

- 程序代码区，用于存储程序代码。

- 静态存储区，用于存放程序中定义的全局变量和静态局部变量，这些数据所占用的存储空间在程序编译期间分配好，并在整个程序运行期间保持有效。

- 动态存储区，这块存储区通过 C 语言的动态分配函数使用（将在第 7 章进行介绍）。

- 运行栈，用于存放程序运行过程中需要自动分配的 auto 型变量，如函数的形参、函数内部的默认类型（即 auto 型）局部变量以及用于管理函数调用与返回的断点等信息，这些数据在程序运行期间是自动分配和回收的。

当一个用户程序运行时，操作系统会根据其存储类型为其在指定的位置分配运行所需的存储空间。

1. auto 型

auto 型变量是 C 语言变量声明时默认的存储类型，即当变量声明未指定存储类型时，该变量为 auto 型，因此前面章节定义的局部变量均为 auto 型。即 auto int a;与 int a;是等价的。

操作系统会在运行栈为 auto 型变量自动分配内存空间，并在该变量所在语句块执行结束时自动释放内存空间。

2. static 型

静态变量需要在变量声明时用 static 关键字显式说明，语法格式如下：

static 数据类型 变量名;

可以根据需要定义静态全局变量与静态局部变量，通常情况下，静态全局变量较少使用。

static 型变量存储在内存空间的静态存储区中，在程序编译时由系统分配存储空间，若不对静态变量初始化，它将自动被初始化为 0，且仅被初始化一次。

　　静态局部变量在整个程序运行期间始终占用同一个存储空间。因此，静态局部变量的生存期与整个程序的运行期相同。在函数中定义的静态局部变量，当函数调用结束后，static 型变量的存储空间仍然保留。因此，静态局部变量与外部变量具有同样的生存期，但静态局部变量的作用域只在它所在的语句块内有效。

【例 5.14】　动态局部变量与静态局部变量对比示例。

```c
#include <stdio.h>
void fun()
{    int y=1;
     static int z=4;
     z++;
     printf("z=%d,",z);
     ++y;
     printf("y=%d\n",y);
}
int main()
{    int i;
     for (i=1; i<=3; i++)
          fun();
     return 0;
}
```

程序运行结果如下：

```
z=5,y=2
z=6,y=2
z=7,y=2
```

　　由此可见，静态局部变量 z 仅在编译时被初始化为 4，z 的值在每次函数调用结束后被保留下来，而 auto 型变量 y，则在每次函数调用中执行新的分配和回收，3 次的输出结果均为 2。

【例 5.15】　巧用静态局部变量计算并输出 1!～10!的值。

```c
#include <stdio.h>
double fact(int n)
{
     static double f=1;            //n!随着 n 的增长会迅速增加，因此将 f 定义为 double 型
     f=f*n;
     return f;
}
int main()
{
     int i;
     for (i=1;i<=10;i++)
     {
          printf("%d!=%.0f\n",i,fact(i));
     }
     return 0;
}
```

请读者运行该程序，观察程序运行结果。fact()函数中的静态局部变量 f 在每次调用后保留了本次阶乘的计算结果，在下次函数调用时可用此值迅速迭代出下一个阶乘值。

3. extern 型

全局变量的作用域从定义处开始，直到整个文件结束。在全局变量定义位置之前若需使用该全局变量，需要用 extern 关键字对全局变量进行声明。

例如，下面的程序中，fun2()函数与 main()函数可以直接访问 num，而 fun1()函数则需要在函数内用 extern 关键字对 num 变量进行声明，否则将导致编译错误。

```c
#include <stdio.h>
void fun1()
{
    extern int num;
    num=10;
}
int num;
void fun2()
{
    num++;
}
int main()
{   fun1();
    fun2();
    printf("num=%d\n",num);
    return 0;
}
```

此外，当一个程序包括多个文件时，若某文件中的函数需要引用另一个文件中定义的变量或函数，也可用 extern 关键字进行变量或函数声明。

4. register 型

C 语言允许用 register 关键字来显式指定变量的存储位置为 CPU 中的寄存器。其语法格式如下：

register 类型名 变量名;

但由于 CPU 中的通用寄存器个数有限，对于一些需要频繁访问的变量（如循环计数变量），才将其定义为 register 型（但仅限于数据类型为 int 型或 char 型的变量）。

目前，一些好的编译器能够在编译时自动将某些变量优化为寄存器变量，因此编程时一般不需要专门指定变量的存储类型为 register 型。

5.8 函数综合应用——趣味算术游戏

我们用一个趣味算术游戏程序作为本章的结束，以帮助读者巩固函数的设计与应用能力，使读者体会模块化程序设计的基本思想。

【例 5.16】 设计针对小学三年级学生的趣味算术游戏程序，要求如下。

（1）提供图 5-18 所示的菜单选项，接收用户的输入选项。

（2）游戏程序提供加法、减法、乘法、除法、系统设置和退出功能。其中系统设置又分为设置题量和设置答题机会。每套题默认的题量为 5 道，每题默认的答题次数为 3 次，若 3 次均未答对，则由系统给出正确答案。

（3）4 种运算中的运算数均要求由计算机随机产生，为符合小学三年级学生的能力水平，要求加（减）法中的加（减）数、被加（被减）数的取值范围为 1～100。若做减法还要求被减数大于减数；若做乘法，则要求乘数与被乘数的取值范围为 1～10；若做除法则要求除数能整除被除数，且除数与商的取值范围均要求为 1～9。

```
        小学生趣味算术游戏
      **********************
      [1]加法
      [2]减法
      [3]乘法
      [4]除法
      [5]设置题量
      [6]设置答题机会
      [0]退出
      **********************
      请输入选项[  ]
```

图 5-18　小学生趣味算术游戏菜单选项

（4）为增加趣味性，当学生答对一题时，系统能随机地给出"Good job!""Way to go!""Great!""Well done!"或"Perfect!"等赞扬语；当学生答错时，系统输出"Try again!"，并允许学生重新答题。

【分析】　由于本题涉及较多的程序功能，可采用自顶向下的方法，系统的模块设计图如图 5-19 所示。

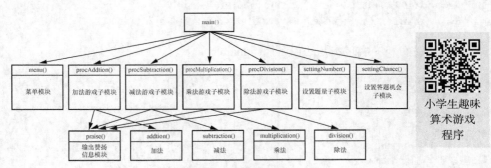

图 5-19　小学生趣味算术游戏模块设计图

各主要模块的功能如下。

- **菜单模块** menu()：该模块用于显示菜单信息，并将用户的输入选项返回给 main() 函数。

- **加法游戏子模块** procAddtion(int n, int chance)：循环产生 *n* 道加法题给用户练习，每道题最多允许用户答题 chance 次。

- **减法游戏子模块** procSubtraction(int n, int chance)：循环产生 *n* 道减法题给用户练习，每道题最多允许用户答题 chance 次。

- **乘法游戏子模块** procMultiplication(int n, int chance)：循环产生 *n* 道乘法题给用户练习，每道题最多允许用户答题 chance 次。

- **除法游戏子模块** procDivision(int n, int chance)：循环产生 *n* 道除法题给用户练习，每道题最多允许用户答题 chance 次。

- **输出赞扬信息模块** praise()：当用户答题正确时输出赞扬信息。

- **设置题量子模块** settingNumber()：设置每套题的题量。

- **设置答题机会子模块** settingChance()：设置每道题最多允许的答题机会。

由于涉及模块较多，本题在 CB 中建立 5_16 项目（项目名称为 5_16.cbp），在项目中建立 arithmetic.h 头文件，编写除主函数以外的所有函数模块。

另在 main.c 中编写 main()函数，在 main.c 中用#include "arithmetic.h"将 arithmetic.h 文件引用到程序中使用。

程序需要随机产生运算所需的操作数，stdlib.h 中提供了产生随机数的函数。

● rand()函数：返回 0～RAND_MAX 之间的一个随机数，其中 RAND_MAX 是 stdlib.h 中定义的一个整数，表达最大的随机数，其值与系统有关（在 CB 中该值是 32767）。

● srand()函数：通过向该函数传递不同的实参来设置 rand()函数使用的随机数种子，若随机数种子相同，每次运行时 rand()函数将产生相同的随机数。因此，该函数的常见用法是：

```
srand(time(NULL));    //NULL 为 stdio.h 中定义的符号常量，其值为 0
```

time()函数存在于 time.h 文件中，其中 time(NULL)返回国际标准时间公元 1970 年 1 月 1 日 00:00:00 以来经过的秒数，这样可以保证每次运行程序时向 srand()函数传递不同的参数，从而使每次调用 rand()函数时产生不同的随机数。

例如：

```
srand(time(NULL));
a=rand()%100+1;  //可产生 1～100 的随机数存入 a 中
c='A'+rand()%26;  //可产生'A'～'Z'的字符赋值给变量 c
```

综合上述分析，实现本题的程序代码 main.c 如下。

```
#include "arithmetic.h"
int main()
{       int select;                  //菜单选项值
        int number=5;                //每套题的题量
        int chance=3;                //每道题的答题机会
        int loop=1;
        while (loop)                 //利用循环实现菜单控制
        {
                select=menu();       //显示游戏程序菜单，输出用户选项
                switch (select)
                {
                    case 1:          //加法游戏
                            procAddtion(number,chance);
                            break;
                    case 2:          //减法游戏
                            procSubtraction(number,chance);
                            break;
                    case 3:          //乘法游戏
                            procMultiplication(number,chance);
                            break;
                    case 4:          //除法游戏
                            procDivision(number,chance);
                            break;
                    case 5:          //设置每套题的题量
                            number=settingNumber();
```

```
                                    break;
                case 6:                //设置每道题答题机会
                                chance=settingChance();
                                break;
                default:               //退出程序
                                printf("谢谢使用!\n");
                                loop=0;
            }
        }
        return 0;
}
```

arithmetic.h 的程序代码如下。

```
#include <stdio.h>
#include <stdlib.h>
#include <time.h>
void procAddtion(int n,int chance);              //加法游戏模块
void procSubtraction(int n ,int chance);         //减法游戏模块
void procMultiplication(int n, int chance);      //乘法游戏模块
void procDivision(int n, int chance);            //除法游戏模块
int addtion(int a,int b);                        //加法
int subtraction(int a,int b);                    //减法
int multiplication(int a,int b);                 //乘法
int division(int a,int b);                       //除法
int settingNumber();
int settingChance();
void praise();
void printBlank(int n);
/*
        @函数名称:menu
        @入口参数：无    出口参数：返回用户输入的选项
        @函数功能：在屏幕上输出菜单项，接收并返回用户输入的选项
*/
int menu()
{       int select;
        system("cls");         //清屏
        printBlank(34);
        printf("小学生趣味算术游戏\n");
        printBlank(30);
        printf("*********************\n");
        printBlank(30);
        printf("[1]加法\n");
        printBlank(30);
        printf("[2]减法\n");
        printBlank(30);
        printf("[3]乘法\n");
        printBlank(30);
        printf("[4]除法\n");
        printBlank(30);
        printf("[5]设置题量\n");
```

```
        printBlank(30);
        printf("[6]设置答题机会\n");
        printBlank(30);
        printf("[0]退出\n");
        printBlank(30);
        printf("********************\n");
        printBlank(30);
        printf("请输入选项[ ]\b\b\b");
        scanf("%d",&select);                        //用户输入选项
        return select;
}
/*
        @函数名称：procAddtion
        @入口参数：整型变量 n，整型变量 chance    出口参数：无
        @函数功能：加法游戏模块，产生 n 道加法题供用户解答，每道题提供 chance 次答题机会
*/
void procAddtion(int n,int chance)
{       int a,b,sum,c,i;
        int ansCounter=0;                           //学生答题次数计数器
        int flag;
        srand(time(NULL));
        for (i=1;i<=n;i++)
        {       ansCounter=0;
                flag=0;
                a=rand()%100+1;                     //随机产生被加数与加数
                b=rand()%100+1;
                c=addtion(a,b);                     //计算正确答案
                while (ansCounter<chance && flag==0) //每道题最多可答 chance 次
                {
                        printf("(%d) %d+%d=",i,a,b);
                        scanf("%d",&sum);
                        ansCounter++;               //答题次数计数
                        if (sum==c)
                                {   praise();       //输出赞扬信息
                                    flag=1;
                                    break;
                                }
                        else
                                if (ansCounter<chance)
                                        printf("Try again!\n");
                }
                if (flag==0)                        //未答对，输出正确答案
                        {
                                printf("Correct Answer is:(%d) %d+%d=%d\n",i,a,b,c);
                                system("pause");
                        }
        }
        system("pause");                            //暂停，等待用户按任意键继续
}
/*
        @函数名称：procSubtraction
        @入口参数：整型变量 n，整型变量 chance    出口参数：无
```

```
        @函数功能: 减法游戏模块, 产生 n 道减法题供用户解答, 每道题提供 chance 次答题机会
*/
void procSubtraction(int n ,int chance)
{     int a,b,s,c,i;
      int ansCounter=0;                              //学生答题次数计数器
      int flag;
      srand(time(NULL));
      for (i=1;i<=n;i++)
      {     ansCounter=0;
            flag=0;
            a=rand()%100+1;
            b=rand()%100+1;
            if (a<b)                                 //让被减数大于减数
            {     c=a;
                  a=b;
                  b=c;
            }
            c=subtraction(a,b);                      //计算正确答案
            while (ansCounter<chance && flag==0)     //每道题最多可答 chance 次
            {
                  printf("(%d) %d-%d=",i,a,b);
                  scanf("%d",&s);
                  ansCounter++;
                  if (s==c)
                        {     praise();              //输出赞扬信息
                              flag=1;
                              break;
                        }
                  else
                        if (ansCounter<chance)
                              printf("Try again!\n");
            }
            if (flag==0)                             //未答对, 输出正确答案
                  {     printf("Correct Answer is:(%d) %d-%d=%d\n",i,a,b,c);
                        system("pause");
                  }
      }
      system("pause");
}
/*
      @函数名称: procMultiplication
      @入口参数: 整型变量 n, 整型变量 chance    出口参数: 无
      @函数功能: 乘法游戏模块, 产生 n 道乘法题供用户解答, 每道题提供 chance 次答题机会
*/
void procMultiplication(int n, int chance)
{

}
/*
      @函数名称: procDivision
      @入口参数: 整型变量 n, 整型变量 chance    出口参数: 无
      @函数功能: 除法游戏模块, 产生 n 道除法题供用户解答, 每道题提供 chance 次答题机会
*/
```

```
void procDivision(int n, int chance)
{

}
/*
        @函数名称：addtion
        @入口参数：整型变量 a, 整型变量 b    出口参数：a 与 b 的和
        @函数功能：计算两个数的和
*/
int addtion(int a,int b)
{
        return a+b;
}
/*
        @函数名称：subtraction
        @入口参数：整型变量 a, 整型变量 b    出口参数：a 与 b 的差
        @函数功能：计算两个数的差
*/
int subtraction(int a,int b)
{
        return a-b;
}
/*
        @函数名称：multiplication
        @入口参数：整型变量 a, 整型变量 b    出口参数：a 与 b 的积
        @函数功能：计算两个数的积
*/
int multiplication(int a,int b)
{
        return a*b;
}
/*
        @函数名称：division
        @入口参数：整型变量 a, 整型变量 b    出口参数：a 与 b 的商
        @函数功能：计算两个数的商
*/
int division(int a,int b)
{
        return a/b;
}
/*
        @函数名称：settingNumber
        @入口参数：无    出口参数：返回用户的答题数量
        @函数功能：设置每次用户的答题数量
*/
int settingNumber()
{    int number;
     printf("Please enter the number you want to answer (default is 5):");
     scanf("%d",&number);
     return number;
}
```

```
/*
        @函数名称：settingChance
        @入口参数：无      出口参数：返回用户每道题的答题机会
        @函数功能：设置每道题的答题机会
*/
int settingChance()
{    int counter;
     printf("Please enter the Chance for each question (default is 3):");
     scanf("%d",&counter);
     return counter;
}
/*
        @函数名称：praise
        @入口参数：无    出口参数：无
        @函数功能：随机输出赞扬信息
*/
void praise()
{    int k;
     srand(time(NULL));
     k=rand()%5+1;
     switch(k)
     {
            case 1: printf("Good job!\n");
                       break;
            case 2: printf("Well done!\n");
                       break;
            case 3: printf("Way to go!\n");
                       break;
            case 4: printf("Perfect!\n");
                       break;
            case 5: printf("Great!\n");
     }
}
/*
        @函数名称：printBlank
        @入口参数：整型变量 n   出口参数：无
        @函数功能：在屏幕上输出 n 个空格
*/
void printBlank(int n)
{    int i;
     for (i=1;i<=n;i++)      putchar(' ');
}
```

　　本程序可以直接运行，读者可以在运行程序的基础上理解程序中各函数的功能，掌握利用条件循环和计数循环来实现菜单控制和答题次数控制的方法。

　　程序中的乘法和除法功能留待读者完善，相关工作留作课后练习。

　　当然，本程序的许多功能还可以进一步完善，读者可以充分发挥自己的想象力与聪明才智，进一步扩展程序功能。

本章小结

通过本章学习应达到以下要求。

（1）了解 C 语言函数的分类。

（2）掌握无参函数、有参函数、无返回值函数、有返回值函数的定义与调用方法。

（3）了解函数声明的方法。

（4）理解函数参数的传递方式。

（5）理解函数嵌套调用的方法。

（6）初步掌握模块化程序设计的基本思想，并能应用自顶向下的方法进行问题求解。

（7）掌握递归程序执行过程的分析方法。

（8）熟练应用递归算法求解递归问题。

练 习 五

1. 写出下列程序的运行结果。

```c
#include <stdio.h>
int fn(int x,int c)
{
     int b;
     if (x<c) b=1; else if (x==c) b=0; else b=-1;
     return b;
}
int main()
{
     int a=3,b=3,y;
     y=fn(a,b++);
     printf("%d",y);
}
```

2. 请将下面的 printTable()函数补充完整，使程序执行时输出如下所示的九九乘法表。

```
1*1=1
2*1=2    2*2=4
3*1=3    3*2=6    3*3=9
4*1=4    4*2=8    4*3=12   4*4=16
5*1=5    5*2=10   5*3=15   5*4=20   5*5=25
6*1=6    6*2=12   6*3=18   6*4=24   6*5=30   6*6=36
7*1=7    7*2=14   7*3=21   7*4=28   7*5=35   7*6=42   7*7=49
8*1=8    8*2=16   8*3=24   8*4=32   8*5=40   8*6=48   8*7=56   8*8=64
9*1=9    9*2=18   9*3=27   9*4=36   9*5=45   9*6=54   9*7=63   9*8=72   9*9=81
```

```c
#include <stdio.h>
void printTable()
{
```

```
}
int main()
{    printTable();
     return 0;
}
```

3.　若有函数定义：

```
int fun(int x,float y)
{    int z;
     z=x+(int)y;
     return z;
}
```

则下列选项中，不正确的函数调用语句是（　　　　）。

    A.　z=fun(10,2.3);   B.　printf("%d",fun(10.2,2));

    C.　z=fun('A',2);   D.　z=fun('A');

4.　写出下面程序的运行结果。

```
#include <stdio.h>
void swap( int a, int b)
{    int temp;
     temp=a;
     a=b;
     b=temp;
}
int main()
{    int a=10,b=20;
     printf("a=%d,b=%d\n",a,b);
     swap(a,b);
     printf("a=%d,b=%d\n",a,b);
     return 0;
}
```

5.　写出下面程序的运行结果。

```
#include<stdio.h>
int f1(int x,int y)
{
     return x>y?x:y;
}
int f2(int x,int y,int z)
{
     return f1(x,y)>f1(y,z)?f1(x,y):f1(y,z);
}
int main()
{
     int x=10,y=26,z=18;
     printf("%d",f2(x,y,z));
}
```

6. 以下程序的功能是选出能被 3 整除且至少有一位是 5 的两位数，输出所有这样的数及个数。请在横线上填上适当的表达式。

```c
#include <stdio.h>
int sub(int k,int n)
{
    int a1,a2;
    ____(1)____;
    ____(2)____;
    if ((k%3==0 && a2==5) || (k%3==0 && a1==5))
    {
        printf(" %d ",k);
        n++;
        return n;
    }
    else return -1;
}
int main()
{
    int n=0,k,m;
    for (k=10;k<=99;k++)
    {
        m=sub(k,n);
        if (m!=-1) n=m;
    }
    printf("n=%d\n",n);
}
```

7. 分析下面递归函数的功能。运行时输入 100，程序的运行结果是什么？

```c
#include <stdio.h>
int sum(int n)
{   if (n==0)   return n;
    else          return n+sum(n-1);
}
int main()
{   int s,n;
    printf("Please input an number:");
    scanf("%d",&n);
    s=sum(n);
    printf("s=%d\n",s);
    return 0;
}
```

8. 写出下面程序的运行结果。

```c
#include <stdio.h>
int fun(int n)
{   int s;
    if(n<=2)   s=2;
    else          s=n+fun(n-1);
```

```
        printf("%d\t", s);
        return s;
}
int main( )
{    int k;
     k=fun(5);
     printf("\nk=%d",k);
     return 0;
}
```

9. 写出下面程序运行时，输入 12 的程序输出结果，并说明 bin()函数的功能是什么。

```
#include <stdio.h>
void bin(int x)
{     if (x/2 > 0)
           bin(x/2);
      printf("%d", x%2);
}
int main()
{     int n;
      printf("Please Enter a number:");
      scanf("%d",&n);
      bin(n);
      return 0;
}
```

10. 写出下面程序的运行结果。

```
#include <stdio.h>
void convert(int n)
{     int k;
      putchar(n%10+'0');
      if ((k=n/10)!=0)
            convert(k);
}
int main()
{     int n=1234;
      convert(n);
      return 0;
}
```

11. 写出下面程序的运行结果。

```
#include <stdio.h>
void fun()
{   static int m=1;
    m*=2;
    printf("%4d",m);
}
```

```
int main()
{
    int k;
    for(k=1;k<=4;k++)
            fun();
    return 0;
}
```

12. 写出下面程序的运行结果。

```
#include <stdio.h>
int z=5;
void f()
{    static int x=2;
     int y=5;
     x=x+2;
     z=z+5;
     y=y+z;
     printf("%5d%5d\n", x, z);
}
int main()
{    static int x=10;
     int y;
     y=z;
     printf("%5d%5d\n", x, z);
     f();
     printf("%5d%5d\n", x, z);
     f();
     return 0;
}
```

13. 写出下面程序的运行结果。

```
#include <stdio.h>
int a1=300,a2=400;
void fun(int x,int y)
     {  a1=x;      x=y;      y=a1;    }
int main()
{    int a3=100,a4=200;
     fun(a3,a4);
     fun(a1,a2);
     printf("%d,%d,%d,%d\n",a1,a2,a3,a4);
     return 0;
}
```

实　验　五

1. 编写一个函数 int sum(int n)，求 1+2+3+…+n 的和并将其作为函数的返回结果；编写 main()
函数进行测试。

2. 设计函数 bool isSxh(int n)判断整数 n 是否是水仙花数，若是则返回 true，否则返回 false。编写 main()函数输出所有的水仙花数。

3. 利用公式 $\sin(x)=x-\dfrac{x^3}{3!}+\dfrac{x^5}{5!}-\dfrac{x^7}{7!}+\dfrac{x^9}{9!}-\cdots$ 设计函数 double sin(double x)计算 $\sin(x)$ 的值（精度要求为最后一项的绝对值小于 10^{-6}），并编写 main()函数进行测试。

提示：此处 x 为弧度，范围为 $0\sim2\pi$，若输入角度，应转换为相应的弧度。

4. 利用公式 $C_m^n=\dfrac{m!}{n!(m-n)!}$，设计相关函数，求在 m 个元素中取 n 个的组合数，并编写 main()函数进行测试。

5. 分别设计非递归与递归函数 void print(int n)，在屏幕上按以下规律输出由 n 行*组成的三角形（此处 n 为 6），并编写 main()函数进行测试。

6. 假如楼梯有 n 级台阶，规定每步可以跨 1 级台阶或者 2 级台阶，请问走完这 n 级台阶共有多少种走法？试采用递归程序进行求解。

7. 请将例 5.16 中的 procDivision()函数和 procMultiplication()函数补充完整，使其满足该模块的功能需求。

8. 改进例 5.16 中程序，使程序具有计分功能，当学生完成答题后，按百分制显示学生得分情况。

第6章
数组及其应用

在现实生活中，许多要利用计算机来集中进行存储和处理的数据通常具有较大的规模，如学生高考的成绩、银行的客户信息、电子商务平台的商品信息等。C 语言提供了数组和结构体两种构造数据类型（又称复合数据类型）来表示这类复杂对象。其中数组用于存储具有相同数据类型的数据集合，而结构体用于描述具有多种属性的复杂对象。本章介绍一维数组和多维数组的定义与使用方法，并介绍基于数组的查找、插入、删除、排序等常用算法，在此基础上介绍字符串及其应用。

通过本章的学习，读者应达成如下学习目标。

知识目标：掌握一维数组、二维数组（多维数组）的定义与引用方法；理解数组作为函数参数的使用方法；掌握字符串及常用的字符串函数的使用方法。

能力目标：掌握基于数组的数据插入、删除、查找、排序等常用数据处理方法，并能综合应用这些方法进行问题求解。

素质目标：具备把具体问题转换为合适的数据进行存储，并设计合理、高效的算法进行信息处理的能力；培养创新思维和精益求精的科研精神。

6.1 一 维 数 组

6.1.1 一维数组的定义与引用

1. 一维数组的定义

数组是含有多个具有相同数据类型的数据的有序集合，数组中的数据值称为数组元素。这些数据在内存中占用连续的存储空间，这里的有序是指所有元素依次存放在内存空间中相邻的一组线性空间中，除了第一个和最后一个外，每一个元素有且只有一个前驱和一个后继，可以用一个数字序号（下标）来表示某元素在数组中的位置。

定义一维数组的一般语法格式为：

> 数据类型 数组名[数组大小]；

ANSI 规定，数据类型可以是基本数据类型或构造数据类型，数组大小可以用任何（整型）常量表达式指定。

例如，int a[5];定义了一个包含 5 个元素的一维数组 a，分别用 a[0]~a[4]表示。这 5 个元素占用连续的存储单元，用 sizeof(a)可以获得数组 a 占用的字节总数。在 VC 和 CB 中，每个 int 型变量占 4 个字节，若该数组从地址为 F000 的内存空间开始存放，则其存储结构示意如图 6-1 所示。

C 语言规定，用数组元素所占字节的最小地址作为该元素的地址，本例中 a[0]占用 F000～F003 这 4 个字节，因此 a[0]的地址为 F000，同理 a[1]的地址为 F004。

实际编程时通常定义常量来表示数组大小，例如：

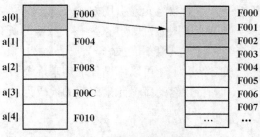

图 6-1　数组存储结构示意

```
#define N 100
int a[N];
```

数组一旦定义，在程序执行期间其位置和大小都不能再发生变化。

因此，编程时应根据需要处理的数据规模来定义合适的数组大小。例如，一个年级共有 5 个班级，每个班级的人数为 30～60 人不等，如果需要分别对每个班级学生的成绩进行排序，则程序中定义的用于存储分数的数组，其大小应按班级的最多人数来确定。

在编程时要分清楚数组的物理大小和存储在数组中的有效数据元素的实际个数的区别，就如同一个容量为 100 人的教室，实际上在该教室上课的人数可能小于 100 人。

 C99 中，可以使用非常量表达式来定义变长数组，例如：

```
int n;
printf("请输入需要的数组大小: ");
scanf("%d",&n);
int a[n];                //定义大小为 n 的变长数组
```

数组 a 是一个变长数组，变长数组的大小是在程序执行时计算的，而不是在编译时计算的。考虑到与一些读者编译器版本的兼容性，本章的例题程序仍采用定长数组。

2. 一维数组的引用

C 语言采用 "**数组名[下标]**" 的方式来引用每个数组元素，对长度为 *N* 的数组元素，其下标范围是 0～*N*−1。

C 语言的数组名记录了数组在内存空间中的起始地址，因此数组名为一个常量，即 a==&a[0]。

由于数组在内存空间中是连续存放的，且数组元素的数据类型是相同的，每个元素占用相同的字节个数，因此可以通过数组起始地址和数组元素的序号来确定每个数组元素在内存空间中的物理地址。

&a[i]可等价地表示为 a+i，操作系统是通过计算 a+i 得到 a[i]的地址来访问 a[i]的。

下标可以是常量或变量或整型表达式，但要保证在有效的数组下标范围内。

例如：

```
#define N 10
int a[N],i=0;
a[2+3]=6;        //为 a[5]赋值 6
a[i++]=10;        //为 a[0]赋值 10 后，i 自增 1
```

等都是合法的数组元素引用方式。

但不能试图通过 a=0;来为整个数组的所有元素赋值 0，因为数组名仅表示数组的起始地址，是一个常量，其值不能被修改。

通常情况下，可以用循环语句来逐个访问数组的所有元素，举例如下。

（1）将数组的每个元素清零的代码为：

```
for (i=0; i<N; i++)
    a[i]=0;
```

（2）从键盘输入每个数组元素值的代码为：

```
for (i=0; i<N; i++)
    scanf("%d",&a[i]);        //或写成 scanf("%d", a+i);
```

（3）求数组所有元素的和的代码为：

```
sum=0;
for (i=0; i<N; i++)
    sum=sum+a[i];
```

（4）从后向前依次输出数组元素的代码为：

```
for(i=N-1; i>=0; i--)
    printf("%5d",a[i]);
```

【例 6.1】 编写程序，输入 10 个学生的考试分数，求学生的平均分和超过平均分的学生人数。

【分析】 可以定义大小为 10 的数组来存放学生的分数，计算学生的平均分，再通过循环结构统计成绩超过平均分的学生人数。

```
#include <stdio.h>
#define N 10
int main()
{
    double a[N],sum=0,ave;
    int i,counter=0;
    printf("请输入%d 个学生分数:\n",N);
    for (i=0;i<N;i++)                    //输入分数
        scanf("%lf", &a[i]);
    for (i=0;i<N;i++)                    //求和
        sum+=a[i];
    ave=sum/N;                          //求平均分
    printf("平均分为: %.2f\n",ave);
    for (i=0;i<N;i++)                    //统计超过平均分的学生人数
        if (a[i]>ave)
            counter++;
    printf("超过平均分的学生人数为: %d 人\n",counter);
    return 0;
}
```

程序运行结果如下：

请输入 10 个学生分数:
98 78 67 90 87 76 87 56 88 45↙
平均分为: 77.20
超过平均分的学生人数为: 6 人

注意　编译程序不会检查数组下标的范围。当下标超出范围时,根据数组名和下标计算出的地址将超出分配给数组的有效空间,访问该存储单元可能导致程序出现严重的错误。若该存储单元正好是分配给某程序变量的内存空间,则可能因修改该变量的值而导致该程序出现逻辑错误;若该内存空间正好为操作系统管理的系统区空间,则可能因非法访问系统内存空间而导致操作系统强行中断该程序的执行。

例如,对于变量定义:

```
int a[10],i;
```

在某编译系统中,可能为上述变量声明恰好分配图 6-2 所示的内存空间(变量 i 的位置正好在 a[9] 的后面,为便于描述,假设 a[0] 的地址为 F000)。

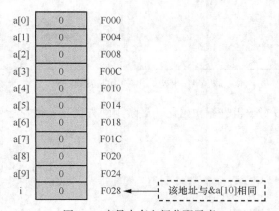

图 6-2　变量内存空间分配示意

数组的定义
与使用

下面看似正确的给数组 a 赋值的代码将出现死循环。

```
for( i=0; i<=10; i++)
    a[i]=0;
```

当 i 等于 10 时,程序将数值 0 存储在 a[10]中,而 a[10]恰好与变量 i 占用相同的存储单元。这样变量 i 将被重置为 0,从而导致死循环。

此外,误将 scanf("%d",&a[i]);写成 scanf("%d", a[i]);是初学者易犯的错误之一。程序运行时会以 a[i]的值(该值是不确定的)作为地址,将输入的数据存入该地址对应的存储单元,而非 a[i]中。由于程序没有对该存储单元的访问权限,因此操作系统将强行中断程序的运行,出现图 6-3 所示的因非法访问内存空间而导致程序被强行中断。

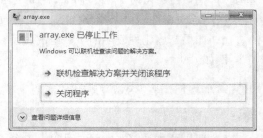

图 6-3　非法访问内存空间导致程序被强行中断

6.1.2　一维数组的初始化

未指定存储类型的数组默认为 auto 型数组，与普通的 auto 型变量一样，分配给数组的内存里的数据是不确定的。

我们可以通过单步执行功能来观察未初始化数组的初值状态，如图 6-4 所示。刚分配空间的数组 a 中的内容是不确定的。

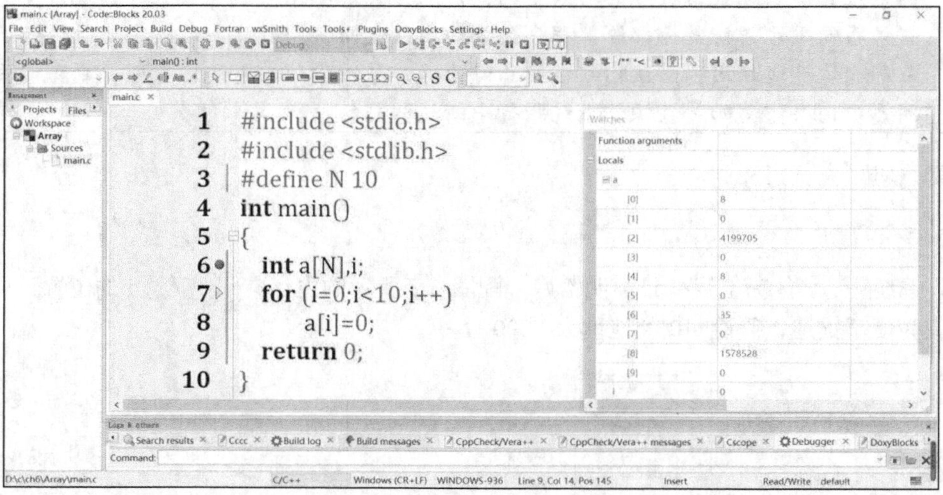

图 6-4　未初始化数组的初值状态

在定义数组时，可以对数组进行初始化。最常用的方式是：用花括号括起来的常量表达式列表对数组进行初始化。

例如：

```c
int a[10]={1,2,3,4,5,6,7,8,9,10};
```

将 a[0]～a[9]依次初始化为 1～10。

- 如果初始化列表小于数组大小，那么数组中剩余的元素将全部被初始化为 0。

例如：

```c
int a[10]={1,2,3,4,5};
```

将 a[0]～a[4]初始化为 1～5，而 a[5]～a[9]均被初始化为 0。

利用这一特性，可以用 int a[N]={};的方式将 N 个数组元素全部初始化为 0。

- 如果初始化列表超出了数组的大小，则将产生编译错误。

例如：

```c
int a[3]={1,2,3,4};
```

将产生编译错误。

- 如果在定义数组时进行初始化且省略数组大小，则编译器将根据初始化列表的元素个数自动确定数组大小。

例如：

```
int a[]={2,4,6,8,10};
```

编译器能根据初始化列表自动确定数组 a 的大小为 5。

 C99 允许采用指定初始化式的方法对数组进行初始化。

指定初始化式可用于当数组中只有较少的元素需要进行显式初始化，而其他元素可为默认值的情况。例如：

```
int a[20]={0,0,0,10,0,0,0,0,0,0,0,20,0,0,0,0,30,0,0,0};
```

数组 a 中只有 a[3]、a[11] 和 a[16] 这 3 个元素需要分别初始化为 10、20 和 30，其他元素均为默认值 0。使用上述方式不仅书写麻烦而且容易出错。C99 提供的指定初始化式可以方便地解决这一情况。

与上面数组声明等价的形式为：

```
int a[20]={[3]=10,[11]=20,[16]=30};
```

如果数组大小为 n，则指示符范围必须为 0～n-1。如果数组大小是省略的，则指示符可以是任意非负整数，此时，编译器将根据最大的指示符来确定数组的长度。例如：

```
int a[]={[2]=1,[30]=10,[8]=5,[12]=4};
```

编译器将根据最大的指示符 30 确定数组大小为 30。

当然，初始化列表中可以同时使用逐个元素初始化和指定初始化式。例如：

```
int a[10]={1,2,3,[5]=4,6,7,[9]=30};
```

这个初始化式指定数组的前 3 个元素值为 1、2 和 3，a[3]、a[4] 和 a[8] 均为 0，a[5] 为 4，a[6]、a[7] 分别为 6 和 7，a[9] 为 30。

【例 6.2】 利用数组求斐波那契数列前 20 项的值。斐波那契数列定义如下：

$$\begin{cases} f(0) = 1, & n = 0, \\ f(1) = 1, & n = 1, \\ f(n) = f(n-1) + f(n-2), & n \geqslant 2. \end{cases}$$

【分析】 在前面的章节我们已采用迭代法和递归法编写过斐波那契数列求解问题的程序。应用数组可以保留数列的每一项值，定义数组时可以先将前两项初始化为 1，其他项通过迭代计算产生。

程序如下：

```
#include<stdio.h>
#define N 20
int main()
{
    long long int fib[N]={1,1};
    int i;
    for (i=2;i<N;i++)
        fib[i]=fib[i-1]+fib[i-2];
```

```
        for (i=0;i<N;i++)
            {
                if (i%10==0) printf("\n");       //每行输出 10 个元素
                printf("%8ld",fib[i]);
            }
        return 0;
}
```

6.2　向函数传递一维数组

1. 数组元素作为函数参数

我们知道，普通变量作为函数实参向形参的数据传递为单向值传递，在函数中修改形参变量的值不影响实参变量。

当函数的形参数据类型与数组元素的数据类型相同时，数组元素与普通变量一样，可以作为函数实参，且由实参到形参的数据传递也是单向值传递。

【例 6.3】　数组元素作为函数实参示例。

```
#include <stdio.h>
#define N 5
void swap(int x,int y)
{       int temp;
        temp=x;                          //交换两个形参的值
        x=y;
        y=temp;
}
int main()
{       int a[N]={1,2};
        printf("%d\t%d\n",a[0],a[1]);
        swap(a[0],a[1]);                 //数组元素作为函数实参
        printf("%d\t%d\n",a[0],a[1]);
        return 0;
}
```

程序运行结果如下：

```
1       2
1       2
```

由此可见，当数组元素作为函数的实参时，数组元素的值会自动初始化形参，如图 6-5（a）所示。当函数中的形参被修改时，数组元素的值不会受到影响，如图 6-5（b）所示。

2. 数组名作为函数实参

在实际的应用中，常需要用函数来对整个数组进行处理，并且希望函数能够对实参数组元素实施修改操作。

C 语言提供了数组形参，可以方便地接收数组名作为函数参数。此时，常见的函数首部格式定义如下：

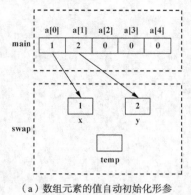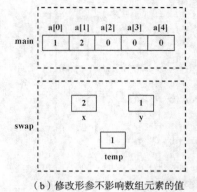

（a）数组元素的值自动初始化形参　　　（b）修改形参不影响数组元素的值

图 6-5　数组元素作为函数实参

```
函数类型 函数名(数据类型 数组名[],  int n);
```

或

```
函数类型 函数名 (数据类型 数组名[数组大小]);
```

我们推荐使用第一种格式，函数中的第一个形参为数组名[]，它代表此处可以接收同类型的数组名作为实参，而不论实参数组大小是多少；第二个形参通常为一个整型变量，用来接收需要处理的实参数组的元素个数。采用第一种格式有利于设计出更通用的数组处理函数。

若采用第二种格式设计函数，在实现函数体时只能默认实参数组与形参数组大小相同，这将局限函数可处理的数组。

例如：

```
void fun1(int a[],int n)
{    int i;
     for (i=0;i<n;i++)
            …             //可访问长度为 n 的数组元素，n 可由参数传入
}
void fun2(int a[10])
{    int i;
     for (i=0;i<10;i++)
            …             //对数组元素 a[0]～a[9]进行访问
}
```

fun1()函数可访问的数组元素为 a[0]～a[n-1]，n 可接收主调函数的实参，具有较大的灵活性；虽然 fun2()函数也能接收长度任意的整型数组名作为函数实参，但它只能访问数组的前 10 个元素，灵活性较差。

【例 6.4】　数组名作为函数参数的示例。

```
#include <stdio.h>
#define M 5
#define N 10
void fun(int a[],int n)
{
    int i;
    for (i=0;i<n;i++)
            a[i]=i+1;
}
```

```
                    a[i]=i+1;
}
int main()
{
     int a[M]={0},b[N]={0},i;
     fun(a,M);              //数组名作为函数参数
     fun(b,N-2);
     for (i=0;i<M;i++)
         printf("%4d",a[i]);
     printf("\n");
     for (i=0;i<N;i++)
         printf("%4d",b[i]);
     return 0;
}
```

程序运行结果如下：

数组名作为
函数参数

```
1   2   3   4   5
1   2   3   4   5   6   7   8   0   0
```

main()函数中定义的数组 a 和数组 b 均被初始化为 0，调用 fun(a,M)和 fun(b,N-2)后，a[0]～a[4]依次被修改为 1～4，而 b[0]～b[7]被修改为 1～8，b[8]与 b[9]保持不变。

可见，当用数组名作为函数参数时，函数中对形参数组的操作影响了实参数组。我们来分析上述现象产生的原因。

由于数组是具有相同数据类型的数据的集合，显然，若将整个数组复制一份到函数中再进行处理是不明智的，这样做不仅会耗费 CPU 宝贵的时间，同时将占用不小的内存空间。

因此，用数组名作为函数实参并非将整个数组复制一份到形参数组。实际上，此处的形参数组并非真正的数组，而是一个特殊的变量——指针变量（该变量可用于存储内存地址，详细内容将在第 7 章进行介绍）。如前所述，数组名代表的是数组在内存空间的起始地址，因此，当用数组名作为函数的实参时，实际上是将主调函数中该数组的起始地址传递给函数的形参，这样形参数组与实参数组实际上占用内存空间的同一位置。因此，函数中对形参数组的访问和修改，实际上就是对实参数组的访问和修改。数组名作为函数实参如图 6-6 所示。

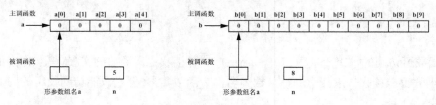

（a）数组名作为函数实参向形参传递数组首地址

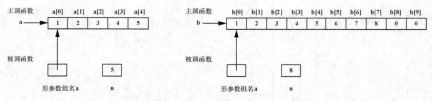

（b）函数对形参数组的访问实为访问实参数组

图 6-6　数组名作为函数实参

3. 定义数组输入、输出头文件

在编写基于数组的算法程序时，要用到数组的输入输出函数。而这些输入输出函数可被基于同类型数组的程序复用。为了提高程序编写效率，同时减少输入测试数据花费的时间，我们可以设计数组的输入、输出和用随机数初始化数组的函数，存放在专门的头文件中，供程序调用。

例如，我们可以设计以下 3 个函数，并将其存放于 Array.h 头文件中。

```
#include <stdio.h>
#include <stdlib.h>
#include <time.h>
/*  @作者: jaq
    @函数名称: input           入口参数: int a[],int n
    @函数功能: 输入数组的前 n 个元素
*/
void input(int a[],int n)
{
    int i;
    printf("请输入%d 个整数(整数间用空格分隔): \n",n);
    for (i=0;i<n;i++)
            scanf("%d", a+i );
}
/*  @作者: jaq
    @函数名称: print         入口参数: int a[],int n
    @函数功能: 输出数组的前 n 个元素，每行输出 10 个数
*/
void print(int a[],int n)
{   int i;
    printf("\n 数组的内容是: \n");
    for (i=0;i<n;i++)
      {  if (i%10==0) printf("\n");
         printf("%6d",a[i]);
      }
    printf("\n");
}
/*  @作者: jaq
    @函数名称: init()          入口参数: int a[],int n
    @函数功能: 将数组的前 n 个元素用随机数初始化
*/
void init(int a[],int n)
{    int i;
     srand(time(0));
     for (i=0;i<n;i++)
            a[i]=rand()%1000+1; //将 1～1000 的数赋值给数组元素
}
```

在编写数组程序时，可以用 #include "Array.h"指令将 3 个函数引用到程序中使用。

例如:

```
#include "Array.h"
#define N 10
int main()
{    int a[N];
     input(a,N);
```

```
        print(a,N);
        return 0;
}
```

本章大部分一维数组的程序将基于该头文件来设计。

6.3 基于数组的常用算法及其应用

数组是被广泛使用的一种线性存储结构，应用于各种软件中。本节通过一些具体的应用问题来介绍基于一维数组的常用算法及其在问题求解中的应用。

6.3.1 顺序查找

查找是数组应用中最为频繁的操作。例如，在手机通信录输入搜索条件，通信录程序根据搜索条件进行查找，查找成功时显示联系人的联系方式；若查找失败，则给出查无此人的反馈结果。上述过程分为输入、查找和显示3部分工作，可分别设计3个模块来完成。

此处，我们可以编写基于数组的查找程序来模拟手机通信录的联系人检索问题。顺序查找是最为简单的一种查找算法。所谓顺序查找，就是指从前向后或从后向前依次将数组元素与待查找的数据进行比较。若在查找的过程中，遇到满足条件的元素，则返回其在数组中的位置；若查找结束，仍未查找到满足条件的数据，则返回查找失败的信息给主调函数。手机通信录的顺序查找算法如图6-7所示。

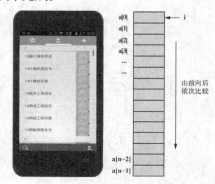

图 6-7 手机通信录的顺序查找算法

【例 6.5】 编写一个函数 int seqSearch(int a[], int n, int key)，在数组中查找值为 key 的数组元素，若查找成功，则返回其在数组中的下标，否则返回查找失败的信息。

【分析】 由于数组在内存中的下标为 $0 \sim n-1$，因此，当查找失败时可以用-1 作为函数的返回值。据此，可以写出基于数组的顺序查找算法。

```
#include "Array.h"
#define N 100
/*   @作者: jaq
     @函数名称: seqSearch       入口参数: int a[],int n,int key
     @函数功能: 采用顺序查找法在a[0]~a[n-1]中查找值为 key 的数据
     @出口参数: 查找成功返回下标, 查找失败返回-1
*/
int seqSearch(int a[],int n,int key)
{    int i=0;
     while (i<n && a[i]!=key)       //由前向后依次查找
         i++;
     if (i<n)     return i;
         else          return -1;
}
int main()
{    int a[N],x,pos;
     init(a,N);                      //构造测试数组
     print(a,N);
```

顺序查找算法

```
        printf("请输入要查找的数:\n");
        scanf("%d",&x);
        pos=seqSearch(a,N,x);        //在数组 a 中顺序查找值为 x 的元素
        if (pos!=-1)
                printf("a[%d]=%d\n",pos,a[pos]);
        else
                printf("查找失败!");
        return 0;
}
```

 若要从后向前进行顺序查找，该如何修改 seqSearch()函数？

6.3.2　数据删除

在实际的应用系统中，经常需要用删除操作来删除某些元素，如在通信录中删除一个联系人记录、在邮件系统中删除一封电子邮件等。我们可以用一维数组的删除操作来模拟上述过程。

【例 6.6】　编写一个函数 int delData(int a[], int n, int pos)，在数组中删除 a[pos]的元素值。

【分析】　为了保证数据在数组中存储的连续性，删除 pos 位置的元素后，其后续元素应该依次向前移动一个位置，并且函数应返回删除之后数组中实际元素的个数（当删除成功时返回 n-1，否则返回 n）。图 6-8 展示了在数组中删除 a[5]的过程，①～④表示元素移动的顺序。

根据上述思想，可以写出实现删除操作的程序如下。

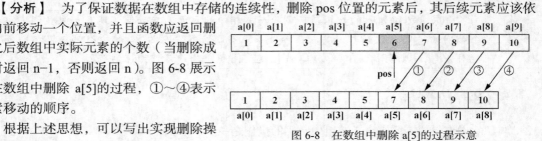

图 6-8　在数组中删除 a[5]的过程示意

```
#include "Array.h"
#define N 10
/*  @作者: jaq
    @函数名称: delData      入口参数: int a[],int n,int pos
    @函数功能: 删除数组中下标为 pos 的元素
    @出口参数: 返回数组中剩余元素的个数
*/
int delData(int a[], int n, int pos)
{    int i;
     if (pos>=0 && pos<n)
     {      for (i=pos+1;i<n;i++)   //将待删除位置后的所有数据依次前移
                   a[i-1]=a[i];
            return n-1;             //删除 1 个元素，元素个数为 n-1 个
     }
     else   return n;              //删除位置不合法，未删除成功，元素个数仍为 n
}
int main()
{
     int a[N],n,pos;
     init(a,N);                    //构造测试数组
     print(a,N);
     printf("请输入要删除的位置:\n");
```

```
        scanf("%d",&pos);
        n=delData(a,N,pos);            //在数组中删除a[pos]
        print(a,n);
        return 0;
}
```

程序运行时，输入删除 2 号位置，运行结果如下：

数组的内容是：
348   70   350   931   655   514   543   756   246   480
请输入要删除的位置：
2
数组的内容是：
348   70   931   655   514   543   756   246   480

数据删除算法

数组初始的内容由随机函数生成，每次运行的数据可能不同，请分别测试删除最前面元素、删除最后面元素和删除不合法位置元素的程序运行情况。

如果要根据输入的数据值来删除与其相等的元素，应如何实现？如果数组中存在多个相同的待删除数据，如要求在邮件系统中删除发件人为××的所有邮件，这些邮件可能有多封，如何用程序实现该算法？这些问题留给读者作为课后练习。

6.3.3 数据插入

与删除操作类似，插入也是数组中常用的操作之一。

【例 6.7】 编写一个函数 insertData(int a[], int n, int pos ,int x)，在具有 n 个元素的数组中的 pos 位置插入一个值为 x 的元素。

【分析】 要在数组中的某位置插入一个元素，首先要确定数组是否还有空闲的存储单元。若有，则可将待插入位置及其之后的所有元素依次向后移动一个位置。之后将待插入的数据存入待插入位置即可。

例如，图 6-9 中的数组 a 共有 15 个存储单元，存有 10 个数据，现要在 a[5] 处插入一个值为 x 的数据，可通过循环依次将 a[9]～a[5] 向后移动一个单元，之后将 x 存入 a[5]。由于数组新增一个元素，函数应向主调函数返回数组中新的元素个数。

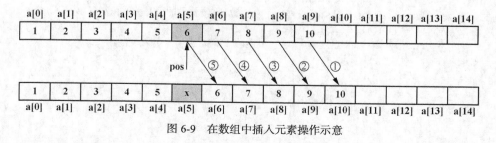

图 6-9 在数组中插入元素操作示意

```
#include "Array.h"
#define N 15
```

```
/*     @作者: jaq
       @函数名称: insertData     入口参数: int a[],int n,int pos ,int x
       @函数功能: 在数组中下标为 pos 的位置插入值为 x 的元素
       @出口参数: 返回数组中元素的个数
*/
int insertData(int a[], int n, int pos ,int x)
{
     int i;
     if (pos>=0 && pos<=n)              //判断待插入位置是否有效
     {      for (i=n-1;i>=pos;i--)      //元素后移
                  a[i+1]=a[i];
            a[pos]=x;                   //数据插入
            n++;                        //元素个数加 1
     }
     return n;
}
int main()
{
     int a[N],n,pos,x;
     init(a,10);                        //构造测试数组
     print(a,10);
     printf("请输入要插入的位置和数据:\n");
     scanf("%d%d",&pos,&x);
     n=insertData(a,10,pos,x);          //在数组的 pos 处插入 x
     print(a,n);
     return 0;
}
```

insertData()函数假设数组有空闲的存储单元, 仅对待插入的位置进行检查。main()函数中数组大小定义为 N（15），但只在数组中存放 10 个有效数据。

程序运行结果如下:

```
数组的内容是:
  325  77  758  793  711  573  457  284  389  380
请输入要插入的位置和数据:
0    100
数组的内容是:
  100  325  77  758  793  711  573  457  284  389  380
```

数据插入算法

6.3.4 寻找最大值

某商场举行店庆活动, 当日消费额最高者返利 10%, 假设所有顾客的消费情况存储在数组中, 查找当日消费额最高者即查找数组中的最大数。同样, 在数组中找最小值也是经常需要用到的算法。

【例 6.8】 编写一个函数 int findMax(int a[], int n)，在具有 n（$n > 0$）个元素的数组中查找最大数作为函数的返回值。

【分析】 实现时，可以定义一个变量 maxData 用于存放最大数，初始时可将 a[0]赋值给 maxData，之后依次将 a[1]～a[n-1]与 maxData 值进行比较，若发现某元素的值大于 maxData 的值，则将该值赋值给 maxData，待所有数据完成比较后，maxData 值就是数组中的最大数。寻找数组的最大数算法示意如图 6-10 所示。

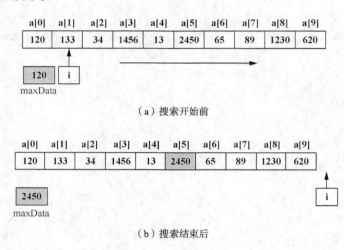

（a）搜索开始前

（b）搜索结束后

图 6-10 寻找数组的最大数算法示意

根据上述算法描述，可以写出实现查找数组最大数的程序如下。

```c
#include "Array.h"
#define N 10
/*   @作者: jaq
     @函数名称: findMax    入口参数: int a[],int n
     @函数功能: 在数组中查找最大数
     @出口参数: 返回数组中的最大数
*/
int findMax(int a[], int n)
{    int i,maxData=a[0];
     for (i=1;i<n;i++)
          if (a[i]>maxData)
               maxData=a[i];
     return maxData;
}
int main()
{
     int a[N],maxData;
     init(a,N);                      //构造测试数组
     print(a,N);
     maxData=findMax(a,N);           //在数组中查找最大数
     printf("maxData=%d\n",maxData);
```

```
        return 0;
}
```

有时，要求返回数组中最大数的位置（下标），查找函数可修改如下。

```
int findMax(int a[], int n)
{
        int i,maxIndex=0;                //记录初始位置
        for (i=1;i<n;i++)
                if (a[i]>a[maxIndex])
                        maxIndex=i;       //记录新位置
        return maxIndex;
}
```

查找最大或
最小数

思考

若要找数组中最小数所在的位置，程序该如何修改？

6.3.5　数据排序

为提高检索效率，经常需要对数据进行排序。例如，手机通信录通常是按联系人的姓名（中文按拼音顺序，英文按字母顺序）排列的；资源管理器则允许对磁盘文件按名称、修改日期、类型、大小、递增、递减等方式进行排序，磁盘文件排序如图 6-11 所示。为方便乘客查询，列车时刻查询软件查询到的火车时刻表通常也是按"发时"排序的。

排序后的数据可以显著提升查询速度。以网银系统为例，若网银数据库中的用户银行卡号是无序排列的，当用户登录网银输入错误的卡号时，系统必须查询完全部的信息才能确定该卡号无效；而当卡号递增有序时，一旦查询到的卡号大于待查找卡号仍未成功时，则可以确定用户输入的卡号有误。

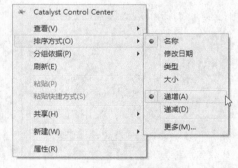

图 6-11　磁盘文件排序

根据需要，可以对数据以递增或递减方式排序，此处我们以整型数组排序为例，先介绍一种简单的排序方法——**简单选择排序法**。

【例 6.9】　编写一个函数 void selectSort(int a[],int n)，采用简单选择排序法对具有 n 个元素的数组按升序排序。

【分析】　假设待排序的数组共含 n 个元素，简单选择排序法的基本思想是每次从待排序的数据中选出一个最小数，将该数并入已排序部分（可将该数与待排序数据最前面的元素交换位置），重复这个过程 $n-1$ 次，即可完成排序过程，选择排序因此得名。

图 6-12 展示了 8 个元素的排序过程，数组中灰色底纹的表示已排好序的部分，无底色的表示待排序部分，初始时数组的已排序部分为空。箭头指示的位置表示待排序部分的最小数。

具体实现时，可用变量 i 控制循环的次数，同时该值表示每次循环找到的最小数应该存放的位置。每次查找最小数的过程也需用一个循环来实现，查找范围是剩余的待排序数据。据此，我们可以写出实现数组简单选择排序的算法程序。

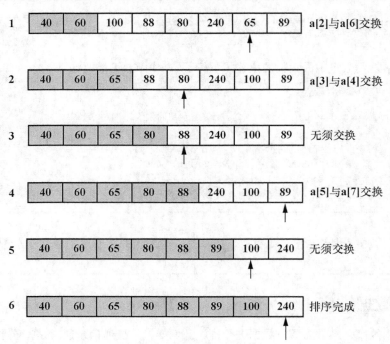

图 6-12　简单选择排序法示意

```c
#include "Array.h"
#define N 10
/*
    @作者：jaq
    @函数名称：selectSort    入口参数：int a[],int n
    @函数功能：采用简单选择排序法对数组进行递增排序
    @出口参数：已排序数组
*/
void selectSort(int a[],int n)
{   int i,j,minIndex,temp;
    for (i=0;i<n-1;i++)              //重复 n-1 次选择过程，i 表示本次最小数应存放的位置
    {   minIndex=i;                  //初始最小数位置
        for (j=i+1;j<n;j++)         //在 a[i+1]～a[n-1]中找最小数
            if (a[j]<a[minIndex])
                minIndex=j;
        if (minIndex!=i)            //若最小数不在第 i 个位置，则交换
        {   temp=a[i];
            a[i]=a[minIndex];
            a[minIndex]=temp;
        }
    }
}
int main()
{
    int a[N];
    input(a,N);                     //输入待排序数据
```

简单选择
排序法

```
        selectSort(a,N);                //排序
        print(a,N);                     //输出排序后数组
        return 0;
}
```

程序运行结果如下：

请输入 10 个整数(整数间用空格分隔)：
20 10 80 70 60 50 100 30 40 90
数组的内容是：
　　10　　20　　30　　40　　50　　60　　70　　80　　90　　100

如果每次从待排序部分找出最大数，换到待排序部分的最后面，重复这个过程 $n-1$ 次，可以实现对数组的升序排列。

如果每次都是从待排序部分找出最大数，换到待排序部分的最前面，则是对数组进行降序排列。

简单选择排序算法的效率并不高，读者可以用 Array.h 中的 init(a,N)产生不同规模的数组进行测试，观察简单选择排序算法在不同数据规模下排序所花费的时间。图 6-13 展示了在作者的笔记本电脑（Intel Core i5, CPU, 2.5GHz, 4GB 内存）上针对不同数据规模进行简单选择排序所花费的时间。可见，当待排序数据规模较大时，简单选择排序算法将耗费大量的时间。因此，该算法只适合规模较小的数据的排序。

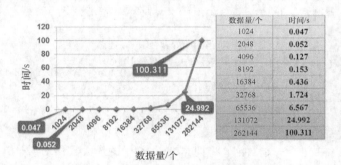

数据量/个	时间/s
1024	0.047
2048	0.052
4096	0.127
8192	0.153
16384	0.436
32768	1.724
65536	6.567
131072	24.992
262144	100.311

图 6-13　简单选择排序在不同数据规模下花费的时间

另一种简单的排序算法是**冒泡排序算法**。

【例 6.10】　用冒泡排序算法对例 6.9 中的数组进行升序排列。

【分析】　以递增排序为例，假设数组 a 共含有 n 个元素，我们针对该数组由前向后，依次对相邻的元素两两比较（共 $n-1$ 次），若发现前面的元素大于后面的元素（即逆序），则交换两个元素，否则两元素相对位置保持不变，这一过程称为一趟冒泡。

图 6-14 展示了具有 8 个元素的数组的一趟冒泡过程。

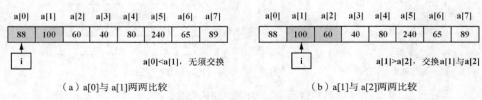

（a）a[0]与 a[1]两两比较　　　　　　　（b）a[1]与 a[2]两两比较

图 6-14　一趟冒泡过程示意

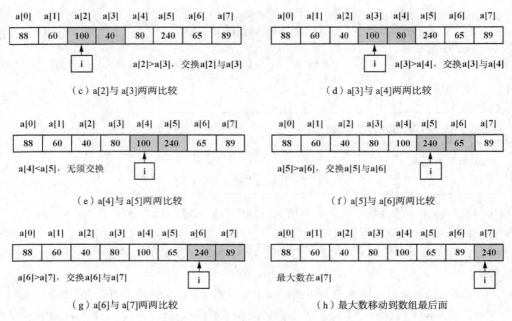

（c）a[2]与a[3]两两比较　　　　　　　　　　（d）a[3]与a[4]两两比较

（e）a[4]与a[5]两两比较　　　　　　　　　　（f）a[5]与a[6]两两比较

（g）a[6]与a[7]两两比较　　　　　　　　　　（h）最大数移动到数组最后面

图 6-14　一趟冒泡过程示意（续）

一趟冒泡的结果是数组中的最大数移动到了数组的最后面。图 6-14（h）显示了数组中的最大数 240 在经一趟冒泡之后移动到了 a[7]。

显然，对 *n* 个元素进行一趟冒泡的过程可用下面的代码实现：

```
for (i=0; i<n-1; i++)            //共需两两比较 n-1 次
    if ( a[i]>a[i+1] )           //发现逆序，则交换
    {       temp=a[i];
            a[i]=a[i+1];
            a[i+1]=temp;
    }
```

冒泡排序法

对剩余的 7 个元素再进行一趟冒泡，将把 a[0]～a[6] 中的最大数移动到 a[6]。因此，对于 *n* 个元素的数组，可以通过重复进行 *n*-1 次一趟冒泡来实现排序。图 6-15（a）是冒泡排序的算法流程，图 6-15（b）展示了对数组 a 冒泡排序的过程。每趟冒泡都从无序部分"冒"出一个最大数，合并到有序部分的最前面，冒泡排序由此得名。

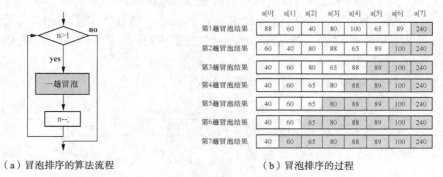

（a）冒泡排序的算法流程　　　　　　　　（b）冒泡排序的过程

图 6-15　冒泡排序的算法流程及过程

根据上述分析，可以写出冒泡排序的算法程序（6_10_1.c）如下所示。

```c
#include "Array.h"
#define N 10
/*    @作者: jaq
      @函数名称: bubbleSort   入口参数: int a[],int n
      @函数功能: 采用冒泡排序法对数组进行递增排序
      @出口参数: 已排序数组
*/
void bubbleSort(int a[],int n)
{    int i,temp;
     while (n>1)                    //参与冒泡的元素个数大于 1
     {                              //一趟冒泡
         for (i=0;i<n-1;i++)
             if (a[i]>a[i+1])
             {
                  temp=a[i];
                  a[i]=a[i+1];
                  a[i+1]=temp;
             }
         n--;                       //参与冒泡的数据个数减 1
     }
}
```

此程序的 main() 函数与例 6.9 的类似，请自行构造并测试 bubbleSort() 函数。

通过观察我们可以发现，图 6-15（b）所示的数组在第 6 趟及第 7 趟冒泡是没有必要进行的，因为第 4 趟冒泡后数组已有序，在第 5 趟冒泡的过程中未发现过逆序，表明数组已完全有序。利用这个特征可以对冒泡排序进行改进，当一趟冒泡排序过程中未发现逆序时，就可以提前结束排序过程。

改进后的冒泡排序算法程序（6_10_2.c）如下所示。

```c
void bubbleSort(int a[],int n)
{    int i,temp;
     bool flag=true;    //flag==true 表示数组尚未有序, 使用 bool 型需要加载 stdbool.h 文件
     while (n>1 && flag )    //参与冒泡的元素个数大于 1 并且数组尚未有序
     {        flag=false;
         for (i=0;i<n-1;i++)        //一趟冒泡
             if (a[i]>a[i+1])
             {        temp=a[i];
                  a[i]=a[i+1];
                  a[i+1]=temp;
                  flag=true ;
             }
         n--;                            //参与冒泡的数据个数减 1
     }
}
```

flag 在每趟冒泡前被赋值为 false，若在本趟冒泡的过程中出现过逆序，其值将被重新修改为 true，否则本趟冒泡结束后，其值将仍然为 false，下一趟冒泡会因(n>1 && flag)为逻辑假而提前结束排序。

冒泡排序算法同样在数据规模较大时具有较低的排序效率，频繁进行数据交换会占用大量的 CPU 资源。在数据已有序的情况下，冒泡排序具有最好的时间性能，而在数据倒序的情况下，该算法具有最差的时间性能。读者可利用 Array.h 中的 init()函数构造不同规模的数组，测试冒泡排序的排序效率，参照图 6-13 给出排序时间与数据量的曲线图。

一种改进的冒泡排序算法称为双向冒泡，即首先从左向右进行一趟冒泡，将最大数移动到最右边，再从右向左进行一趟冒泡，将最小数移动到最左边，重复这个过程，直到序列有序。

在"数据结构"课程中我们会对排序算法的时间性能进行定性分析，并学习更多高效的排序算法。

6.3.6　数据倒置

图 6-16 所示的某时刻表软件在查询火车时刻时，默认按"发时"递增排序，单击"发时↓"按钮，可以立即将查询结果按"发时"递减排序。在递减排序状态下单击"发时↑"按钮，则可将查询结果按"发时"进行递增排序。实现上述功能并不需要对数据重新排序，仅需将查询结果首尾倒置即可。

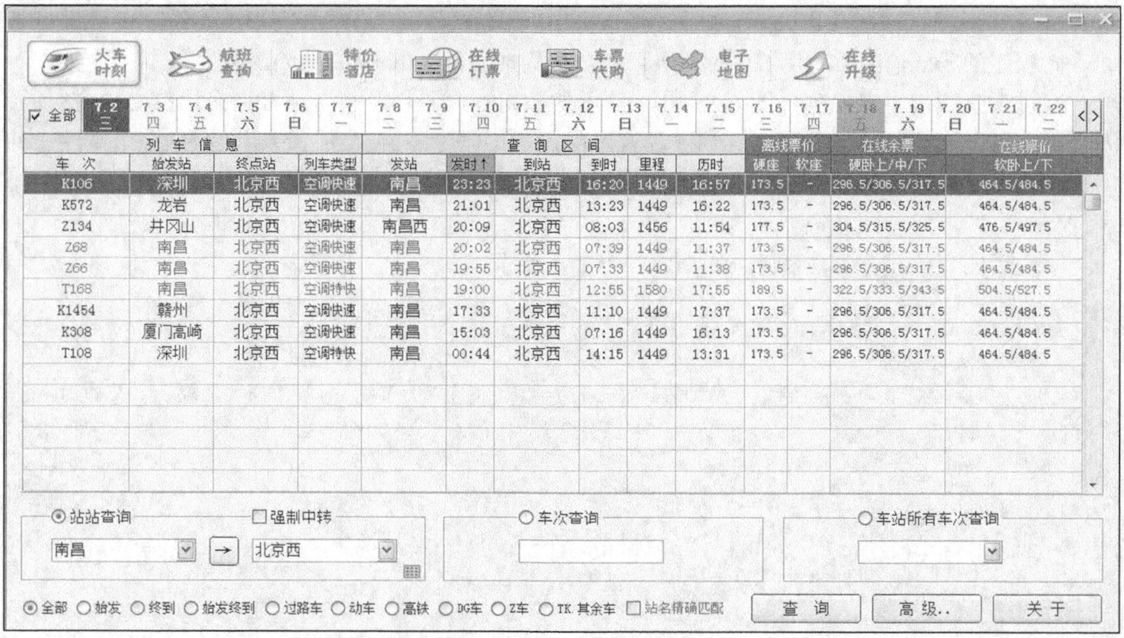

图 6-16　某时刻表软件

【例 6.11】　设计一个函数 void reverse(int a[],int n)，将数组进行首尾倒置。

【分析】　图 6-17 展示了含有 10 个元素的数组首尾倒置过程。倒置过程可由外向内依次进行，定义两个变量 i 和 j，初始时分别指示数组的首位置和末位置。当 i<j 时，交换 a[i]与 a[j]，然后 i 加 1，j 减 1，重复上述操作直至 i>=j 就可以完成数组的首尾倒置。

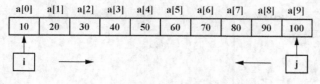

（a）交换 a[0]与 a[9]

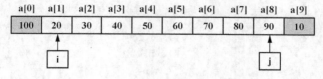

（b）交换 a[1]与 a[8]

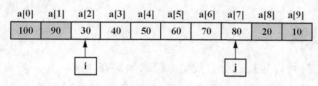

（c）交换 a[2]与 a[7]

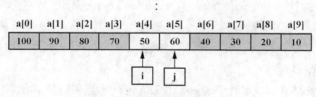

（d）交换 a[4]与 a[5]

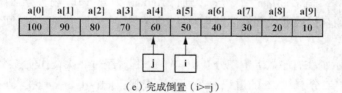

（e）完成倒置（i>=j）

数组倒置
算法

图 6-17 数组首尾倒置过程示意

根据上述思想，可以写出相应的算法程序，如下所示。

```
#include "Array.h"
#define N 10
/*     @作者：jaq
       @函数名称：reverse   入口参数：int a[],int n
       @函数功能：对数组进行首尾倒置
       @出口参数：数组
*/
void reverse(int a[],int n)
{     int i=0,j=n-1,temp;
```

```
        while (i<j)
        {
                temp=a[i];                //交换 a[i]与 a[j]
                a[i++]=a[j];
                a[j--]=temp;
        }
}
int main()
{       int a[N];
        input(a,N);                //输入数据
        print(a,N);                //输出数组
        reverse(a,N);              //倒置
        print(a,N);                //输出倒置后的数组
        return 0;
}
```

6.3.7 二分查找

对于有序的数组，还可以采用二分查找的方法来加快查找速度。

二分查找又称二分检索，是一种高效的数据查找算法。在例 3.7 中，我们介绍了二分查找算法的基本思想，现在我们可以来实现基于有序数组的二分查找算法。

【例 6.12】 设计函数 int binSearch(int a[], int n, int key)，采用二分查找算法在升序排列的数组 a 中查找值为 key 的元素所在的位置。

【分析】 为实现二分查找，可以定义 3 个变量 left、right、mid，分别指示待查找区间的左边界、右边界和当前查找位置。

当待查找区间不为空时，用 mid=(left+right)/2;语句计算当前查找的位置。若该位置的值等于待查找的数，则结束查找过程，并返回 mid 的值。若待查找的数比 mid 指示的数要大，则将 left 置为 mid+1，将搜索区间缩小到右半部分；否则将 right 置为 mid-1，将搜索区间缩小到左半部分。重复这个过程，直到查找成功或搜索区间为空（left>right）为止，若搜索区间为空则返回查找失败标志。

图 6-18（a）展示了在有序数组中二分查找 80 的过程，经过 2 次查找便查找成功。图 6-18（b）展示了在有序数组中二分查找 25 的过程，经过 4 次查找，left>right，查找失败。

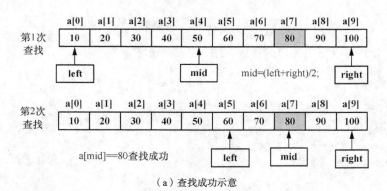

（a）查找成功示意

图 6-18   二分查找过程

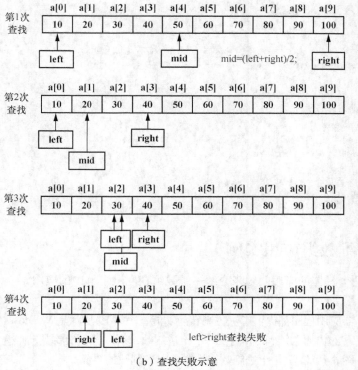

（b）查找失败示意

图 6-18　二分查找过程（续）

由于二分查找要求数组有序，本例引用例 6.9 中的 selectSort()函数对数组进行排序，我们可将该函数放于 Array.h 中并另存为 Array2.h 供本例引用。

```c
#include "Array2.h"
#define N 10
void selectSort(int a[],int n);
/*      @作者: jaq
        @函数名称: binSearch   入口参数: int a[],int n ,int key
        @函数功能: 采用二分查找法在有序数组中查找值为 key 的元素
        @出口参数: 查找成功返回元素的下标，查找失败返回-1
*/
int binSearch(int a[],int n, int key)
{
    int left=0,right=n-1,mid;
    while (left<=right)
    {
        mid=(left+right)/2;            //二分
        if (a[mid]==key)              //查找成功
            return mid;
        else
            if (key<a[mid])
                right=mid-1;       //搜索区间缩小到左半部分
             else
                left=mid+1;        //搜索区间缩小到右半部分
    }
    return -1;                          //查找失败
}
```

```
int main()
{
    int a[N],x,pos;
    init(a,N);                              //构造测试数组
    selectSort(a,N);                        //排序
    print(a,N);
    printf("请输入待查询数据:");
    scanf("%d",&x);
    pos=binSearch(a,N,x);                   //二分查找
    if (pos!=-1)
            printf("a[%d]=%d\n",pos,x);
    else
            printf("查找失败。\n");
    return 0;
}
```

6.3.8　一维数组应用实例

本小节通过两个具体的应用问题来介绍一维数组在问题求解中的应用。

1. 进位制转换

大多数的计算器应用程序都提供了进位制转换功能，图 6-19 所示是 Windows 计算器程序界面，其中图 6-19（a）是进位制转换界面。输入一个十进制数，可以方便地将其转换为十六进制数、八进制数和二进制数，图 6-19（b）是十进制数转换成十六进制数的界面。

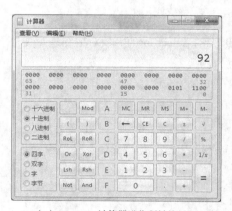

（a）Windows 计算器进位制转换界面　　　（b）十进制数转换成十六进制数的界面

图 6-19　Windows 计算器程序

【例 6.13】　编写一个程序，实现无符号十进制数 m 到 R 进制数的转换功能（一般 R 取 16、8 或 2）。

【分析】　将一个十进制整数转换成 R 进制数采用"除 R 取余"方法。具体做法是，将十进制数的整数部分除以 R，得到一个商数和一个余数；不断用商数除以 R，一直到商数等于 0 为止。每次得到的余数，按反向顺序连接起来就是该十进制数所对应的 R 进制数。例如，与十进制数 13 等值的二进制数为 1101，转换过程如图 6-20 所示。

图 6-20　十进制数 13 转换成二进制数 1101 的过程

每次转换所得的余数不能立即输出，需要记录下来以备输出，因此我们可以定义一个一维数组用于存放每次转换产生的余数，待转换完成后将数组中的余数从后向前依次输出。

程序如下：

```
#include <stdio.h>
/*
        @函数名称：dtoR   入口参数: unsigned int m,int r
        @函数功能：将无符号十进制整数 m 转换为 R 进制数
*/
void dtoR(unsigned int m,int r)
{       int stack[32];              //一个整数占 4 个字节，最多有 32 位二进制数
        int top=0;
        printf("%d=(",m);
        while (m)                   //进制转换
        {
                stack[top++]=m%r;
                m=m/r;
        }
        top--;
        while (top>=0)              //从后向前输出数组内容
        {   //转换为对应的 ASCII 字符形式输出
                printf("%c", stack[top]>9 ? stack[top] +'A'-10: stack[top]+'0');
                top--;
        }
        printf(")%d\n",r);
}
int main()
{       unsigned int  m;
        printf("请输入要转换的十进制正整数: ");
        scanf("%u",&m);
        dtoR(m,2);                 //转换成二进制数
        dtoR(m,8);                 //转换成八进制数
        dtoR(m,16);                //转换成十六进制数
        return 0;
}
```

进位制转换
程序设计

程序运行情况如下：

请输入要转换的十进制正整数: 92
92=(1011100)2
92=(134)8
92=(5C)16

2. 筛法求素数

之前我们学习过利用除法来解决素数判定问题。2000 多年前，人们就知道了一个不必用除法而找出 2～N 的所有素数的方法，称为埃拉托斯特尼（Eratosthenes）筛法（Sieve Method）。基本思想如下。

把从 1 开始的、某一范围内的正整数从小到大按顺序排列，1 不是素数，首先把它筛掉。剩下的数中最小的数是素数，然后去掉它的倍数。以此类推，直到"筛子"为空结束。

以求 1～30 的素数为例：

1 2 3 4 5 6 7 8 9 10 11 12 13 14 15 16 17 18 19 20 21 22 23 24 25 26 27 28 29 30

1 不是素数，去掉。剩下的数中 2 最小，是素数，去掉 2 的倍数，余下的数是：

3 5 7 9 11 13 15 17 19 21 23 25 27 29

下一个最小的数是 3，是素数，去掉 3 的倍数，如此下去直到所有的数都被筛完，求出的素数为：

2 3 5 7 11 13 17 19 23 29

【例 6.14】　编写一个程序，用筛法输出 1～N 的所有素数。

【分析】　具体实现时，可以定义一个大小为 N+1 的数组，利用下标 1～N 来表示 N 个整数，而用 a[i]=1 来表示 i 是素数，用 a[i]=0 来表示 i 不是素数。

程序如下：

```c
#include <stdio.h>
#define N 200
int main()
{
    int prime[N+1]={0};
    int i,j,counter=0;                    //counter 为素数计数器
    for (i=2;i<=N;i++)
                prime[i]=1;               //初始时，将 2～N 设为素数
    for (i=2;i<=N;i++)
    if (prime[i]==1)                      //i 是素数
    {   printf("%5d",i);
        counter++;
        if (counter%10==0)                //每行输出 10 个素数
            printf("\n");
        for ( j=i ; j<=N ; j+=i )         //将 i 的倍数全部设为非素数
            prime[j]=0;
    }
    return 0;
}
```

程序运行情况如下：

```
    2     3     5     7    11    13    17    19    23    29
   31    37    41    43    47    53    59    61    67    71
   73    79    83    89    97   101   103   107   109   113
  127   131   137   139   149   151   157   163   167   173
  179   181   191   193   197   199
```

6.4　二　维　数　组

C 语言允许数组元素具有多个下标，当数组元素具有两个下标时，该数组称为二维数组，同理，数组元素具有 3 个下标的数组称为三维数组，二维以上的数组均可称为多维数组。我们可以

把一维数组理解成线性结构，二维数组理解为平面结构，三维数组理解为空间结构。

本节主要通过二维数组来介绍多维数组的使用方法。

6.4.1　二维数组的定义、引用及初始化

1.　二维数组的定义

二维数组的定义格式如下：

> 数据类型　　数组名[常量表达式1][常量表达式2];

其中，"数据类型"表示二维数组中每个数组元素的数据类型；"常量表达式 1"规定了二维数组的行数；"常量表达式 2"规定了二维数组的列数。系统将为数组分配"常量表达式 1×常量表达式 2"个存储单元。

例如：

```
int a[3][4];
```

定义了一个二维数组 a，该数组含 3 行 4 列，共有 12 个存储单元，每个存储单元可存放一个整型数据。

从逻辑上看，这 12 个存储单元可理解成一个 3 行 4 列的矩阵，如图 6-21（a）所示。数组的每个元素由行下标与列下标共同决定，如果数组有 m 行 n 列，则行下标的范围是 0～$m-1$，列下标的范围是 0～$n-1$。因此，二维数组 a 的 12 个元素为{a[i][j] | i>=0 且 i<=2，j>=0 且 j<=3}。

由于内存地址是连续的线性空间，因此二维数组（多维数组）实际上是按行优先顺序存储在内存的，即先放第 0 行，再放第 1 行，以此类推，最后放第 $m-1$ 行。

对二维数组 a 而言，其物理结构如图 6-21（b）所示。

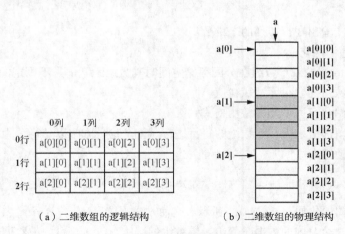

（a）二维数组的逻辑结构　　　　（b）二维数组的物理结构

图 6-21　二维数组的逻辑结构与物理结构

m 行 n 列的二维数组可以看成 m 个大小为 n 的一维数组。这 m 个一维数组的名字分别为 a[0],a[1],…,a[m−1]，例如，int a[3][4];可看成由 a[0]、a[1]和 a[2]这 3 个一维数组组成。a[0]、a[1]和 a[2]是这 3 个一维数组的数组名，而每个一维数组都有 4 个元素。

我们知道一维数组的名字代表该数组在内存空间的起始地址，所以在二维数组中 a[0]就表示第 0 行的起始地址，a[1]表示第 1 行的起始地址，a[i]代表第 i 行的起始地址。图 6-21（b）中，左边的 a[0]、a[1]与 a[2]用箭头指向相应存储单元，表示相应存储单元的地址。

而二维数组的名字也代表了二维数组在内存空间的起始地址，但这个地址有其特殊的含义，有关内容我们将在 7.7 节详细解释。

2. 二维数组的引用

二维数组可通过行下标与列下标来引用，与一维数组相同，行、列下标可以是常量、变量或表达式，但要保证其在有效的范围内。

```
int a[2][4];
a[0][1]=1;
for (j=0; j<4; j++)  a[0][j]=j;
```

使用上述形式可对二维数组 a 进行合法访问，但使用 printf("%d", a[2][4]);将产生数组越界访问。实际编程中，常通过双重循环结构来实现对整个二维数组的访问。

例如：

```
int a[3][4],i,j;
for (i=0; i<3; i++)
    for (j=0; j<4; j++)
        scanf("%d", &a[i][j] );
```

实现了对 3 行 4 列二维数组的数据输入。

```
for (i=0; i<3; i++)
{
    for (j=0; j<4; j++)              //输出第 i 行
        printf("%5d", a[i][j]);
    printf("\n");                    //换行
}
```

则实现了以矩阵方式输出 3 行 4 列的二维数组。

3. 二维数组的初始化

存储类型为 auto 型的二维数组在分配存储空间时其数组元素值是不确定的，我们可以通过初始化操作来给二维数组的数组元素赋初值。

二维数组的初始化有以下几种常用格式。

（1）分行赋值，即分别为二维数组的每行进行赋值。这种方法以"行"为单位把数据分成若干组，并用"{}"括起来。例如：

```
int a[3][4]={{1,2,3},{4,5,6,7},{8,9}};
```

将使二维数组 a 的初始化如图 6-22（a）所示。这种方法比较直观，第 1 个{}内的数据赋值给二维数组的第 0 行，第 2 个{}内的数据赋值给二维数组的第 1 行……当{}内的数据个数少于列数时，相应的存储单元将被初始化为 0。

注意　每个{}中的数据个数不能超过二维数组的列数，否则将导致编译错误。

（2）若在初始化列表中省略每一行的{}，则编译器将按初始化列表中的项从前向后按行优先顺序对数组元素进行赋值，不足部分自动赋值为 0。

例如：

```
int a[3][4]={1,2,3,4,5,6,7,8,9};
```

将使二维数组 a 具有图 6-22（b）所示的初值情况，因初始化列表中的项数不足 12 个，a[2][1]、a[2][2]与 a[2][3]均被赋值为 0。

	0列	1列	2列	3列
0行	1	2	3	0
1行	4	5	6	7
2行	8	9	0	0

int a[3][4]={{1,2,3},{4,5,6,7},{8,9}};

（a）二维数组初始化示例 1

	0列	1列	2列	3列
0行	1	2	3	4
1行	5	6	7	8
2行	9	0	0	0

int a[3][4]={1,2,3,4,5,6,7,8,9};

（b）二维数组初始化示例 2

图 6-22　二维数组初始化示意图

（3）在对二维数组进行初始化时，可省略二维数组的行数，编译器会根据初始化列表的项数自动确定二维数组的行数。

例如：

```
int a[][4]={1,2,3,4,5,6,7,8,9};
```

初始化列表共 9 项，而二维数组 a 的列数为 4，所以编译器会自动将该二维数组定义为 3 行。该二维数组初始化情况同图 6-22（b）。

又如：

```
int a[][4]={{1,2,3},{4,5,6},{7,8,9,10},{11}};
```

初始化后该二维数组共有 4 行。

在定义二维数组时不能省略列的定义。

6.4.2　二维数组应用实例

【例 6.15】　编写一个程序，定义一个二维数组，从键盘输入该二维数组的各个值，然后查找该二维数组中最大数和其所在的位置并输出。

【分析】　可以将二维数组的行数与列数定义成常量，定义 maxData、row 和 col3 个变量，分别用来记录最大数和它所在的行与列，maxData 的初始值设为 a[0][0]，通过比较二维数组的每个元素来查找最大值。

程序如下：

```
#include <stdio.h>
#define M 4
#define N 5
int main()
{    int a[M][N],i,j;
     int maxData,row,col;
```

```
            printf("请输入%d行%d列的矩阵: \n",M,N);
            for (i=0;i<M;i++)
                    for (j=0;j<N;j++)
                            scanf("%d",&a[i][j]);
            maxData=a[0][0];                        //maxData用于记录最大值
            row=col=0;                              //row,col分别记录最大值所在的行与列
            for (i=0;i<M;i++)
                    for (j=0;j<N;j++)
                            if (a[i][j]>maxData)
                            {
                                    maxData=a[i][j];
                                    row=i;
                                    col=j;
                            }
            printf("maxData=a[%d][%d]=%d\n",row,col,maxData);
            return 0;
    }
```

【例 6.16】　编程，在屏幕上输出 n 行的杨辉三角，n 由键盘输入。

【分析】　杨辉三角是由一个数字排列成的三角形数表，一般形式如下：

```
1
1    1
1    2    1
1    3    3    1
1    4    6    4    1
1    5    10   10   5    1
1    6    15   20   15   6    1
......
```

杨辉三角又称贾宪三角，是我国北宋数学家贾宪于 1050 年首先发现并使用的。而后南宋数学家杨辉在《详解九章算法》一书中记载了"贾宪三角"。杨辉三角的发现是我国数学史上光辉的一页，它比法国数学家帕斯卡发现"帕斯卡三角"（即杨辉三角）早 600 多年。

这里规定杨辉三角从第 0 行开始，它的第 n 行就是二项式 $(a+b)^n$ 的展开式的系数。

例如：

$(a+b)^0=1$

$(a+b)^1=a+b$

$(a+b)^2=a^2+2ab+b^2$

$(a+b)^3=a^3+3a^2b+3ab^2+b^3$

......

因此，掌握杨辉三角可以简化二项式的运算，方便记忆，在实际应用中很有用处。

要编程输出杨辉三角，首先要观察其规律，如下。

（1）杨辉三角每行的第 1 个与最后一个数均为 1。

（2）杨辉三角除两端为 1 以外的各数，都等于它上一行左边列和上一行同一列的两数之和。

根据这个规律，我们可以定义二维数组，自上而下、自左向右地计算，产生"杨辉三角"，将其存储在数组并输出。

```
#include <stdio.h>
#define N 15
int main()
{    int a[N][N],n;
```

```
        int i,j;
        printf("请输入需输出的杨辉三角行数(小于等于15)：");
        scanf("%d",&n);
        for (i=0; i<n; i++)
        {
                a[i][0]=a[i][i]=1;                    //两端为1
                for (j=1; j<i; j++)
                        a[i][j]=a[i-1][j-1]+a[i-1][j];
        }
        for (i=0; i<n; i++)
        {
                for (j=0; j<=i; j++)                  //输出一行
                        printf("%-5d",a[i][j]);
                printf("\n");                         //换行
        }
        return 0;
}
```

6.5　向函数传递二维数组

当二维数组作为函数的形参时，对应的实参应该是二维数组名。此时，实参向形参传递的是二维数组的首地址，函数中对形参数组的访问实际上是对实参数组的访问。

【例6.17】　设计函数 transpose()，将 M 行 N 列的矩阵 a 转置为 N 行 M 列的矩阵 b。

```
#include <stdio.h>
#define M 2
#define N 4
/*
        @函数名称：transpose      入口参数：int a[M][N]
        @函数功能：将M行N列的矩阵a转置为N行M列的矩阵b
        @出口参数：数组b
*/
void transpose(int a[M][N],int b[N][M])
{   int i,j;
        for (i=0;i<M;i++)
                for (j=0;j<N;j++)
                        b[j][i]=a[i][j];
}
int main()
{   int a[M][N]={1,2,3,4,5,6,7,8};
        int b[N][M]={0};
        int i,j;
        for (i=0;i<M;i++)      //输出矩阵a
        {
                for (j=0;j<N;j++)
                printf("%4d",a[i][j]);
```

```
        printf("\n");
    }
    transpose(a,b);                //矩阵转置
    for (i=0;i<N;i++)        //输出矩阵b
    {
        for (j=0;j<M;j++)
            printf("%4d",b[i][j]);
        printf("\n");
    }
}
```

程序运行结果如下：

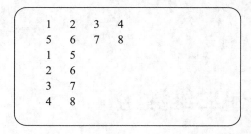

向函数传递
二维数组

在 main()函数中分别用了两个双重循环输出数组 a 和数组 b，可否像一维数组一样，设计一个通用的 print()函数，用以下的方式来输出二维数组 a 和二维数组 b 呢？

```
print(a,M,N);
print(b,N,M);
```

我们来看几种设计案例。

案例 1：

将 print()函数首部定义为 void print(int a[][],int m,int n)。

编译时出现 "error:array type has incomplete element type" 的错误提示，指示函数的数组形参定义存在问题。

案例 2：

把函数首部改为 void print(int a[][N],int m,int n)，函数体不变，再次编译，编译错误消失。print(a,M,N);在执行时能正确输出数组 a 的内容，而 print(b,N,M);不能正确输出数组 b 的内容，错误输出如下所示。

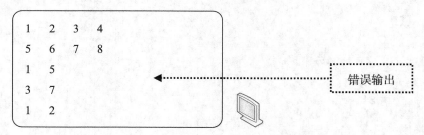

案例 3：

把函数首部改为 void print(int a[][M],int m,int n)，函数体不变。此时，print(a,M,N);不能正确

输出数组 a 的内容，而 print(b,N,M);能正确输出数组 b 的内容，如下所示。

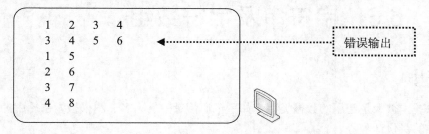

　　1　　2　　3　　4
　　3　　4　　5　　6　◀⋯⋯⋯⋯⋯⋯⋯⋯⋯ 错误输出
　　1　　5
　　2　　6
　　3　　7
　　4　　8

C 语言规定，在定义二维数组为形参时，形参数组的行可以省略，但不能省略二维数组的列下标，且调用该函数时实参数组要求与形参数组具有相同的列数（行数可以不同）。这样，在实现 print()函数时，用于接收实参数组列数的形参 n 就没有存在的意义了。

因此，对于具有相同列不同行的二维数组，可以设计统一的函数以供调用。

【例 6.18】　设计 print(int a[][N],int m)函数，输出 m 行 N 列的二维数组。

```c
#include <stdio.h>
#define N 3
void print(int a[][N],int m)        //该函数只能用于输出列数为N的二维数组
{    int i,j;
     for (i=0;i<m;i++)
         {  for (j=0;j<N;j++)
                 printf("%-4d", a[i][j] );
            printf("\n");
         }
}
int main()
{    int a[2][N]={{1,2,3},{4,5,6}};
     int b[3][N]={1,2,3,4,5,6,7,8,9};
     printf("Array a:\n");
     print(a,2);
     printf("Array b:\n");
     print(b,3);
     return 0;
}
```

程序运行结果如下：

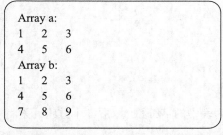

Array a:
1　　2　　3
4　　5　　6
Array b:
1　　2　　3
4　　5　　6
7　　8　　9

设计能处理任意行、任意列的二维数组的函数，需要用到指针相关知识。

6.6 字符串及字符数组

6.6.1 字符串

字符串是信息系统中被大量使用的数据类型，如手机通信录中的人名、图书检索系统中的书名、户籍管理系统中的身份证号等。

字符串常量是用双引号引起来的若干字符序列。例如：

```
"My name is Tony."
"I am fine\nThank you."
```

都是字符串常量。

C 语言用\0（\0 是 ASCII 值为 0 的字符，注意它与 0 的区别）来作为字符串结束标识。

长度为 n 的字符串实际占用的字节数为 $n+1$。例如"China"占用 6 个字节，而"My name is Tony."占用 17 个字节，它们在内存空间的存储格式如图 6-23 所示。

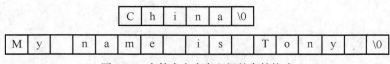

图 6-23 字符串在内存空间的存储格式

6.6.2 字符数组的初始化

C 语言没有提供专门的字符串类型，而是采用字符数组存储字符串，因此，字符数组有时也称为字符串变量。

字符数组与其他类型的数组一样，可以在定义时进行初始化。

字符数组的初始化通常有以下几种格式。

（1）用字符初始化列表初始化所有数组元素。

例如：

```
char a[5]={'C','h','i','n','a'};
```

将为数组 a 分配 5 个字节，并依次将初始化列表中的 5 个字符赋值给 5 个数组元素，如图 6-24（a）所示。

（2）用字符初始化列表初始化部分数组元素。

例如：

```
char b[10]={ 'C','h','i','n','a'};
```

将为数组 b 分配 10 个字节，前 5 个数组元素由初始化列表中的字符赋值，后 5 个数组元素将被赋值为 0（即'\0'），如图 6-24（b）所示。

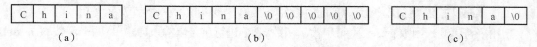

图 6-24　字符数组初始化示例

（3）若省略数组大小，则自动根据字符初始化列表的项数决定数组大小。

例如：

```
char a[]={'C','h','i','n','a'};
```

将为数组 a 分配 5 个字节，其存储结构如图 6-24（a）所示。

（4）用字符串常量初始化字符数组时，字符串结束符需要占用一个字节，同时可以省略{}，并且将为数组 a 分配 6 个字节，如图 6-24（c）所示。

例如：char a[]={"Hello"};与 char a[]="Hello";等价。

具有'\0'结束符的字符数组可视为字符串常量。

6.6.3　字符数组的输入/输出

字符数组的输入/输出有 3 种方式。

（1）通过循环语句逐个输入或输出数组元素。

例如：

```
char a[10];
int i;
for (i=0;i<10;i++)
    scanf("%c",&a[i]);          //或 a[i]=getchar();
for (i=0;i<10;i++)
    printf("%c",a[i]);          //或putchar(a[i]);
```

（2）用格式控制符%s，按字符串方式进行输入或输出。

例如：

```
char a[10];
scanf("%s", a);                 //输入字符串
printf("%s", a);                //输出字符串
```

- 通过 scanf()函数与 printf()函数进行字符串输入或输出时应提供存放字符串的数组名。
- scanf()函数视空格、Tab 和回车符等字符为字符串的输入结束符。因此，采用%s 格式输入只能输入不带这些特殊字符的字符串。

例如，当输入 How are you?时，仅 "How" 被存入数组 a，遇空格结束输入，并自动在 w 后面"放上" \0，如下所示。

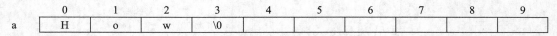

printf("%s",a);用于从数组 a 的首地址开始输出字符串，遇\0 结束输出（\0 本身不输出），输出完成后光标不换行。

- 输入时应控制字符串长度为不超过数组长度减 1，以预留一个字节存放\0。

（3）用字符串输入函数 gets()、字符串输出函数 puts()进行字符串输入与输出，两个函数均在 stdio.h 中定义。

用法如下：

```
char a[10];
gets(a); //输入字符串存入 a 数组，遇回车符时结束输入，并在字符串的最后存入\0
puts(a); //输出字符串 a，遇\0 结束输出并换行
```

- gets()函数与 scanf()函数的区别是：gets()函数仅遇回车符时才结束输入，因此 gets()函数可以读入带空格的字符串，而 scanf()函数只能输入不带空格的字符串。
- puts(a)从功能上等价于 printf("%s\n",a);，即在输出字符串 a 后自动换行。

由于 gets()函数不对存储区大小进行检测，若输入的数据超出存储区大小，会导致非法的内存访问，从而使程序不安全。stdio.h 中定义的 fgets(char *s,int n,FILE *fp)可以限定从文件中输入字符串的最大长度为 $n-1$，因此，我们可以用 fgets(a,sizeof(a),stdin)来从键盘输入字符串（此处的 stdin 表示标准输入文件，即键盘），以提高程序的安全性。

【例 6.19】 从键盘输入一个英文字符串，将其中的小写字母转换成大写字母后输出。

【分析】 可对字符串从前向后进行扫描，遇小写字母则将其转换为大写字母。

程序如下：

```
#include <stdio.h>
int main()
{   char s[80];
    int i;
    printf("Please input a string:\n");
    gets(s);
    i=0;
    while (s[i]!='\0')
    {
        if (s[i]>='a' && s[i]<='z')
            s[i]=s[i]-32;                    //小写字母转换为大写字母
        i++;
    }
    puts(s);
    return 0;
}
```

【例 6.20】 从键盘输入 3 个字符串，分别计算 3 个字符串的长度后输出（含首尾空格）。

【分析】 可以用一个 3 行的二维字符数组来存放 3 个字符串，每行存放一个字符串。每行中字符\0 前面的字符个数就是该行中字符串的长度。

```
#include <stdio.h>
int main()
{   char s[3][80];
    int i,j;
    printf("Please input three strings:\n");
    for (i=0;i<3;i++)
        gets( s[i] );                   //s[i]代表第 i 行的起始地址
    for (i=0;i<3;i++)
```

```
    {       j=0;
        while ( s[i][j]!= '\0' )      //统计字符串长度
            j++;
        printf("%s:%d\n",s[i],j);   //'\0'所在位置的下标就是字符串长度
    }
    return 0;
}
```

程序运行结果如下:

Please input three strings:
I am majoring in computer science.
　　江西是个好地方!
Welcome to JXNU.
I am majoring in computer science.:34
　　江西是个好地方!:17
Welcome to JXNU.:16

一个汉字占用两个字节。

6.6.4 字符串处理函数

应用系统中常需要进行字符串比较、取子串、字符串复制等操作。例如,电子词典中需要将输入的词与词库中的单词进行比较。再如,通过从身份证号中第 7 位开始取长度为 6 的子串可以获取出生年月信息。为了方便开发者实现上述操作,C 语言在 string.h 头文件中定义了许多字符串处理函数。

本小节介绍几个极为常用的字符串处理函数的使用方法,更多字符串处理函数的使用方法可查询 C 语言手册。附录 D 给出了一些常用的字符串函数说明。

1. 求字符串长度函数 strlen()

语法格式为:

字符串处理
函数的使用

strlen(s);

其中 s 为字符串首地址。

功能:统计起始地址为 s 的字符串长度(不包括\0)作为函数的返回值。

例如:

```
char s[20]= "Hello World ";
printf("%d\t ", strlen(s) );              //输出字符串 s 的长度
printf("%d\n ", sizeof(s) );              //输出数组 s 的大小
```

输出结果是: 11   20。

字符串长度与数组大小是有区别的,本例中数组大小为 20,但字符串长度为 11。

2. 字符串复制函数 strcpy()

语法格式为：

```
strcpy(t , s);
```

其中 t 为目的串起始地址，s 为源串起始地址。

功能：将首地址为 s 的字符串复制到首地址为 t 的字符数组中。

例如：

```
char str1[20]= "Computer science";
char str2[20]= "Hello";
strcpy(str1,str2);
puts(str1);
```

执行 strcpy(str1,str2);后，str1 的内容被修改为：

	0	1	2	3	4	5	6	7	8	9	10	11	12	13	14	15	16	17	18	19
str1	H	e	l	l	o	\0	e	r		s	c	i	e	n	c	e	\0	\0	\0	\0

因此，puts(str1);的输出结果为：Hello。

调用 strcpy()函数时，要确保目的串有足够的空间存储从源串复制来的字符串，否则将产生下标越界问题。

我们可以自行设计函数来实现与 strcpy()函数相同的功能，如下所示。

```
void myStrcpy(char t[], char s[])
{     int i=0;
      while (s[i])
            {    t[i]=s[i];
                 i++;
            }
      t[i]='\0';              //在目标串放上结束标识
}
```

3. 字符串连接函数 strcat()

语法格式为：

```
strcat(t,s);
```

其中，t 为目的串起始地址，s 为源串起始地址。

功能：将首地址为 s 的字符串连接到首地址为 t 的字符串后面（从 t 的字符串结束标识\0 所在位置开始存放）。

例如：

```
char str1[20]= "Science";
char str2[20]= "Computer";
strcat(str2,str1);
puts(str2);
```

的输出结果是：ComputerScience。即 str2 被修改为：

	0	1	2	3	4	5	6	7	8	9	10	11	12	13	14	15	16	17	18	19
str2	C	o	m	p	u	t	e	r	S	c	i	e	n	c	e	\0	\0	\0	\0	\0

我们可以自行设计函数来实现与 strcat()函数相同的功能，如下所示。

```
void myStrcat(char t[],char s[])
{    int i,j;
     i=j=0;
     while (t[i])                       //查找目标串结束位置
         i++;
     while (t[i++]=s[j++]) ;            //将源串复制到目标串后面
}
```

while (t[i++]=s[j++]);的循环体为空语句，请读者分析该语句是如何将源串复制到目标串的。

4. 字符串比较函数 strcmp()

语法格式为：

```
strcmp(t,s);
```

其中，t 为一个字符串起始地址，s 为另一个字符串起始地址。

功能：按字典序比较两个字符串的大小，当字符串 t 小于字符串 s 时，函数返回负数；当字符串 t 等于字符串 s 时，函数返回 0；当字符串 t 大于字符串 s 时，函数返回正数。

strcmp()函数以两个字符串中第一次出现的不相等字符的 ASCII 值的大小来决定字符串的大小，当且仅当它们长度相等且对应位置的字符全部相等时两个字符串才相等。

数组名代表字符串起始地址，因此不能直接用 if (t==s)来判断两字符串是否相等，if（t==s）判断的是两数组的地址是否相等。应该用 if (strcmp(t,s)==0)来判断两字符串是否相等，用 if (strcmp(t,s)>0)来判断 t 是否大于 s，用 if (strcmp(t,s)<0)来判断 t 是否小于 s。

例如：

```
int k;
char t[]="enger";
char s[]="engle";
k=strcmp(t,s);
if (k<0) printf("t<s");
     else if (k==0) printf("t==s");
          else printf("t>s");
```

由于两字符串第一个不相等的字符分别是 e 和 l，且 e<l，所以输出的结果为：t<s。

我们可以自行设计函数来实现与 strcmp()函数相同的功能，如下所示。

```
int myStrcmp(char t[], char s[])
{    int i=0;
```

```
    while (t[i] && s[i] && t[i]==s[i])        //查找第一个不相等字符
        i++;
    return t[i]-s[i];        //用两串第一个不相等的字符的 ASCII 值的差作为函数的返回结果
}
```

由于字符串具有结束标志，因此编写字符串处理函数时不需要额外传递存储字符串的字符数组大小。

6.6.5　字符串应用实例

【例 6.21】　从键盘上输入一行英文句子存于字符数组中，删除其中的空格字符后输出字符串及其长度。

【分析】　字符串的输入、输出及求长度的功能可由系统函数来完成，在此可以设计函数 void delChar(char s[],char c)用于删除字符串 s 中的所有值为 c 的字符。

要在字符串 s 中删除所有的空格字符，一种较为简单的思路是利用我们在一维数组中所学的删除算法，扫描字符串中的每一个字符，若该字符为空格字符，则将其后面的所有字符（含'\0'）前移以删除该空格字符，重复这个过程，直到串中不存在空格字符为止。

程序如下：

```
void delChar(char s[],char c)
{    int i=0,j;
    while (s[i])
    {
        while (s[i] && s[i]!=c)            //找下一个待删除字符
            i++;
        if (s[i]!='\0')                    //发现了待删除字符
        {    j=i+1;                         //将该字符后面的所有字符向前移
            while (s[j])
            {    s[j-1]=s[j];
                j++;
            }
            s[j-1]='\0';                   //\0 向前移动一个位置
        }
    }
}
```

调用 delChar(s,' ')就可删除 s 中的所有空格字符。

函数中采用了双重循环来实现删除字符串中的所有指定字符，字符串中存在大量待删除字符时，该算法效率较低。

仔细分析发现，字符串 s 中共有两类字符，一类为需要保留的字符，另一类为待删除字符。因此，我们可以设置两个变量 i 和 j（初始值均为 0），i 指示需保留字符的存储位置，j 用来逐一扫描字符串中的每个字符。若 s[j]为需要保留的字符，则将 s[j]复制到 s[i]，然后 i 与 j 均向后移动一个位置；若 s[j]为需删除的字符，则仅将 j 向后移动一个字符即可，当 j 遇'\0'时，在 s[i]处放上'\0'即可。图 6-25 所示是在字符串"Abc d"中删除空格字符的快速算法示意。

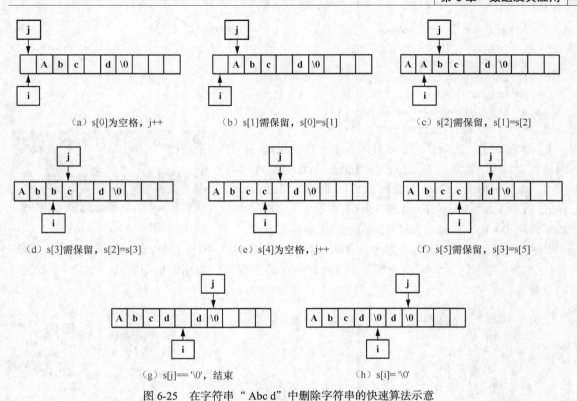

（a）s[0]为空格，j++　　　（b）s[1]需保留，s[0]=s[1]　　　（c）s[2]需保留，s[1]=s[2]

（d）s[3]需保留，s[2]=s[3]　　　（e）s[4]为空格，j++　　　（f）s[5]需保留，s[3]=s[5]

（g）s[j]=='\0'，结束　　　（h）s[i]='\0'

图 6-25　在字符串"Abc d"中删除字符串的快速算法示意

据此，可将 delChar()函数修改如下。

```
#include <stdio.h>
#include <string.h>
/*
        @函数名称：delChar    函数参数：char s[],char c
        @函数功能：删除 s[]中的所有字符 c
*/
void delChar(char s[],char c)
{    int i=0,j=0;
     while (s[j])
     {    if (s[j]==c)
               j++;
          else
               s[i++]=s[j++];
     }
     s[i]='\0';
}
int main()
{    char s[80];
     printf("Please input a string:\n");
     gets(s);
     delChar(s,' ');              //删除字符串 s 中的所有空格字符
     puts(s);
     printf("Length of \"%s\" is %d",s,strlen(s));
     return 0;
}
```

程序运行结果如下：

> Please input a string:
> H ow ar e you?
> Howareyou?
> Length of "Howareyou?" is 10

【例 6.22】 为防止恶意软件的攻击，在登录网络系统时通常要求输入验证码。例如，登录交通银行网银，需要输入 5 位数字字母混合验证码，如图 6-26 所示。请设计函数 void identifyingCode (char s[],int n)，产生 n 位由数字、字母混合的验证码存于 s 中，并编写测试程序模拟验证码验证过程。

图 6-26 验证码示例

【分析】 生成验证码的方法有很多，我们在此介绍一种利用随机函数生成验证码的简易方法。定义一个包含大写、小写英文字母和数字的字符串，利用随机函数从中取出 *n* 个字符构成验证码。

```c
#include <stdio.h>
#include <stdlib.h>
#include <time.h>
#include <string.h>
#define N 5
/*
    @函数名称：identifyingCode      入口参数：char s[] ,int n
    @函数功能：产生 n 位验证码存入 s
*/
void identifyingCode(char s[],int n)
{   char str[]="0123456789abcdefghijklmnopqrstuvwxyzABCDEFGHIJKLMNOPQRSTUVWXYZ";
    int i,k,len;
    len=strlen(str);              //求字符串 str 的长度
    srand(time(0));
    for (i=0;i<n;i++)
    {   k=rand()%len;             //生成 0～len-1 的随机数
        s[i]=str[k];
    }
    s[i]='\0';
}
int main()
{
    char code[N+1],str[N+1];
    do
    {   identifyingCode(code,N);
        printf("请输入验证码：%s\n",code);
        scanf("%s",str);
    }while (strcmp(code,str)!=0 );
    printf("验证正确.");
    return 0;
}
```

程序运行结果如下：

请输入验证码：D2wN4
D2wN
请输入验证码：3nwDX
3nwDX
验证正确.

（1）如何实现忽略验证码的英文字母大小写来比较字符串是否相等？

（2）如何实现对同一个验证码最多允许用户输入 3 次，若仍不正确，则更换验证码？

【例 6.23】　图书馆采购了一批英文书，为了便于读者查阅，需要在"最新书目"栏按书名的字典序列出新书名，请编写一个程序，将输入的书名按字典序排序后输出。

【分析】　本例实际上是字符串排序问题。可将图书名称存储在二维数组中，每一行存储一个书名，可采用选择排序法来进行字符串排序，需要注意的是字符串的比较应该使用 strcmp()函数，而不能直接用关系运算符；字符串的赋值需要用 strcpy()函数，而不能直接用赋值运算符。

参考程序如下。

```c
#include <stdio.h>
#include <string.h>
#define M 100                        //图书的最大数量
#define N 41                         //书名最大长度为 40
int input(char book[][N]);
void selectSort(char book[][N],int m);
void print(char book[][N],int m);
int main()
{    char book[M][N];
     int m;
     m=input(book);                  //输入书目清单，输入空串结束输入
     selectSort(book,m);             //按书名排序
     print(book,m);                  //输出书目清单
     return 0;
}
/*
     @函数名称：input 函数参数：char book[][N]
     @函数功能：输入书目信息（书名）存入二维数组 book
     @出口参数：书的数量
*/
int input(char book[][N])
{
     int i=-1;
     puts("请输入书名，一行输入一个书名，直接输入回车符时结束输入：");
     do
     {
         i++;
         gets(book[i]);
     }while ( book[i][0] );          //若在行首输入回车符，则第 0 个字符为'\0'
     return i;                       //返回书的数量
}
```

```
/*
    @函数名称: selectSort  函数参数: char book[][N],int m
    @函数功能: 按字典序对书名排序
*/
void selectSort(char book[][N],int m)
{
    int minIndex,i,j;
    char temp[N];
    for (i=0;i<m;i++)
    {   minIndex=i;
        for (j=i+1;j<m;j++)
             if (strcmp(book[j],book[minIndex])<0)
                     minIndex=j;
        if (minIndex!=i)
        {
                 strcpy(temp,book[i]);             //交换两个字符串
                 strcpy(book[i],book[minIndex]);
                 strcpy(book[minIndex],temp);
        }
    }
}
/*
    @函数名称: print      函数参数: char book[][N],int m
    @函数功能: 输出书目信息
*/
void print(char book[][N],int m)
{   int i;
    puts("新书清单: ");
    for (i=0;i<m;i++)
            puts(book[i]);
}
```

程序运行结果如下:

请输入书名，一行输入一个书名，直接输入回车符时结束输入:
Think in Java
C programming language
Data Structure
A Writer's Reference
English in use

新书清单:
A Writer's Reference
C programming language
Data Structure
English in use
Think in Java

字符串排序

本例采用模块化设计思想，共设计了 3 个函数供 main()函数调用，input()函数用于从键盘输入图书信息，并返回图书信息的数量；selectSort()函数用于将图书按书名进行排序；print()函数用于输出图书信息。

6.7　基于数组的递归算法

第 5 章介绍了递归程序设计策略，本节再介绍两个基于数组的递归算法，以加深读者对递归算法的理解。

【例 6.24】　设计递归函数，求数组中的最大数。

【分析】　当数组中只有一个元素时，该数就是数组的最大数，这可视为递归的出口条件；当数组中有多个数时，可以采用二分法，将数组分成左右两部分，分别找出左半部分和右半部分的最大数，两者中的较大者为数组的最大数。而在左半部分和右半部分寻找最大数与原问题性质相等，规模更小，可以用递归实现。递归求解数组中的最大数示意如图 6-27 所示。

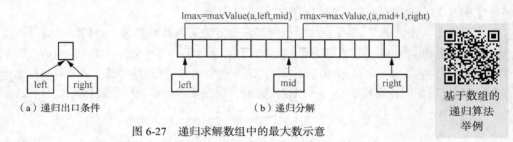

（a）递归出口条件　　　　　　　（b）递归分解

图 6-27　递归求解数组中的最大数示意

为方便表示递归求解时数组的区间，可设置两个参数分别接收待寻找最大数的数组的左右边界（下标）。

实现该问题求解的程序如下：

```
#include "Array.h"
#define N 10
/*
        @函数名称：maxValue      入口参数：int left, int right
        @函数功能：采用递归法求 a[left~right]中的最大数作为函数的返回值
*/
int maxValue (int a[],int left,int right)
{    int mid,lmax,rmax;
     if (left==right)                             //递归出口，原数组只有一个数
         return a[left];
     else
     {
         mid=(left+right)/2;                      //二分
         lmax=maxValue (a,left,mid);              //递归求左半部分最大数
         rmax=maxValue (a,mid+1,right);           //递归求右半部分最大数
         return lmax>rmax?lmax:rmax;
     }
}
int main()
{    int a[N],maxData;
     input(a,N);                                  //输入 N 个数
```

```
        maxData=maxValue(a,0,N-1);                    //求最大数
        printf("maxData=%d",maxData);                 //输出最大数
        return 0;
}
```

程序运行结果如下：

请输入 10 个整数(整数间用空格分隔)：
20 10 90 28 35 54 133 34 2 34
maxData=133

 在长度为 N 的数组 a 中找最大数的函数调用格式为：maxValue(a,0, N−1)。

【例 6.25】 编写函数，递归实现数组首尾倒置。

【分析】 在例 6.11 中我们介绍过用循环的方法实现数组的倒置。稍加观察可以发现，若需用递归法对 a[left,right]进行首尾倒置，递归的出口条件是 left>=right，若 left<right，首先将 a[left]与 a[right]交换，之后将去除 a[left]与 a[right]之后的所有元素进行首尾倒置。对 a[left+1,right−1]的操作与原问题性质相同，规模更小，可用递归完成，递归实现数组首尾倒置示意如图 6-28 所示。

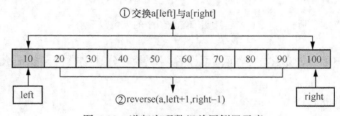

图 6-28 递归实现数组首尾倒置示意

据此，可以写出实现该问题求解的程序如下。

```
#include "Array.h"
#define N 10
/*  @作者：jaq
    @函数名称：reverse   入口参数：int a[],int left, int right
    @函数功能：采用递归算法对数组进行首尾倒置
*/
void reverse(int a[], int left, int right)
{   int temp;
    if (left<right)
    {
        temp=a[left];                         //交换 a[left]与 a[right]
        a[left]=a[right];
        a[right]=temp;
        reverse(a,left+1,right-1);            //递归调用
    }
}
int main()
{   int a[N];
```

```
    input(a,N);                      //输入数据
    reverse(a,0,N-1);                //倒置
    print(a,N);                      //输出倒置后数组
    return 0;
}
```

 　　可否将 reverse() 函数中"交换 a[left] 与 a[right]"的语句块与递归调用语句 reverse(a,left+1,right−1);互换顺序？分别分析在这两种情况下递归程序的执行过程。

本章小结

通过本章学习应达到以下要求。

（1）掌握一维数组及二维数组的定义与初始化方法。

（2）理解向函数传递一维数组的方法。

（3）掌握基于一维数组的顺序查找、删除、插入、找最大数（最小数）等基本算法。

（4）熟练掌握简单选择排序、冒泡排序、二分查找等算法。

（5）了解向函数传递二维数组的方法与注意事项。

（6）理解字符串的存储结构特点，掌握利用字符数组存储字符串的方法。

（7）熟练掌握 strlen()、strcat()、strcpy()、strcmp()等字符串处理函数的使用方法，并理解相关函数的实现方法。

（8）能够根据数据特点定义一维数组或二维数组存储批量数据，并编写算法实现数据处理。

（9）能够设计基于一维数组的递归算法程序。

练 习 六

1. 以下能定义长度为 10 的一维数组 a 且能正确进行初始化的语句是（　　　　）。

    A.　int a[10] = (0,0,0,0,0);　　　　　　　　B.　int a[10] = {};

    C.　int a[] = {0};　　　　　　　　　　　　D.　int a[10] = {10*1};

2. 写出下面程序的运行结果。

```
#include <stdio.h>
int main()
{    int a[]={1,2,3,4},i,j,s=0;
     j=1;
     for(i=3;i>=0;i--)
          {    s=s+a[i]*j;
               j=j*10;
          }
     printf("s=%d\n",s);
     return 0;
}
```

3. 下列程序的功能是统计从键盘输入的字符（回车符作为结束标志）中小写英文字母 a～z 出现的次数，并分别存放到 c[0],c[1],…,c[25] 中，请修改程序中的错误。

```c
#include <stdio.h>
int main()
{       int c[26],i;
        char ch;
        while( ch=getchar() !='\n')
        if (ch>='a'&& ch<='z')
                c[ ch-'a']+=1;
        for(i=0; i<=26 ;i++)
                printf("%c:%d\n",i+'a',c[i]);
        return 0;
}
```

4. 若用数组名作为函数调用时的实参，则实际上传递给形参的是（   ）。

  A. 数组的第一个元素值　　　　　　　　B. 数组元素的个数

  C. 数组中全部元素的值　　　　　　　　D. 数组首地址

5. 下面程序的功能是从键盘输入 N 个数存入数组，调用 sum() 函数求其平均数，请在横线上填上适当的语句或表达式。

```c
#include <stdio.h>
#define N 10
float sum(float a[],int left,int right)    //函数功能是求a[left,right]的平均数
{       float s=0;
        int i;
        for (i=left;i<=right;i++)
                    s=   (1)  ;
        return   s/   (2)  ;
}
int main()
{       float a[N],ave;
        int i;
        printf("请输入%d个数：\n",N);
        for (i=0;i<N;i++)
                scanf("%f",a+i);
        ave=sum(   (3)   );
        printf("ave=%.2f\n",ave);
        return 0;
}
```

6. 下面程序模拟了骰子的 100 次投掷，用 rand() 函数产生 1～6 的随机数 face，然后统计 1～6 每一面出现的概率并存放到数组 frequency 中。请在横线上填上适当的表达式或语句。

```c
#include <stdlib.h>
#include <time.h>
#include <stdio.h>
#define N  100
int main()
{    int  face, i, frequency[7] = {0};
```

```
        srand(time (0));
        for (i=1; i<=N; i++)
        {   face=    (1)   ;
                   (2)          ;
        }
        printf("Face\tFrequency\n");
        for (i=1;    (3)    ; i++)
              printf("%4d\t%d\n", i, frequency[i]);
        return 0;
    }
```

7.　下面的程序用于实现数组首尾倒置，请修改程序中的错误。

```
void reverse(int a[ ],int n)
{     int i;
      for (i=0;   i<n    ;i++)
      {     temp=a[i];
            a[i]= a[n-i-1] ;
            a[i]=temp;
      }
}
int main()
{     int i, a[]={1,2,3,4};
      reverse(a);
      for (i=0;i<4;i++)  printf("%4d",a[i]);
}
```

8.　函数 void insert(int a[], int n ,int x)的功能是在递增有序的数组 a 中插入一个值为 x 的元素，且保持数组的有序性，请在横线上填上适当的语句或表达式。

```
void insert(int a[],int n,int x)
{     int j=   (1)      ;
      while ( j>=0 && x<a[j] )
               {    (2)        ;        //a[j]往后移动
                 j--;
               }
        (3)    =x;                      //将 x 存入留空位置
}
```

9.　设待排序数组是 a[0,n-1]，直接插入排序算法的基本思想是：将初始数组视为两部分——有序段与无序段，初始时有序段只包含一个元素 a[0]，无序段为剩余的 n-1 个元素 a[1,n-1]。排序的过程是依次将无序段中的每一个元素 a[i]（1≤i≤n-1）插入有序段 a[0,i-1]的适当位置，并保持有序段的有序性，每完成一个元素的插入，有序段元素增加一个，无序段元素减少一个，重复这个过程，直至无序段为空时，即完成对数组的排序。

下面的 insertSort()函数用于采用直接插入法对长度为 n 的整型数组 a 进行升序排序，请在横线上填上适当的表达式。

```
void insertSort(int a[],int n)
{     int x,i,j;
```

```
    for (    (1)    ;    (2)    ; i++)
    {           x=      (3)      ;              //保留待插入元素 a[i]
                j=i-1;
                while (j>=0 && x<a[j])          //查找 a[i]的插入位置
                {    a[j+1]=a[j];
                         (4)        ;
                 }
                a[j+1]=x;                       //a[i]插入对应位置
        }
}
```

10. 下列选项中正确的二维数组定义与初始化语句是（　　　　）。

    A. int a[][]={1,2,3,4,5,6};   B. int a[2][]={1,2,3,4,5,6};

    C. int a[][3]={1,2,3,4,5,6};   D. int a[2,3]={1,2,3,4,5,6};

11. 已知 int i,x[3][3]={1,2,3,4,5,6,7,8,9};，则下面语句的输出结果是（　　　　）。

```
for(i=0;i<3;i++)
    printf("%d",x[i][2-i]);
```

    A. 147   B. 159   C. 357   D. 369

12. 若定义了 int b[][3]={1,2,3,4,5,6,7};，则 b 数组的行数是（　　　　）。

    A. 2   B. 3   C. 4   D. 无确定值

13. 下面的程序基于二维数组形成，并按后面所给形式输出数组中的数据。请在横线上填上适当的表达式或语句。

```
#include <stdio.h>
int main()
{
    int i, j,     (1)      ;
    for (i=0; i<5; i++)
        for (j=0; j<5; j++)
            a[i][j]=    (2)      ;
    for (i=0; i<5; i++)
    {
        for (j=0; j<5; j++)
            printf ("\t%d", a[i][j]);
            (3)        ;
    }
    return 0;
}
```

程序运行结果如下：

0	1	2	3	4
1	2	3	4	5
2	3	4	5	6
3	4	5	6	7
4	5	6	7	8

```
#include <stdio.h>
int fun(int a[4][4])
{
    int i,j;
    for (i=0;i<4;i++)
        for (j=0;j<4;j++)    a[i][j]=i+j;
    for (i=0;i<3;i++)
        for (j=0;j<3;j++)    a[i+1][j+1]+=a[i][j];
    return a[i][j];
}
int main()
{
    int a[4][4];
    printf("%d,fun(a));
}
```

14. 字符数组 s 不能作为字符串使用的是（　　　）。

    A．char s[]="happy";　　　　　　　　B．char s[]={"happy"};

    C．char s[6]={ 'h', 'a', 'p', 'p', 'y'};　　　　D．char s[4]={ 'h', 'a', 'p', 'p', 'y'};

15. 判断字符串 s1 是否大于字符串 s2，应当使用（　　　）。

    A．if (s1>s2)　　　　　　　　　　　B．if (strcmp(s1,s2))

    C．if (strcmp(s2,s1)>0)　　　　　　　D．if (strcmp(s1,s2)>0)

16. 回文是指正向、反向的拼写都一样的字符串。例如，ABCBA、aaaa 等均是回文；china、ABC 等不是回文。下面的程序的功能是从键盘输入一个字符串，判断其是否为回文。若是输出"Yes"，否则输出"No"。请在横线上填上适当的表达式或语句。

```
#include <stdio.h>
#include <string.h>
int main( )
{   char s[80];
    int i,j,n;
    gets(s);
    n=    (1)    ;
    j=n-1;
    for (i=0;i<j;i++,j--)
        if (s[i]!=s[j])
                    (2)    ;
    if (    (3)    )  printf("Yes\n");
        else    printf("No\n");
    return 0;
}
```

17. 下面的程序的功能是从键盘输入一行字符，统计其中有多少个单词。假设单词之间以空格分开。请在横线上填上适当的表达式或语句。

```
#include <stdio.h>
#include <string.h>
int main()
{   char str[80];
    int i,num;
```

```
        gets(str);
        if (str[0]== ' ')  num=0;  elsenum=1;
        for (i=1;      (1)      ;i++)
            if (str[i]!= ' ' && str[i-1]    (2)    )        num++;
        printf("%s 中一共有%d 个单词。\n ",str,    (3)    );
        return 0;
    }
```

18. partion()函数采用递归方法，将 a[left, right]中的数进行划分，使负数集中到数组的左边，非负数集中到数组的右边，请在横线上填上适当的表达式或语句。

```
void partion(int a[],int left,int right)
{   int temp;
    if (left<right)
    {
        while (left<right && a[left]<0)     //从左向右找第一个非负数
            (1)     ;
        while (     (2)     )            //从右向左找第一个负数
            right--;
        if (left<right)
        {
            temp=a[left];
            a[left]=a[right];
            a[right]=temp;
            partion(    (3)    );        //递归调用
        }
    }
}
```

实 验 六

1. 具有 n 个元素的整型数组 a 中存在重复数据，编写函数 int set(int a[], int n)，删除数组中所有的重复元素，使数组变成一个集合，函数返回集合中元素的个数。请设计测试程序进行测试。

2. 具有 n 个元素的有序整型数组 a 中存在重复数据，请设计程序，采用二分查找法找到数组中第一个值为给定值的元素所在的位置。

3. 设计函数 void partion(int a[], int n)，将长度为 n 的数组 a 中的所有负数调整到数组的前面，所有非负数调整到数组的后面，并编写测试程序。

4. 双向冒泡排序的基本思想是首先从左向右进行一趟冒泡，将最大数移动到最右边，再从右向左进行一趟冒泡，将最小数移动到最左边，重复这个过程，直到数组有序。请设计双向冒泡排序程序，并编写测试程序进行测试。

5. 编写函数 int delData(int a[],int n ,int x)，删除数组中所有值为 x 的元素，函数返回数组实际剩余元素的个数。请设计测试程序测试函数。

6. 编写一个函数 int merge(int a[],int lena,int b[],int lenb,int c[])，将两个递增有序的数组 a（长度为 lena）与 b（长度为 lenb）有序合并到数组 c，函数返回数组 c 的大小。请编写测试程序进行测试。

7. 编写一个程序，输入两个 M 行 N 列的矩阵分别存放到二维数组 A 和 B，并将两矩阵相加的结果存放到二维数组 C 后输出。

8. 编写一个程序，输入一个 M 行 N 列的矩阵存放到二维数组 A，输入一个 N 行 K 列的矩阵存放到二维数组 B，设计函数完成将 A 与 B 相乘的结果存放到二维数组 C。编写测试程序进行测试。

9. 有 M 名学生，学习 N 门课程，已知所有学生的各科成绩，采用二维数组编程，分别求每位学生的总分和每门课程的平均成绩。

10. 如果二维数组中的某元素是它所在行的最大数，同时是它所在列的最小数，那么该元素称为二维数组的鞍点，编写程序输出二维数组的所有鞍点（二维数组有可能有多个鞍点，也有可能没有鞍点）。

11. 编写函数 int compress(char s[])，将字符串 s 连续出现的多个字符压缩成一个字符，函数返回被压缩字符的个数。例如，"AAbAccDekk"压缩后为"AbAcDek"，被压缩的字符数为 3。编写测试程序进行测试。

12. 编写程序查找一个英文句子中的最长的单词。

13. 在一个字符串 t 中，查找一个字符串 s 第一次出现的位置称为子串定位，又称为模式匹配。模式匹配算法在信息检索中有广泛的应用，试编写一个模式匹配函数，查找一个字符串在另一个字符串中的位置，若没找到，则返回−1。编写测试程序进行测试。

14. 采用递归方法在有序的整型数组 a[left,right]中二分查找值为 key 的元素的所在位置。

15. 编写基于递归的冒泡排序程序，并编写测试程序进行测试。

16. 编写基于递归的选择排序程序，并编写测试程序进行测试。

第7章
指针及其应用

指针是 C 语言和 C++的重要特色，指针为程序员提供了直接访问物理内存的手段，这对开发与操作系统内核或硬件联系紧密的程序非常有价值，因此为许多程序员所钟爱。但和任何事物一样，指针也是把双刃剑，若能正确而巧妙地使用指针，则能写出精练而高效的漂亮程序；反之，若在程序中错误地使用指针，将导致不可预料的程序错误。随着硬件性能的提升和编译技术的改进，使用指针编程来提高程序运行效率已经没有早期那么重要了。如 Java 语言就没有向用户提供指针机制，以减轻程序员开发程序的复杂度。但我们认为对今后从事计算机领域研究或工作的学习者来说，花些时间来学习和熟悉指针仍然是必要的，因为这对于深入理解程序底层工作机制非常有帮助。

通过本章的学习，读者应达成如下学习目标。

知识目标：掌握指针的声明与使用方法，领会行指针、列指针的概念，理解指针的算术运算的含义，理解动态内存分配与回收函数的工作原理。

能力目标：能够熟练应用指针作为函数参数以及访问一维数组、字符串和二维数组，能够应用指针实现动态内存分配与回收。

素质目标：进一步提升应用所学知识分析问题，优化或创造性地解决问题的能力。

7.1 指针的本质

讲指针的本质应该从内存的结构讲起。计算机访问内存的最小单位是字节，计算机为每个字节分配了一个地址，以实现对字节的正确读取。对于一个具有 4GB 内存的计算机系统，其内存地址为 $0 \sim 2^{32}-1$（即 $0 \sim$ FFFFFFFF）。我们知道变量根据其数据类型占有内存的一个或多个字节，编译器把第一个字节的地址视为变量的地址。

图 7-1 所示的 int 型变量 a 占有地址为 5000～5003 的 4 个字节，所以变量 a 的地址是 5000。

我们可以认为 5000 指向变量 a 对应的存储单元，这就是"**指针**"的由来。因此，**指针的本质就是内存地址**。

CPU 的指令包括操作码和地址码两个部分，操作码用于指示指令的性质；地址码用于指示运算对象的存储地址。在执行指令时 CPU 是根据指令的地址码来读取操作数的。

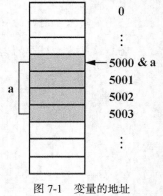

图 7-1 变量的地址

指令	操作码	地址码

通常 CPU 在访问内存时有两种寻址方式：**直接寻址方式**和**间接寻址方式**。

访问在编程时直接给出的变量的地址，这种方式称为**直接寻址方式**。例如，对图 7-1 所示的变量 a 执行 scanf("%d",&a);语句时，通过取地址运算符&a 直接告诉 CPU 变量 a 的内存地址，键盘输入的数据将被存入 5000 开始的 4 个字节中，如图 7-2（a）所示。

间接寻址方式是指在指令中不直接给出变量的内存地址，而是将该变量的地址事先存于某寄存器或某内存单元中，在指令中给出的是存储待访问变量地址的寄存器或变量，CPU 先访问该寄存器或变量，通过读取其内容获得真正需要访问的内存地址，再根据该地址访问相应的内存单元。

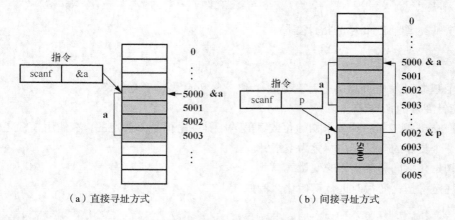

（a）直接寻址方式　　　　　　　　（b）间接寻址方式

图 7-2　直接寻址方式与间接寻址方式

例如，可以事先将变量 a 的地址 5000 存入变量 p（p 本身也是变量，我们可以认为此时 p 指向 a），指令的地址码部分指示 CPU 先读取 p 的内容，再依其内容间接地访问变量 a，如图 7-2（b）所示。

图 7-2（b）中专门用来存储变量地址的变量 p 即**指针变量**。换句话说，指针就是地址，而指针变量就是存储变量地址的变量，有时我们会将指针变量简称为指针，读者可以根据上下文判断"指针"是指的指针变量还是内存地址。

在本书中，若指针变量 p 保存了变量 a 的地址，我们说"p 指向 a"，且用图 7-3 所示方式来表示指针变量与其指向的变量的关系。

指针变量不仅可以保存普通变量的地址，还可以保存数组和结构体等构造类型变量的地址，因此我们把指针指向的变量统称为指针变量指向的**对象**，简称指针指向的对象。

图 7-3　指针变量与其指向的变量的关系

7.2　指针变量的定义与初始化

1. 指针变量的定义

指针变量的类型由该指针变量指向的对象类型决定，定义时需要在指针变量名字前加*。

例如：

```
int a, *p;
char c, *q;
```

上述声明说明 a 为 int 型变量，p 是指向 int 类型变量的指针变量（p 的类型为 int *）；而 c 为 char 型变量，q 是指向 char 型变量的指针变量（q 的类型为 char *）。

指针变量指向对象的数据类型称为指针变量的**基类型**。指针变量只能指向其基类型的变量。例如，char *型的指针变量只能保存 char 型变量的地址，不能保存 int 型变量的地址。当同时定义多个同类型的指针变量时，需要在每个指针变量的名称前加*。

例如：

```
float *ptr1, *ptr2;
```

定义了两个基类型为 float 型的指针变量。

```
float *ptr1, ptr2;
```

定义了一个基类型为 float 型的指针变量 ptr1 和一个 float 型的变量 ptr2。

2. 指针变量的初始化

与普通 auto 型变量一样，未初始化或赋值的指针变量值是不确定的，在使用指针之前，应该让其指向一个具体的变量或初始化为空指针。

（1）初始化指向一个具体的变量

可以在定义指针变量时进行初始化，例如：

```
int a, *p=&a;      //把整型变量 a 的地址赋值给 p
```

也可以先定义指针变量，再使用赋值语句给指针赋初值，例如：

```
int a, *p;
p=&a;                    //将变量 a 的地址存入变量 p（注意：p 之前不要加*号）
```

当 p 指向 a 之后，scanf("%d",&a);与 scanf("%d",p);的作用是相同的，都是将从键盘输入的数据存入变量 a。

请注意区分 scanf("%d",p);与 scanf("%d",&p);的区别，前者将数据存入 p 指向的变量，而后者试图将输入的数据存入变量 p（指针变量的值不能直接通过输入赋值）。

可以用格式控制符%p 以十六进制无符号的形式输出内存地址或指针变量的内容。

例如，若 p 指向 a，可用以下语句输出 a 的地址和指针变量 p 的值：

```
printf("&a=%p, p=%p\n", &a, p);
```

【例 7.1】 使用指针变量显示变量的地址。

```
#include <stdio.h>
int main()
{    char a,*p;
     int b,*q;
     p=&a;                    //p 指向 a
     q=&b;                    //q 指向 b
     printf("&a=%p, &a=%p, &p=%p\n", &a, p, &p);
     printf("&b=%p, &b=%p, &q=%p\n", &b, q, &q);
```

```
        printf("sizeof(p)=%d\n", sizeof(p));      //输出 char 型指针变量占用的字节数
        printf("sizeof(q)=%d\n", sizeof(int *));   //输出 int 型指针变量占用的字节数
        return 0;
    }
```

程序运行结果如下：

&a=0022FF1F, &a=0022FF1F, &p=0022FF18
&b=0022FF14, &b=0022FF14, &q=0022FF10
sizeof(p)=4
sizeof(q)=4

从程序运行结果可以知道上述变量在内存的分布状态如图 7-4 所示。同时可观察到不同基类型的指针变量占用的字节都是相同的，在 CB 或 VC 中均为 4 个字节。

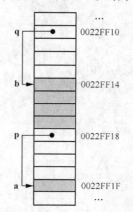

图 7-4　变量在内存的分布状态

　　　变量地址由操作系统自动分配，它依计算机的运行情况而异，因此读者运行本程序的结果可能与本例的运行结果不同。

（2）将指针变量初始化为空指针

在 stdio.h 有常量定义：

```
#define NULL 0
```

为了区分未经初始化的指针变量与经初始化指向有效变量的指针变量，通常用 NULL 来初始化未指向任何有效变量的指针变量。

例如：

```
int *p=NULL;
```

之后可通过 if(p!=NULL)来判断 p 是否指向有效变量，以确定可否访问 p 指向的对象。

注意不能直接将除 NULL 之外的整数赋值给指针变量。

例如，int *p=100;是不允许的，这是因为内存地址为 100 的内存单元未经操作系统分配，会导致通过 p 非法访问该内存单元的错误。

7.3　间接寻址运算符

C语言通过间接寻址运算符*来访问指针指向的对象。其语法格式为：

> *指针

即当指针 p 保存了某对象的地址时，*p 代表其指向的对象。

【例 7.2】　利用指针间接访问变量示例。

```
#include <stdio.h>
int main()
{
    int a=10,*p=&a;                 //将指针变量p初始化为&a
    printf("&a=%p,&a=%p,&p=%p\n", &a, p, &p);
    printf("a=%d, *p=%d\n",a,*p);
    *p=*p+10;                       //等价于a=a+10;
    printf("a=%d, *p=%d\n", a, *p);
    printf("*&a=%d\n", *&a);        //等价于printf("*&a=%d\n",a);
    return 0;
}
```

程序运行结果如下：

> &a=0022FF1C,&a=0022FF1C,&p=0022FF18
> a=10, *p=10
> a=20, *p=20
> *&a=20

从程序运行结果可知，在执行 ***p=*p+10;** 语句前，变量 a 与指针变量 p 的内存状态如图 7-5（a）所示；语句 *p=*p+10;执行后的内存状态如图 7-5（b）所示，该语句通过 *p 间接访问 p 指向的变量 a，将 a 值与 10 相加后存入 a。

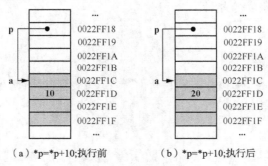

（a）*p=*p+10;执行前　　　（b）*p=*p+10;执行后

图 7-5　间接寻址运算符示例

　　　　　&a 等价为 a，因此 printf("&a=%d\n",*&a);可以输出 a 的内容。

7.4　指针与函数

7.4.1　传值调用与传地址调用

在 5.4 节我们学习普通变量做函数参数时，实参与形参的关系是单向值传递，即在函数中对形参的修改不影响实参变量。因此，下面的程序执行后变量 a 与 b 的值将保持不变。

```
#include <stdio.h>
void swap( int x, int y)
{
    int temp;
    temp=x;
    x=y;
    y=temp;
}
int main()
{
    int a=10,b=20;
    printf("a=%d,b=%d\n",a,b);
    swap(a,b);              //此处传递的实参为 a 与 b 的值
    printf("a=%d,b=%d\n",a,b);
    return 0;
}
```

在函数调用语句 swap(a,b);中，实参向形参 x 与 y 传递的是 a 与 b 的值，这种方式称为**传值调用**。与传值调用对应的另一种方式是**传地址调用**。传地址调用要求函数的形参为指针变量，此时可以把主调函数中变量的地址作为函数实参，当形参变量获得主调函数中变量的地址后，就可在被调函数中通过形参来间接访问其指向的对象，从而达到修改主调函数中变量的目的。

在阅读例 7.3 之前，请读者先回顾一下例 5.6 的内容。例 5.6 的程序中，main()函数中的 change(x);为传值调用，函数调用后 main()函数中的 x 值保持不变。

【例 7.3】　传地址调用示例。

```
#include <stdio.h>
void change( int *p)
{    printf("*p=%d\n", *p);
    *p=0;
    printf("*p=%d\n", *p);
}
int main()
{    int x=10;
    printf("x=%d\n",x);
    change(&x);                //传地址调用
    printf("x=%d\n",x);
    return 0;
}
```

程序运行结果如下：

```
x=10
*p=10
*p=0
x=0
```

显然，main()函数中的 x 在函数调用之后发生了变化！下面我们来分析 chang(&x);是如何实现这一功能的。

函数 change()的形参为指针变量 int *p，表明其可接收 int 型变量的地址作为实参。在 main()函数中，change(&x);将 x 的地址值作为实参赋值给形参变量 p，因此 p 为指向 x 的指针变量，如图 7-6（a）所示。change()函数中的第一条 printf("*p=%d\n", *p);语句输出的是 p 指向的变量值，即 main()函数中的 x 的值，输出结果为*p=10。

*p=0;语句将 p 指向的变量赋值为 0，所以 main()函数中的变量 x 被修改为 0，如图 7-6（b）所示。

综上所述，传地址调用的一般做法如下。

- 被调函数设置指针变量为形参，在函数中通过间接访问运算符访问其指向的变量。
- 主调函数将变量的地址作为函数实参。

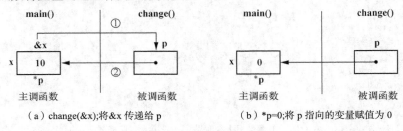

（a）change(&x);将&x 传递给 p　　　　（b）*p=0;将 p 指向的变量赋值为 0

图 7-6　函数传地址调用示意

7.4.2　指针做函数参数的应用实例

传地址调用方式为修改主调函数中局部变量提供了可能。相应地，设计函数时应该采用指针作函数参数。

指针做函数参数通常可以应用在以下两个方面。

（1）希望通过函数调用来修改主调函数中的局部变量。

（2）被调函数需要向主调函数返回多个值。

利用 return 语句只能向主调函数返回一个值，当主调函数期望被调函数返回多个值时，可以利用指针作为函数参数。

下面通过两个典型的案例来进行说明。

【例 7.4】　编写函数 swap()，实现两个整数的交换。

【分析】　练习五第 4 题中的 swap()函数因采用传值调用，无法实现数据交换的目的。根据传地址调用的基本要求，可以将函数修改如下：

```c
#include <stdio.h>
void swap( int *p,  int *q)
{    int temp;              //此处 temp 为整型变量
     temp=*p;              //交换*p 与*q
     *p=*q;
     *q=temp;
```

```
}
int main()
{    int a=10,b=20;
     printf("a=%d,b=%d\n",a,b);
     swap(&a, &b);          //实参为 a 与 b 的地址
     printf("a=%d,b=%d\n",a,b);
     return 0;
}
```

程序运行结果如下：

```
a=10,b=20
a=20,b=10
```

由此可见，函数调用语句 swap(**&a,&b**)；互换了 main()函数中的局部变量 a 与 b 的值。

当执行 swap(**&a,&b**)；函数调用语句时，操作系统会为 swap()分配 3 个局部变量，分别是两个指针变量 p、q 和一个整型变量 temp。p 的值被初始化为&a，q 的值被初始化为&b，如图 7-7（a）①所示。p、q 因此分别指向 a 与 b，此时，*p==a，*q==b，如图 7-7（a）②所示。

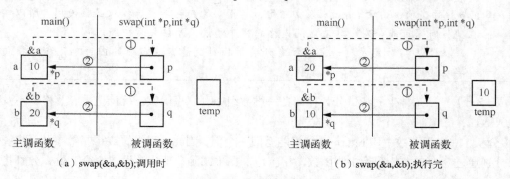

（a）swap(&a,&b);调用时　　　　　　　　　　（b）swap(&a,&b);执行完

图 7-7　swap(&a,&b);执行过程示意

swap()函数体的 3 条语句 temp=*p; *p=*q; *q=temp;可以完成交换*p 与*q，即交换 a 与 b。函数执行完 a 与 b 的值发生互换，且 swap()中的 3 个变量所占内存将被自动回收。

初接触指针的读者在编写 swap()函数时常犯以下错误。

（1）利用指针变量交换了两个形参指针的值，而非交换形参指针指示的对象。

```
void swap( int *p,  int *q)
{    int *temp;        //此处 temp 为整型指针变量
     temp=p;           //交换 p 与 q
     p=q;
     q=temp;
}
```

此时，swap(&a,&b);调用时的初始情况同图 7-7（a）所示，形参指针 p 指向 a，q 指向 b，函数执行的结果仅借助指针变量 temp 实现 p 和 q 的交换，函数体执行完成时（返回主调函数前）形参指针 p 指向 b，q 指向 a，而 main()函数中 a 与 b 的值保持不变，如图 7-8 所示。

请思考：若有 int a=1,b=2, *p=&a,*q=&b;，则函数调用 swap(p,q);能否修改 p 与 q 的值？

（2）错误地定义并使用交换变量。

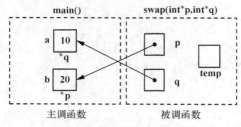

指针作为
函数参数

图 7-8　形参指针变量交换示意

```
void swap( int *p,  int *q)
{    int *temp;            //此处 temp 为整型指针变量
     *temp=*p;            //交换*p 与*q
     *p=*q;
     *q=*temp;
}
```

swap(&a,&b);使用了未经初始化的指针变量 temp 所指的内存单元（*temp）来完成 a 与 b 的交换，由于 temp 未经初始化，其指向的内存单元未授权函数使用，所以该函数在执行时很可能会发生非法访问内存的程序错误，而被异常中断。

在使用指针变量时一定要注意分清楚指针变量本身占用的内存单元和它指向的内存单元的区别。

【例 7.5】　已知学生的考试分数存储在一维数组中，编写函数，统计优秀、及格与不及格的学生人数。

【分析】　由于函数中用 return 语句只能返回一个值，因此可以设置 3 个指针参数，将统计的结果分别通过 3 个参数传回给主调函数。相应地，在主调函数中应该设置 3 个变量，分别将它们的地址作为实参传递给该函数。

```
#include <stdio.h>
#define N 100
void count(float a[], int n, int *good, int *pass, int *fail);
int input(float a[]);

int main()
{
    float score[N];
    int n,good,pass,fail;
    n=input(score);              //输入分数，以负数结束，返回输入的有效分数个数
    if (n>0)
    {
        count(score, n, &good, &pass,&fail);
        printf("优秀人数: %d\n",good);
        printf("及格人数: %d\n",pass);
        printf("不及格人数: %d\n",fail);
    }
    return 0;
}
/*
  @函数名称: count      入口参数: float a[], int n, int *good, int *pass, int *fail
```

```
        @函数功能：统计优秀、及格与不及格的学生人数
        @出口参数：*good 存放优秀人数，   *pass 存放及格人数，*fail 存放不及格人数
*/
void count(float a[], int n, int *good, int *pass, int *fail)
{
    int i;
    *good=*pass=*fail=0;
    for (i=0;i<n;i++)
        if (a[i]>=90)
            *good+=1;
        else
        if (a[i]>=60)
            *pass+=1;
        else
            (*fail)++;
}
/*
        @函数名称：input       入口参数：float a[]
        @函数功能：数据输入
        @出口参数：数据存入数组 a，函数返回输入数据的个数
*/
int input(float a[])
{
    int i=-1;
    printf("请输入学生分数，以回车符分隔（输入负数结束）：\n");
    do
    {
        i++;
        scanf("%f",a+i);
    }while (a[i]>=0);
    return i;
}
```

当实参对象占用较大空间时，传地址调用比传值调用具有更高的效率，可以节约实参向形参传递数据的时间和存储实参数据的空间。但函数调用把变量的地址作为参数传入时，函数拥有修改实参所指向对象的权限，如果该对象只允许被函数访问（只读），不允许函数修改，则可用 const 来表明函数不能改变指针参数所指向的对象。const 应放置在形式参数的声明中，后面紧跟形式参数的类型说明，当函数试图修改形参指针所指对象时将出现编译错误。例如：

```
#include <stdio.h>
void fun(const int *x)
{
    printf("%d", *x );   //输出*x
    *x=20;               //编译出错
}
int main()
{
    int a=10;
    fun(&a);
}
```

fun()函数中的*x=20;语句试图修改*x，将发生编译错误。

7.5 指针和一维数组

7.5.1 指针的算术运算与关系运算

指针作为一种特殊的数据类型，可以进行算术与关系运算，其中算术运算仅限加法与减法。指针的算术运算与关系运算的含义有别于普通数据类型的相关操作，它是以其基类型为单位展开的。

1. 指针加上某正整数

当指针（常量或变量）p 与某正整数 x 相加时，会得到一个新的指针值（记为 q），q 指向 p 所指存储单元的后续 x 个存储单元。即 q 指向的存储单元由系统在 p 值的基础上自动加上 x 乘以指针所属的基类型变量所占字节数，q 值等于 p+x*sizeof(*p)。

例如，若有 short int a[8],*p,*q,*r;，可以用下面的示例说明指针的加法运算。

```
p=&a[3];
```

p 指向 a[3]，如图 7-9 所示。

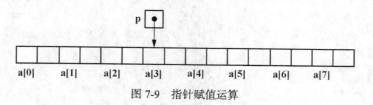

图 7-9 指针赋值运算

q=p+2;将使 q 指向 a[5]，如图 7-10 所示。

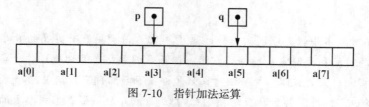

图 7-10 指针加法运算

若在图 7-10 的基础上执行 q++;操作，将使 q 指向 a[6]，如图 7-11 所示。

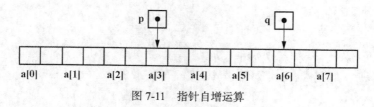

图 7-11 指针自增运算

2. 指针减去某正整数

当 x 为正整数时，指针运算 p−x 所得的值为内存中相对于 p 的前 x 存储单元地址。

例如，在图 7-11 的基础上执行：

```
r=p-2;
```

将使 r 的值指向 a[1]，如图 7-12 所示。

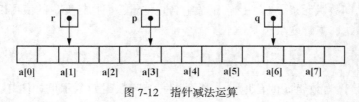

图 7-12　指针减法运算

若在此基础上执行 r--;操作，将使 r 指向 a[0]，如图 7-13 所示。

3. 指针相减

指向同一个数组的两个指针相减，将得到两个指针间相差的存储单元个数。例如，在图 7-13 中，p-r 的值为 3，p-q 的值为-3。

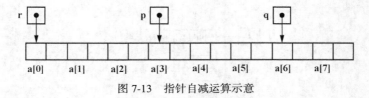

图 7-13　指针自减运算示意

在字符串中用\0 所在的地址减去字符串首地址可得到字符串长度。

4. 指针的关系运算

指针的关系运算用于比较两个指针指向存储单元地址的大小，通常进行关系运算的指针应指向同一个数组才是有意义的。如在图 7-13 中，关系运算 r==p-3 的结果为逻辑真，r<q 的结果也为逻辑真。

两个指针相加、相乘和相除是没有任何意义的。

7.5.2　应用指针访问一维数组

若有 int a[10]，则数组名 a 代表数组在内存的起始地址，即&a[0]（数组名是一个指针常量），因此*a 等价为 a[0]。

根据指针的算术运算原理，易知 a+i 代表由 a 开始向后的第 i 个存储单元地址，即 a[i]的地址，所以在 Array.h 的 input()函数中，我们可以采用：

```
scanf("%d", a+i );
```

来输入 a[i]的值。

既然 **a+i** 代表 **a[i]** 的地址，那么*(a+i)等价于 a[i]。

因此，我们可以用以下的代码来输出数组 a 的内容：

```
int a[10],i;
…                              //此处省略数组赋值语句
```

```
for (i=0; i<10; i++)
    printf("%5d", *(a+i) );        //*(a+i)等价于 a[i]
```

当某指针变量指向数组下标为 0 的元素时，指针变量值与数组名都表示数组起始地址，这时可以借助指针来访问数组元素。差别仅在于数组名是常量，而指针变量的值可以修改。

例如，若有数组和指针变量声明如下：

```
int a[10],*p=&a[0];
```

由于 p 被初始化为数组 a 的首地址，利用指针访问数组元素示例如图 7-14 所示，此时可以用以下 4 种形式来等价地表示 a[i]：

①a[i]　　②*(a+i) ③p[i]　④*(p+i)

同理，可以用以下 4 种形式来等价地表示 a[i]的地址：

①&a[i]　②a+i　　③&p[i]　④p+i

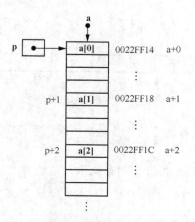

应用指针访问
一维数组

图 7-14　利用指针访问数组元素示例

【例 7.6】　指针访问数组示例 1。

```
#include <stdio.h>
#define N 10
int main()
{
    int a[N],i,*p;
    p=a;                         //或写成 p=&a[0]
    printf("请输入%d个整数：\n",N);
    for (i=0;i<N;i++)
        scanf("%d", p+i );       //输入 a[i]，还可用 a+i、&a[i]或&p[i]表示 a[i]的地址
    printf("数组内容(从前向后)\n");
    for (i=0;i<N;i++)
        printf("%4d", p[i] );    //输出 a[i]，还可用*(p+i)或*(a+i)表示 a[i]
    return 0;
}
```

程序运行结果如下：

```
请输入 10 个整数:
1 2 3 4 5 6 7 8 9 10
数组内容(从前向后)
    1    2    3    4    5    6    7    8    9   10
```

由于数组在内存中具有连续的存储单元,通过上一小节的学习,我们知道当指针变量 p 指向数组某存储单元时,p++将使 p 指向数组的下一个存储单元;同理,p—将使 p 指向数组的上一个存储单元。因此,可以采用以下的方式来访问一维数组。

【例 7.7】 指针访问数组示例 2。

```c
#include <stdio.h>
#define N 10
int main()
{
    int a[N],*p;
    printf("请输入%d 个整数:\n",N);
    for (p=a; p<a+N; p++)           // a+N 表示 a[N-1]的下一存储单元地址
        scanf("%d", p);
    printf("数组内容(从前向后)\n");
    for (p=a; p<a+N; p++)
        printf("%5d", *p);
    printf("\n 数组内容(从后向前)\n");
    p=a+N-1;                        //p 指向 a[N-1]
    while (p>=a)
        printf("%5d",*p--);
    return 0;
}
```

程序运行结果如下:

```
请输入 10 个整数:
1 2 3 4 5 6 7 8 9 10
数组内容(从前向后)
    1    2    3    4    5    6    7    8    9   10
数组内容(从后向前)
   10    9    8    7    6    5    4    3    2    1
```

本例用了两种不同的手段分别从前向后和从后向前输出一维数组,其中:

```
while (p>=a)
    printf("%5d",*p--);
```

执行过程解释如下。

后缀自减运算符—比间接寻址运算符*具有更高的优先级,所以*p—;等价于*(p—);。根据后缀—的运算规则,*(p—)是先将 p 值参与*p 运算,再将 p 值减 1。因此,这段循环每次输出一个 p 指向的元素后,将 p 向前移动一个存储单元,直到输出 a[0]为止。

　　C语言程序经常在处理数组元素的语句中组合*运算符和++（或——）运算符。例如，我们可以用下面的循环方式来为数组元素 a[0]～a[N−1]分别赋值 0～N−1。

```
p=a;        //设 a 为数组名，且数组大小为 N
for (i=0; i<N; i++)
        *p++=i;
```

在使用时，要注意区分*p++与以下几种表达式的差别。

（1）(*p)++：自增前表达式的值是*p，再自增*p。

（2）*++p 或*(++p)：先自增 p，自增后表达式的值是*p。

（3）++*p 或++(*p)：先自增*p，自增后表达式的值是*p。

7.5.3　深入理解一维数组做函数参数的本质

　　6.2 节介绍了当一维数组做函数参数时，可接收一维数组名做实参，且形参数组在函数调用时将获得实参数组的首地址。

　　实际上，函数形参中的一维数组本质上是指针变量，即 void fun(int a[], int n)等价于 void fun(int *a, int n)。

　　指针变量 a 是 fun()函数中的局部变量，当函数调用 fun(b,10)发生时，形参指针变量 a 将被分配空间并被初始化为实参数组 b 的首地址，由于指针变量 a 指向数组 b 的首地址，在函数中对 a[i]的访问即对数组 b[i]的访问。

　　【例 7.8】　采用指针方式编程，将一维数组进行首尾倒置并输出。

　　【分析】　一维数组首尾倒置的算法大家应该非常熟悉了，本例采用指针方式进行编程，请读者观察函数形参定义及函数调用时的实参形式。

```
#include <stdio.h>
#define N 10
void input(int *p,int n);
void print(int *p,int n);
void reverse(int *p,int n);
int main()
{    int a[N];
     input(a,N);                 //输入数组 a
     print(a,N);                 //输出数组 a
     reverse(a,N);               //倒置数组 a
     print(a,N);                 //输出数组 a
     return 0;
}
/*
     函数名称：reverse   入口参数：int *p,int n
     函数功能：实现数组的首尾倒置
*/
void reverse(int *p, int n)
{
     int temp,*q;
     q=p+n-1;        //q 指向数组的最后一个存储单元
```

```
        while (p<q)
        {
            temp=*p;
            *p=*q;
            *q=temp;
            p++;
            q--;
        }
}
/*
        函数名称：input    入口参数：int *p,int n
        函数功能：输入数组的前 n 个元素
*/
void input(int *p, int n)
{
        int i;
        printf("请输入%d 个整数:\n",n);
        for (i=0;i<n;i++)
            scanf("%d", p++);           //本条语句也可写成 scanf("%d", p+i );
}
/*
        函数名称：print    入口参数：int *p,int n
        函数功能：输出数组的前 n 个元素
*/
void print(int *p, int n)
{
        int i;
        for (i=0;i<n;i++)
            printf("%4d",*p++);         //本条语句也可写成 printf("%4d", *(p+i));
        printf("\n");
}
```

程序运行结果如下：

```
请输入 10 个整数：
1 2 3 4 5 6 7 8 9 10
    1    2    3    4    5    6    7    8    9   10
   10    9    8    7    6    5    4    3    2    1
```

在 reverse()函数中，定义了一个辅助指针 q，初始指向数组的最后一个元素。每循环一次将 *p 与*q 交换，之后 p 向后移动一个存储单元，q 向前移动一个存储单元，直至 p>=q 结束。

深入理解指针变量的本质将有助于写出精练的程序代码。

7.6　字　符　指　针

由于 C 语言采用字符数组来存储字符串，相应地可以利用字符指针来访问字符串。

7.6.1 使用字符指针指示字符串常量

字符指针可以保存字符串常量的首地址，例如：

```
ptr= "My name is Tony";
```

此时，字符串常量在内存的首地址将赋值给 ptr（而不是将整个字符串赋值给 ptr）。字符指针变量 ptr 本身只占 4 个字节，而其指向的字符串共有 16 个字节，如图 7-15 所示。

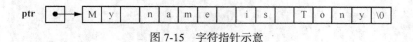

图 7-15　字符指针示意

当字符指针变量指向某字符串后，可以把该指针变量作为函数实参，传递给字符串处理函数进行调用。例如，可用 strlen(ptr) 来获得 ptr 所指向的字符串的长度。

对 ptr 的赋值语句将改变 ptr 指针的指向。例如，对图 7-15 所示的字符指针变量 ptr 执行

```
ptr= "Hello";
```

将使 ptr 指向新的字符串，如图 7-16 所示。

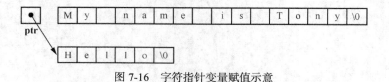

图 7-16　字符指针变量赋值示意

【例 7.9】　字符指针变量赋值程序示例。

```c
#include <stdio.h>
#include <string.h>
int main()
{
    char *str1="My name is Tony";
    char *str2="Hello";
    char *temp;
    printf("strlen(str1)=%d\n",strlen(str1));
    printf("str1:%s\n",str1);
    printf("str2:%s\n",str2);
    temp=str1;                              //交换 str1 与 str2 指针的指向
    str1=str2;
    str2=temp;
    printf("str1:%s\n",str1);
    printf("str2:%s\n",str2);
    return 0;
}
```

程序运行结果如下：

strlen(str1)=15
str1:My name is Tony
str2:Hello
str1:Hello
str2:My name is Tony

　　本例采用交换字符指针指向的方法来交换字符串，初始时 str1 与 str2 分别指向字符串 "My name is Tony" 和 "Hello"，如图 7-17（a）所示。程序利用指针变量 temp 交换 str1 和 str2 的内容，使两字符指针互换指向对象，如图 7-17（b）所示。

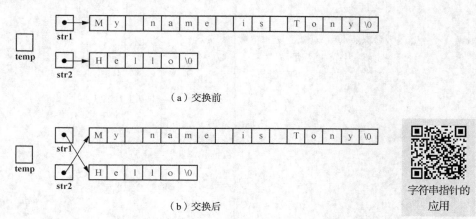

（a）交换前

（b）交换后

图 7-17　利用指针交换字符串

字符串指针的
应用

7.6.2　利用字符指针访问字符串变量

　　利用字符指针可以访问字符串变量，即存储在字符数组中的字符串。

【例 7.10】　字符指针访问字符串示例。

```
#include <stdio.h>
#include <string.h>
int main()
{
    char s[20]="Do you understand?";
    char *p;
    p=s;
    while (*p!='\0')                    //输出字符串 s
        putchar(*p++);
    putchar('\n');
    printf("strlen(s)=%d\n", p-s);   //输出字符串长度
    return 0;
}
```

程序运行结果如下：

Do you understand?
strlen(s)=18

该程序利用指针 p，从前向后依次输出字符串内容，直到遇\0 结束，返回 p-s 的值，即字符串的长度。

利用字符指针做函数参数，可接收字符串首地址为实参，因此在函数中可以利用指针操作来实现对字符串的访问。

【例 7.11】 编写一个函数 char* myStrcat(char *t, char *s)，实现与字符串连接函数 strcat()等价的功能，并编写 main()函数进行测试。

```c
#include <stdio.h>
#include <string.h>
#define N 80
/*
    @函数名称：myStract  入口参数：char *t, char *s
    @函数功能：字符串连接
    @出口参数：返回目标串首地址
*/
char* myStrcat(char *t, char *s)
{
    char *p=t;                //保存目标串首地址
    while (*p!='\0')          //找目标串串尾
        p++;
    while (*s!='\0')          //将字符串 s 复制到字符串 t 后
    {
        *p++=*s++;
    }
    *p='\0';                  //置字符串结束标志
    return t;
}
int main()
{
    char str1[N]="Computer ";
    char str2[N]="Science";
    puts(myStrcat(str1,str2));
    puts(str1);
    puts(str2);
    return 0;
}
```

程序运行结果如下：

```
Computer Science
Computer Science
Science
```

myStrcat()函数还可以简化为下面的形式：

```c
char* myStrcat(char *t, char *s)
{
    char *p=t;
    while (*p)                          //找目标串串尾
        p++;
```

```
        while (*p++ = *s++);        //将字符串 s 复制到字符串 t 后
        return t;
}
```

请读者思考 while (*p++ = *s++);语句是如何实现字符串复制的？

正如本例所示，指针可以作为函数的返回值，此时，函数的返回值为内存中存储单元的地址，例如，myStrcat()函数的返回类型为 char*，函数的返回值为目标串的首地址。

因此，在 main()函数中用 puts(myStrcat(str1,str2));语句可以输出 Computer Science。

但要特别注意，不能将函数内部的动态局部变量的地址作为函数的返回值，因为一旦函数调用结束，该变量就会被释放。例如，下面 fun()函数中的变量 a 在 fun()函数调用结束时将被释放，若把其地址作为函数的返回值，将导致主调函数访问无效内存。

```
int* fun()
{    int a=10;
     …
     return &a;
}
```

7.7　指针和二维数组

正如指针可以指向一维数组元素一样，指针还可以指向二维数组元素。

7.7.1　列指针

我们知道二维数组的物理结构是线性的，对于一个 M 行 N 列的二维数组 a，可以将其看成由 M 个大小为 N 的一维数组构成，这 M 个一维数组分别是 a[0]~a[M−1]，它们按行优先的形式存储在内存中。

由于一维数组的数组名代表一维数组的起始地址，所以在二维数组中 a[i]代表第 i 行的起始地址，这个地址称为**列地址，即列指针**。对于一个 3 行 4 列的二维数组 a，其共包含 3 个一维数组：a[0]、a[1]和 a[2]。二维数组的列指针如图 7-18 所示。

因 a[i]代表第 i 行首地址，所以 a[i]+j 代表 a[i][j]的地址，即 a[i]+j==&a[i][j];。由于 a[i]可表示为*(a+i)，因此以下几项均为与 a[i][j]地址等价的表达形式：

①&a[i][j];

②a[i]+j;

③*(a+i)+j。

例如，对于图 7-18 所示的二维数组 a，&a[2][2]可表示为*(a+2)+2 或 a[2]+2。

相应地，与 a[i][j]等价的表达形式有以下两种：

①*(a[i]+j);

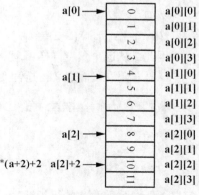

图 7-18　二维数组的列指针

②*(*(a+i)+j)。

例如，a[2][2]可表示为*(a[2]+2)或*(*(a+2)+2)。

由于二维数组在内存中连续存放，所以我们可以定义一个指针变量，由a[0][0]开始，由低地址到高地址依次访问二维数组。

【例7.12】 利用指针输出二维数组的内容。

```c
#include <stdio.h>
int main()
{
    int a[3][4]={0,1,2,3,4,5,6,7,8,9,10,11};
    int *p,i,j;
    p=a[0];            //或p=&a[0][0], 或p=*(a+0)，或p=*a
    for (i=0;i<3;i++)
         {   for (j=0;j<4;j++)
               printf("%4d", *p++); //每输出一个，p向后移动一个存储单元
             printf("\n");
         }
    return 0;
}
```

程序运行结果如下：

```
0   1   2   3
4   5   6   7
8   9   10  11
```

7.7.2　行指针

二维数组的名称也是一个指针常量，它同样记录了二维数组在内存的起始地址，但该指针逻辑上具有特殊的含义，对该指针执行算术运算是以二维数组每行具有的列数为基本单位的，因此我们称它为**行指针**。在图7-18所示的二维数组a中，a+1表示第1行的起始地址，a+2表示第2行的起始地址，如图7-19（a）所示。

由行指针向列指针转换的方法为在行指针前面加上间接寻址运算符*。

例如：

(a+1)==a[1]，(a+2)==a[2]。

因此，从这个角度同样可理解*(*(a+i)+j)==a[i][j]。

C语言允许我们定义行指针变量来指向二维数组的行地址。语法格式如下：

数据类型 (*指针变量名)[列数];

例如：

int (*p)[4];

定义了一个列数为4的行指针变量p，p可用于指向列数为4的二维数组的行地址。对p执行算术运算是以4个int型存储单元为基本单位的。例如，p=p+2;将使p向后移动8个存储单元。

假设 a 为图 7-18 所示的二维数组，且 p=a;，则 p+i 表示数组 a 的第 i 行的行地址，相应地，*(p+i)表示第 i 行的列地址，即 a[i]，如图 7-19（b）所示。

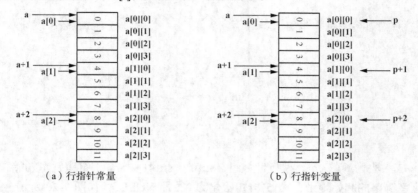

（a）行指针常量　　　　　　　　　　　　（b）行指针变量

图 7-19　行指针示意

(p+i)+j 则表示 a[i][j]的列地址，即&a[i][j]，因此，a[i][j]可用(*(p+i)+j)来表示。

【例 7.13】　利用行指针访问二维数组示例。

```c
#include <stdio.h>
int main()
{
    int a[3][4]={0,1,2,3,4,5,6,7,8,9,10,11};
    int (*p)[4],i,j;
    p=a;                        //为行指针 p 赋值数组首地址
    for (i=0;i<3;i++)
            {   for (j=0;j<4;j++)
                    printf("%4d", *(*(p+i)+j));
                printf("\n");
            }
    return 0;
}
```

行指针与列指针

程序运行结果与例 7.12 相同。

注意

　　　　在定义行指针时，一定要将*与变量名用()括起来。int (*p)[4]与 int *p[4]的区别是，前者为行指针，而后者为整型指针数组。

7.8　指针的高级应用

本节将介绍几种指针的特殊应用技巧，包括指针数组、动态内存分配、指向指针的指针（二级指针）、应用指针实现变长数组等内容。

7.8.1　指针数组及其应用

1. 指针数组的定义

当需要定义多个同类型的指针变量时，可以将其定义成指针数组，从而便于通过循环来访问所有的指针变量。

指针数组的定义格式如下：

数据类型* 指针数组名[数组大小]；

例如：

```
char *str[6]={ "Think in Java",
               "C programming language",
               "Data Structure",
               "A Writer\'s Reference",
               "English in use"};
```

str 被定义成大小为 6 的 char*型指针数组，str[0]～str[4]被 5 个字符串常量初始化，每个数组元素保存对应字符串的起始地址，str[5]被初始化为 0（即 NULL），如图 7-20 所示。

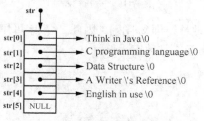

图 7-20　字符指针数组示例

【例 7.14】　利用指针数组输出程序菜单选项示例。

```
#include <stdio.h>
#include <string.h>
int main()
{
  char *str[]={"[1]加法","[2]减法","[3]乘法","[4]除法","[5]设置题量大小","[6]设置
答题机会","[0]退出"};
  int len,i;
  len=sizeof(str)/sizeof(char *);              //求数组大小
  for (i=0;i<len;i++)
            puts(str[i]);
  return 0;
}
```

本程序利用字符指针数组存储例 5.16 的菜单选项字符串，通过一次循环可以输出全部菜单选项内容。

2. 指针数组在索引表中的应用

计算机在组织数据时经常要为它们建立不同类型的索引，以方便用户查询。

以磁盘文件为例，在资源管理器中可以按名称、修改时间、类型和大小等对文件进行排序。例如，对图 7-21（a）所示的磁盘文件（夹）按名称排序将得到图 7-21（b）所示的结果。如果通过使磁盘文件重新移动位置来排序，这种做法显然是不可取的。实际上操作系统的磁盘管理程序提供了文件分配表来记录磁

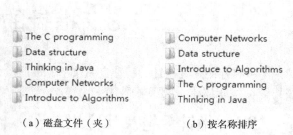

（a）磁盘文件（夹）　　　　　　　（b）按名称排序

图 7-21　磁盘文件排序示例

盘文件的文件名、建立时间等详细信息。当用户选择对文件进行排序时只需对文件分配表中的表项进行排序即可。

为加快处理速度，可对文件分配表中的表项按名称、修改时间、类型和大小等建立不同的索引，当用户想按某种方式排序显示时，只需按索引顺序显示即可。

【例 7.15】　假设磁盘文件信息存储在图 7-22 所示的文件分配表 file 中，为简化，我们只存储了文件（夹）名称，请编程模拟实现对文件按名称排序。

file[5][24]

T	h	e		C		p	r	o	g	r	a	m	m	i	n	g	\0						
D	a	t	a		s	t	r	u	c	t	u	r	e	\0									
T	h	i	n	k	i	n	g		i	n		J	a	v	a	\0							
C	o	m	p	u	t	e	r		N	e	t	w	o	r	k	s	\0						
I	n	t	r	o	d	u	c	e		t	o		A	l	g	o	r	i	t	h	m	s	\0

图 7-22　简化的文件分配表

【分析】　方法 1：可对存储在二维数组中的字符串直接进行重排，使其按名称排序，如图 7-23 所示。请读者模仿例 6.23 完成。

C	o	m	p	u	t	e	r		N	e	t	w	o	r	k	s	\0						
D	a	t	a		s	t	r	u	c	t	u	r	e	\0									
I	n	t	r	o	d	u	c	e		t	o		A	l	g	o	r	i	t	h	m	s	\0
T	h	e		C		p	r	o	g	r	a	m	m	i	n	g	\0						
T	h	i	n	k	i	n	g		i	n		J	a	v	a	\0							

图 7-23　直接重排文件名

方法 2：可用指针数组为该表建立初始索引表，如图 7-24（a）所示。然后对索引表中每个元素指向的字符串按名称进行排序，所得结果如图 7-24（b）所示。之后只需要按照索引表顺序输出字符串即可。

（a）建立初始索引表

（b）按名称排序索引表

图 7-24　文件索引表

下面给出方法2的程序实现，请读者自行运行程序，观察运行结果。

```
#include <stdio.h>
#include <string.h>
#define M 5
#define N 30
void selectSort(char *index[], int n);
int main()
{    char file[M][30];                //模拟文件分配表
     char *index[M];                  //索引表
     int i;
     printf("请输入%d个文件名：\n",M);
     for (i=0;i<M;i++)                //输入文件名
         gets(file[i]);
     for (i=0;i<M;i++)                //建立初始索引表
         index[i]=file[i];
     selectSort(index,M);            //对索引表进行排序
     puts("按名称排序：");
     for (i=0;i<M;i++)                //按索引表顺序输出文件名
         puts( index[i] );
     return 0;
}
/*

    @函数名称：selectSort       入口参数：char *index, int n
    @函数功能：采用简单选择排序法对索引表排序
*/
void selectSort(char *index[], int n)
{    char *temp;
     int i,j,minIndex;
     for (i=0;i<n-1;i++)
     {    minIndex=i;
          for (j=i+1;j<n;j++)
                if ( strcmp(index[j], index[minIndex] )<0)
                       minIndex=j;
          if (minIndex!=i)          //交换指针
          {       temp=index[i];
                  index[i]=index[minIndex];
                  index[minIndex]=temp;
          }
     }
}
```

7.8.2 动态内存分配

到目前为止，我们介绍过两种内存分配方法。一种是声明一个全局变量或 static 变量，编译器分配给这种变量的内存空间需等到整个程序结束才会收回，我们称这种分配模式为**静态分配**。另一种是在语句块中声明一个 auto 型局部变量，该变量在系统栈中分配空间，进入该语句块时为变量进行空间的分配，当退出该语句块时，空间将被自动收回，我们称这种分配模式为**自动分配**。

静态分配与自动分配有时不能满足程序动态需求，以数组为例，ANSI C 要求数组在声明时必须指定大小，一旦程序完成编译，数组元素的数量就固定了，不能根据程序运行的实际需要来合理地分

配数组大小或扩充数组空间。也就是说，在不修改并且再次编译程序的情况下无法改变数组的大小。

C 语言提供了第三种分配方式，就是在需要时显式地申请空间，在不需要时再显式地释放空间，我们称这种方式为**动态分配**。通过使用动态分配，程序可以在执行期间申请所需要的内存块，还可以设计出能根据需要扩大或缩小的数据结构。

1. 内存分配函数

C 语言在<stdlib.h>中定义了 3 种内存分配函数，来实现动态内存分配。

- malloc()函数：用于分配内存块，但是不对内存块进行初始化。
- calloc()函数：用于分配内存块，并且对内存块进行清零。
- realloc()函数：用于调整先前分配的内存块大小。

由于 3 个函数分配的内存块可用于存放不同类型的数据，因此在设计 3 个函数时其返回类型为 void *，void *型的值是"通用"指针，本质上它只是内存地址。程序员可以根据需要将函数返回值强制转换成所需的指针类型。

系统为 3 个函数分配的内存均来自"堆区"，若堆区空间不能满足程序申请的内存需求，函数的返回结果为 NULL。

（1）malloc()函数

malloc()函数是 3 个函数中使用最多的一个，由于它不对内存块进行初始化，故具有较高的效率，其函数原型如下：

```
void *malloc(size_t size);
```

该函数分配 size 个字节的内存块，并且返回指向该内存块的首地址。此处，size 的类型是在 stddef.h 头文件中定义的类型 size_t。在有些计算机上，它可以具有比 long unsigned 更大的数据大小。从理论上讲，在调用该函数时 size 只要是一个无符号整数即可。

例如：

```
int *a,n=6;
a=(int *)malloc( n * sizeof(int) );
```

该语句在内存中分配 6 个连续的整型单元，并将其地址赋值给整型指针变量 a，如图 7-25 所示。

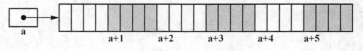

图 7-25　动态分配整型数组

我们可以将 a 当作整型数组使用，例如：

```
int i;
for (i=0; i<n; i++)
    scanf("%d", &a[i] );
```

若 *n* 值由键盘输入，我们可以根据需要动态构造所需的数组大小。

再如：

```
char *p;
p=(char *) malloc(20*sizeof(char));
strcpy(p, "Computer Networks");
```

p 指向了 malloc()函数分配的 20 个字节的内存空间，且被 strcpy()函数存入了字符串"Computer Networks"，如图 7-26 所示。

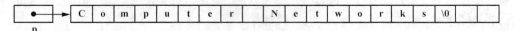

图 7-26　动态分配字符数组

（2）calloc()函数。

calloc()函数原型如下：

```
void *calloc(size_t n, size_t size);
```

该函数分配 *n* 个连续的大小为 size 的内存空间。

例如：

```
int *a,n=6;
a=(int *)calloc( n , sizeof(int) );
```

分配了与图 7-25 相同的内存单元，calloc()函数与 malloc()函数的差别在于该函数在分配完后会将所有的内存单元初始化为 0。

（3）realloc()函数

为数组分配完内存后，在程序运行过程中可能会发现数组过大或过小。realloc()函数可以调整数组的大小使它更能够满足需求。

其函数原型如下：

```
void* realloc(void *ptr, size_t size);
```

调用该函数时，ptr 必须指向先前通过 malloc()函数、calloc()函数或 realloc()函数的调用获得的内存块，size 表示内存块的新尺寸，新尺寸可以大于或小于原有尺寸。

【例 7.16】　动态分配数组示例。

```
#include <stdio.h>
#include <stdlib.h>
#include <string.h>
int main()
{
    char *p;
    p=(char *) malloc(20*sizeof(char));
    if (p!=NULL)
    {
        strcpy(p,"Computer Networks");
        puts(p);
    }
    p=(char *)realloc(p, 2*strlen(p));    //将数组空间扩大至 2 倍
    if (p)
    {
        puts(p);
        strcat(p, " and Data structure");
        puts(p);
    }
```

```
        free(p);                                //释放动态申请的空间
        return 0;
}
```

程序运行结果如下：

Computer Networks
Computer Networks
Computer Networks and Data structure

动态内存分配
函数的使用

语句 **p**=(char *)realloc(**p**, 2*strlen(**p**))；将原申请的数组空间扩大为 2 倍空间。需要说明的是，若原空间之后的内存可用，系统会在其后进行扩展，但若其后的空间被占用，系统需在别处重新分配新的空间，并将原空间的内容复制到新空间中。因此，需要将函数的返回地址重新赋值给指针 p。

2. 内存释放函数

正如例 7.16 一样，由程序动态申请的内存必须由程序显式地释放，否则将导致系统"堆区"内存的耗尽，用于完成这一操作的函数是 free()。

其语法格式为：

free(指针);

它将释放指针指向的动态分配的内存空间。

例如，若 p 指向图 7-26 所示的动态字符数组。执行 free(p);后，p 指向的数组空间将被释放（不是释放 p 指针变量本身），但 p 指针不会被初始化为 NULL，其可能仍指向原内存空间，如下所示。

但此时不能再引用其指向的内存空间，否则将导致非法访问内存的错误。一个好的做法是在执行 free(p);后，将 p 赋值为 NULL。

在动态内存分配的过程中，要避免发生**内存泄漏**，例如：

```
int *a,*b;
a=(int *) malloc(6*sizeof(int));
b=(int *) malloc(3*sizeof(int));
```

将分别为 a 和 b 分配长度为 6 和 3 的数组，如图 7-27（a）所示。

执行 a=b;后将使 a 指向 b 指向的动态数组，a 原来指向的动态数组既不能被程序利用，也无法被系统回收，成为垃圾内存，这种现象称为**内存泄漏**，如图 7-27（b）所示。Java 语言提供了专门的垃圾回收器来回收垃圾内存。

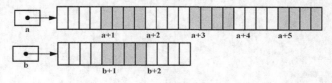

（a）动态内存分配

图 7-27　动态内存分配及内存泄漏示意

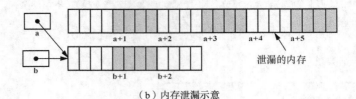

（b）内存泄漏示意

图 7-27　动态内存分配及内存泄漏示意（续）

7.8.3　二级指针

1. 二级指针的概念

由于指针变量是内存变量，因此也有内存地址。我们同样可以定义指针变量来保存指针变量的地址。我们称这种变量为指向指针变量的指针变量，简称指向指针的指针，常称其为二级指针。二级指针变量定义格式如下：

数据类型**指针变量;

例如：

```
int a=10,*p, * *pre;
p=&a;
pre=&p;
```

定义了一个整型变量 a、一个 int*型指针 p 和一个 int **型指针 pre，p 可用于保存 int 型变量的地址，而 pre 可用于保存 int *型指针变量的地址，此处，pre 为指向指针的指针变量。

p=&a;将 a 的地址存入 p，而 pre=&p;则将 p 的地址存入 pre。显然，此时*pre 等价于 p，而*p 和**pre 等价于 a。这 3 个变量之间的关系可用图 7-28 来表示。

2. 二级指针的应用

（1）当函数需要修改指针变量实参时，可以用指向指针的指针变量作为形参，这样便可接收主调函数中指针变量的地址作为实参。

【例 7.17】　main()函数中定义了两个 int *型指针变量 p 和 q，初始时分别指向整型变量 a 和 b，如图 7-29（a）所示。请编写函数 swap()，交换 main()函数中 p 和 q 的指向，如图 7-29（b）所示。

【分析】　要在 swap()函数中修改 main()函数中的 p 与 q，需要将 p 与 q 的地址传递给 swap()函数，因此，需要将 swap()函数的形参设计为 int **型指针变量。

```
#include <stdio.h>
void swap(int **p1, int **q1)
{
    int *temp;
    temp=*p1;
    *p1=*q1;
    *q1=temp;
}
int main()
{
    int a=10,b=20;
```

```
        int *p,*q;
        p=&a;
        q=&b;
        printf("*p=%d,*q=%d\n",*p,*q);
        swap(&p,&q);             //此处用的是指针变量的地址作为实参
        printf("*p=%d,*q=%d\n",*p,*q);
    }
```

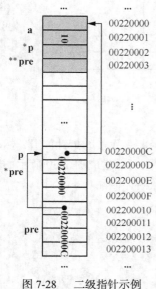

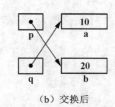

（a）交换前　　　　（b）交换后

图 7-28　二级指针示例　　　　图 7-29　通过函数调用修改指针变量的值示意

程序运行结果如下：

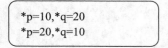

```
*p=10,*q=20
*p=20,*q=10
```

可见，调用函数后，main()函数中 p 与 q 的值发生了互换。

若将 swap()函数定义如下，并通过 swap(p,q)调用，可否实现上述要求？

```
#include <stdio.h>
void swap(int *p, int *q)
{
    int *temp;
    temp=p;
    p=q;
    q=temp;
}
```

（2）当需要采用动态内存分配的方法生成指针变量或指针数组时，需要定义指向指针的指针变量来存储指针变量的地址。

下面通过一个杨辉三角问题展示二级指针和动态内存分配在实现不规则二维数组中的应用。

【例 7.18】　请设计图 7-30 所示的一个不规则的二维数组，计算并存储杨辉三角。

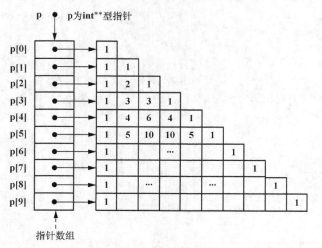

二级指针及其
应用举例

图 7-30　不规则的二维数组

【分析】　　可定义一个 int **型指针 p，动态生成一个包含 *m* 个元素的指针数组，然后对数组中的每个元素 p[i]动态生成一个长度为 i+1 的整型数组，这样便可以生成图 7-30 所示的不规则二维数组，程序结束时应该释放动态分配的数组空间，以免导致内存泄漏。

```c
#include <stdio.h>
#include <stdlib.h>
/*
    @函数名称：yanghui    入口参数：int m
    @函数功能：动态生成并计算存储 m 行杨辉三角的不规则二维数组
*/
int ** yanghui(int m)
{
    int * *p;
    int i,j;
    //以下代码生成 m 行的不规则二维数组（下三角二维数组）
    p=(int * *) malloc(m *sizeof( int * ) );        //生成指针数组
    for (i=0;i<m;i++)
            p[i]=(int *)malloc((i+1)*sizeof(int));  //第 i 行申请 i+1 个存储单元

    //求解杨辉三角
    for (i=0;i<m;i++)
    {   p[i][0]=p[i][i]=1;
        for (j=1;j<i;j++)
                p[i][j]=p[i-1][j]+p[i-1][j-1];
    }
    return p;                         //返回指针数组首地址
}
int main()
{   int m,i,j;
    int **p;
    printf("请输入杨辉三角的行数：\n");
    scanf("%d",&m);
```

```
        p=yanghui(m);
        //输出杨辉三角
        for (i=0;i<m;i++)
        {
            for (j=0;j<=i;j++)
                    printf("%5d",p[i][j]);
            printf("\n");
        }
        //释放动态生成的二维数组
        for (i=0;i<m;i++)
            free(p[i]);           //释放数组的每一行
        free(p);                  //释放指针数组
        return 0;
}
```

　　　C99允许用户定义变长数组，我们可以从指针的角度找到其实现的原理。另外，现在一些新的程序设计语言允许用户定义不规则的二维数组，如Java语言，虽然它没有向程序员开放指针使用权限，但从编译程序设计角度看完全可以将指针的使用封装在编译系统内部，而向程序员提供更为方便的接口。

　　因此，指针的学习有助于我们理解一些深层的语言机制，使我们知其然，知其所以然。

本章小结

通过本章的学习应达到以下要求。

（1）了解指针的本质，掌握指针变量的定义与初始化方法，掌握利用指针间接访问变量的方法。

（2）理解值传递与地址传递的区别，掌握指针用作函数参数时的参数传递方式。

（3）掌握应用指针访问一维数组的方法，理解指针的算术运算与关系运算的含义。

（4）掌握使用字符指针表示及访问字符串的方法。

（5）理解行指针、列指针的基本概念，理解二维数组用作函数参数的本质。

（6）掌握指针数组的定义及其使用方法。

（7）掌握动态分配内存函数及其使用方法。

（8）领会二级指针的概念及其应用场合。

练 习 七

1. 以下选项正确的是（　　　）。
   A．int *a=200, *b=a;
   B．int a;　char *p=&a;
   C．int a=200, *p=NULL;
   D．double x,y,*p=&x, *q=y;

2. 以下程序段完全正确的是（　　　）。
   A．int *p;　scanf("%d",&p);
   B．int *p;　scanf("%d",p);

C. int k, *p=&k; scanf("%d",p);　　　　　　D. int k, *p; *p= &k; scanf("%d",p);

3. 若有以下定义与语句：

```
float r=3.14, *p=&r;
*p=2*r;
```

则以下叙述正确的是（　　　）。

  A. 两处的*p含义相同，都表示给指针变量p赋值

  B. 在 "float r=3.14, *p=&r;" 中，把r的地址赋值给了p所指的存储单元

  C. 语句*p=2*r;把变量r乘以2的值赋值给指针变量p

  D. 语句*p=2*r;把变量r乘以2的值放回r中

4. 若定义了int m,n=0,*p1=&m;，则下列与 m=n;等价的正确语句是（　　　）。

  A. m=*p1;　　　　　　　　　　　　B. *p1=&*n;

  C. *&p1=&*n;　　　　　　　　　　　D. *p1=*&n;

5. 写出下面程序的输出结果。

```c
#include <stdio.h>
int main( )
{
    int x=20,y=40,*p;
    p=&x;
    printf("%d,",*p);
    *p=x+10;
    p=&y;
    printf("%d\n",*p);
    *p=y+20;
    printf("%d,%d\n",x,y);
    return 0;
}
```

6. 写出下面程序的输出结果。

```c
#include <stdio.h>
int main()
{
    int a=10,b=20,*p,*q,*t;
    p=&a;
    q=&b;
    t=p;    p=q;    q=t;
    printf("%d,%d",++(*p),(*q)++);
    return 0;
}
```

7. 写出下面程序的输出结果。

```c
#include <stdio.h>
int *fun(int *p, int *q);
int main()
{
    int m=10,n=20,*r=&m;
```

```
        r=fun(r,&n);
        printf("%d\n",*r);
}
int *fun(int *p, int *q)
{
        return (*p>*q)?p:q;
}
```

8. 写出下面程序的输出结果。

```
#include <stdio.h>
void fun(int *a, int b)
{
        int x=*a;
        printf("%d\t%d\n", *a, b);
        *a=b;
        b=x;
}
int main( )
{
        int x=10, y=25;
        fun(&x,y);
        printf("%d\t%d\n", x, y);
        return 0;
}
```

9. 写出下面程序的输出结果。

```
#include <stdio.h>
void fun(int *x, int n, int k)
{
        if (k<=n)
                fun(x,n/2,2*k);
        *x+=k;
}
int main()
{
        int y=0;
        fun(&y, 2, 1);
        printf("y=%d\n",y);
        return 0;
}
```

10. 若定义了 int a[10],*p;，将数组元素 a[8]的地址赋给指针变量 p 的赋值语句是_____。

11. 设有定义：

```
int x[]={1 , 2 , 3 , 4 , 5 , 6 , 7 , 8 , 9 , 0}, *p=x, k;
```

且 0≤k<10，则对数组元素 x[k]的错误引用是（　　　）。

　　　　A. p+k　　　　　　B. *(x+k)　　　　　C. x[p−x+k]　　　　D. *(&x[k])

12. 设 int b[]={1,2,3,4},y,*p=b;，则执行语句 y=*p++;之后，变量 y 的值为（　　　）。

    A. 1   B. 2   C. 3   D. 4

13. 设有定义 int x[]={1,2,3,4,5},*p=x;，则使 p 的值为 3 的表达式是（　　　）。

    A. p+=2, *p++   B. p+=2, *++p   C. p+=2, p++   D. p+=2, ++*p

14. 下面程序运行后的输出结果是（　　　）。

```
#include <stdio.h>
void f(int *p);
int main()
{    int a[5]={1,2,3,4,5},*r=a;
     f(r);
     printf("%d\n",*r);
}
void f(int *p)
{    p=p+3;
     printf("%d,",*p);
}
```

    A. 1,4   B. 4,4   C. 3,1   D. 4,1

15. 写出下面各程序的输出结果。

（1）

```
#include <stdio.h>
int main()
{    int x[]={1,2,3};
     int  s, i, *p = NULL;
     s = 1;
     p = x;
     for (i=0; i<3; i++)
          s*=*(p + i);
     printf("%d\n",s);
     return 0;
}
```

（2）

```
#include <stdio.h>
int main()
{    int   a[]={1,2,3,4,5};
     int   *p=a;
     printf("%d\n",*p);
     printf("%d\n",*(++p));
     printf("%d\n",*++p);
     printf("%d\n",*(p--));
     printf("%d\n",*p++);
     printf("%d\n",*p);
     printf("%d\n",++(*p));
     printf("%d\n",*p);
     return 0;
}
```

（3）

```
int main()
{
    int a[]={2,4,6,8,10};
    int y=1,i,*p;
    p=&a[1];
    for(i=0;i<3;i++)
        y+=*(p+i);
    printf("y=%d\n",y);
    return 0;
}
```

16. 设 char ch,str[4],*strp;，则正确的赋值语句是（　　　）。

　　A. ch="MBA";　　　B. str="MBA";　　　C. strp="MBA";　　　D. *strp="MBA";

17. 设 char s[10], *p=s;，下列语句中错误的是（　　　）。

　　A. p=s+5;　　　　　B. s=p+s;　　　　　C. s[2]=p[4];　　　　　D. *p=s[0];

18. 若定义了 char ch[]={"abc\0def"},*p=ch;，则执行 printf("%c",*p+4);语句的输出结果是
（　　　）。

　　A. def　　　　　　　B. d　　　　　　　　C. e　　　　　　　　D. 0

19. 设 char s[6],*ps=s;，则正确的赋值语句是（　　　）。

　　A. s="12345";　　　B. *s="12345";　　　C. ps="12345";　　　D. *ps="12345";

20. 以下程序段的输出结果是（　　　）。

```
char  a[] = "ABCDE" ;
char  *p;
for (p=a; p<a+5; p++)    printf("%s\n", p);
```

　　A. ABCDE　　　　B. A　　　　　C. E　　　　　D. ABCDE
　　　　　　　　　　　B　　　　　　D　　　　　　BCDE
　　　　　　　　　　　C　　　　　　C　　　　　　CDE
　　　　　　　　　　　D　　　　　　B　　　　　　DE
　　　　　　　　　　　E　　　　　　A　　　　　　E

21. 以下不能将 s 所指字符串正确复制到 t 所指存储空间的是（　　　）。

　　A. while (*t=*s) {t++;s++;}　　　　　　B. for (i=0;t[i]=s[i];i++);

　　C. do {*t++=*s++;} while(*s);　　　　　D. for (i=0,j=0;t[i++]=s[j++];););

22. 下面函数可以实现 strlen()函数的功能，即计算指针 p 所指向的字符串中的实际字符个数。
请在横线上填上适当的语句或表达式。

```
int  MyStrlen(char *p)
{    int  len;
    len = 0;
    for (; *p != _____(1)_____ ; p++)
                len ___(2)___ ;
    return ____(3)____ ;
}
```

23. 下面的函数也可实现 strlen()函数功能，请在横线上填上适当的表达式或语句。

```
int  MyStrlen(char s[])
{    char  *p = s;
     while (*p !=_____(1)_____ )
                p++;
     return _____(2)_____ ;
}
```

24. 下面程序的功能是从键盘输入一个数字字符串，调用 fun()函数将该字符串转换为一个整数后返回，并在 main()函数中输出该整数。其中，数字字符串转换为整数的操作是由用户自定义函数 long fun(char *p)来完成的。例如，若输入的字符串为"-1234"，则 fun()函数把它转换为整数值-1234。在横线处填写适当的表达式或语句，使程序完整。

提示：字符'0'的 ASCII 值为 48。

```
#include <stdio.h>
long fun(char *p)
{    long s=0;            //转换后的整数结果存在变量 s 中
     int flag=1;          //符号位，正数为 1，负数为-1
     if((*p)=='-')
     {   p++;
         flag=-1;
     }
     else   if((*p)=='+')    p++;
     while(*p!= '\0' )
         s= _____(1)_____ ;
     return _____(2)_____ ;
}
int main()
{
     char s[10]; long n;
     printf("Enter a string:\n");
     gets(s);
     n=_____(3)_____ ;
     printf("%ld\n",n);
     return 0;
}
```

25. 设 int a[3][4];，则与元素 a[0][0]不等价的表达式是（　　　　）。

  A. *a   B. **a

  C. *a[0]   D. *(*(a+0)+0)

26. 下列程序的运行结果是（　　　　）。

```
int main( )
{
     int a[][4]={1,3,5,7,9,11,13,15,17,19,21,23};
```

```
        int  (*p)[4],i=2,j=1;
        p=a;
        printf("%d\n", *(*(p+i)+j));
}
```

　　　A. 9　　　　　　　　B. 11　　　　　　　C. 17　　　　　　　D. 19

27. 设 int a[3][2]={2,4,6,8,10,12};,，则*(a[2]+1)的值是_____。

28. 写出下面程序的输出结果。

```
#include <stdio.h>
int main()
{   int a[3][4]={1,3,5,7,9,11,13,15,17,19,21,23};
    int *p;
    for(p=a[0];p<a[0]+12;)
        {    printf("%4d",*p++);
             if((p-a[0])%4==0)
                 printf("\n");
        }
}
```

29. 有定义语句 int *p[4];，以下选项中与此语句等价的是（　　　）。

　　　A. int p[4];　　　　　　　　　　B. int **p;
　　　C. int * (p[4]);　　　　　　　　D. int (*p)[4];

30. 下面程序的输出结果是（　　　）。

```
#include <stdio.h>
#include <stdlib.h>
int main()
{    int *a,*b,*c;
     a=b=c=(int *)malloc(sizeof(int));
     *a=1;         *b=2;          *c=3;
     a=b;
     printf("%d,%d,%d\n",*a,*b,*c);
     free(a);
     return 0;
}
```

　　　A. 3,3,3　　　　　　B. 2,2,3　　　　　　C. 1,2,3　　　　　　D. 1,1,3

31. 下列程序的输出结果是（　　　）。

```
int main()
{    int a[5]={2,4,6,8,10},*p,**k;
     p=a;
     k=&p;
     printf("%d",*(p++));
     printf("%d\n",**k);
     return 0;
}
```

　　　A. 44　　　　　　　B. 24　　　　　　　C. 42　　　　　　　D. 46

32. 下面程序的输出结果是_____。

```
#include <stdio.h>
void fun(int **p,int **q)
{    int a;
    int *t;
    a=**p;    **p=**q;         **q=a;
    t=*p;     *p=*q;           *q=t;
    p=q=NULL;
}
int main()
{
    int a=1,b=2,*p=&a,*q=&b;
    fun(&p,&q);
    printf("a=%d,b=%d\n",a,b);
    printf("*p=%d,*q=%d\n",*p,*q);
    return 0;
}
```

实 验 七

1. 采用指针法编写函数 myStrcmp(char *t, char *s)，实现与 strcmp()函数等价的功能。

2. 编写函数实现在任意行、任意列的二维数组中寻找鞍点，行数、列数均由主调函数传入，编写测试程序进行测试。

3. 编写一个函数实现计算 m 行 n 列的矩阵乘以 n 行 k 列的矩阵，m、n 与 k 均要求由主调函数传入，编写测试程序进行测试。

4. 采用指针编程，实现能够输入和输出任意行、任意列二维数组的函数。

5. m 名学生学习 n 门课程，要求采用动态内存分配，根据用户输入的学生人数和课程数，建立二维数组存储学生成绩。计算学生总分，并按总分降序输出学生成绩信息，编写测试程序进行测试。

6. 查阅资料，了解函数指针的定义与使用方法，利用函数指针实现既可递增又可递减排序的冒泡排序函数。

第8章
结构体及其应用

结构体是一种构造数据类型，可将不同类型的数据构造成一个集合，用于描述复杂的对象。通过使用结构体数组可以实现大规模对象集合的存储与处理，通过应用结构体指针和动态内存分配可以构造出一种有别于数组的新型线性结构——链表，为计算机存储和处理大规模对象集合提供另一种途径。

通过本章的学习，读者应达成如下学习目标。

知识目标：掌握结构体类型及变量的定义，掌握应用指针引用结构体变量的方法，掌握应用动态内存分配构造单链表的方法。

能力目标：能够利用结构体（数组）存储大规模复杂数据对象并编写相应的数据处理算法，能够区分结构体数组与链表结构的适用场合。

素质目标：能够根据数据规模和特点采取合理存储结构并设计合理的算法，训练严谨的逻辑思维。

8.1　为何要用结构体

信息管理是计算机的一个重要应用领域，特定的信息系统通常涉及客观世界中的具体对象，如学校学生信息管理系统中的具体对象为学生，电子商务信息管理系统中的具体对象为各种商品。

在软件系统中，一个对象的状态需要通过对象的不同属性来刻画。以学生信息管理为例，需要记录学生的学号、姓名、年龄、性别、身份证号、家庭住址、电话号码、班级名称等各种信息，如图 8-1 所示。

图 8-1　学生信息

通过观察可知，同一对象的不同属性具有不同的类型，如学生的姓名、班级、家庭住址等都为字符串，而身高为浮点型，年龄为整型。到目前为止，我们在 C 语言中学习的基本数据类型都不能独立地表示这些对象的全部属性。因此，我们迫切需要一种由多种数据类型复合成的构造数据类型来描述对象的属性。C语言的结构体类型正是为了满足这种需求而提供的复合数据类型。

8.2 结构体类型与结构体变量

8.2.1 结构体类型的声明

结构体类型为用户自定义类型，需要先定义，后使用。结构体类型定义的一般语法格式为：

```
struct 结构体类型名
{
        数据类型        属性1;
        数据类型        属性2;
        ...
        数据类型        属性n;
};
```

其中，struct 是关键字，"结构体类型名"和"属性名"由用户自行命名（有时也称"属性"为"成员"）。

例如，我们可以定义一个名为 struct student 的结构体类型来描述学生信息。

```
struct student
{
        char id[13];            //学号
        char name[9];           //姓名
        int age;                //年龄
        char sex;               //性别
        char sfzh[19];          //身份证号
        char address[61];       //家庭住址
        char telNumber[12];     //电话号码
        char className[21];     //班级名称
};
```

struct student 相当于定义了图 8-2 所示的内容。

学号	姓名	年龄	性别	身份证号	家庭住址	电话号码	班级名称
id	name	age	sex	sfzh	address	telNumber	className

图 8-2 struct student 的结构体类型

结构体类型的定义可以嵌套，即可以利用一个已定义的结构体类型作为另外一个结构体类型的属性。

例如，为详细记录学生的出生日期，我们可以定义一个日期结构体类型：

```
struct date
{
    int year;
    int month;
    int day;
};
```

之后，将 struct student 中的 age 属性修改成 struct date 类型的 birthday 属性。

```
struct student
{
    char id[13];                 //学号
    char name[9];                //姓名
    struct date birthday;        //生日
    char sex;                    //性别
    char sfzh[19];               //身份证号
    char address[61];            //家庭住址
    char telNumber[12];          //电话号码
    char className[21];          //班级名称
};
```

修改后的 struct student 结构体类型属性如图 8-3 所示。

学号	姓名	生日			性别	身份证号	家庭住址	电话号码	班级名称
id	name	birthday			sex	sfzh	address	telNumber	className
		year	month	day					

图 8-3　嵌套的结构体类型

8.2.2　结构体变量的定义

1. 结构体变量定义的格式

结构体类型定义好后，就可以与基本数据类型一样，用于声明变量了。

例如，我们可以利用之前定义好的 struct student 结构体类型来声明学生结构体变量。

```
struct student s1,s2;
```

该变量声明语句定义了两个结构体变量 s1 和 s2。

　　　　　　结构体类型的完整名称为 struct student。为方便书写，我们可以用类型定义符 typedef
将 struct student 命名为一个新的名称。

例如：

```
typedef struct student  stuStru;    //将 struct student 命名为 stuStru
```

之后，便可在程序中使用 stuStru 等价地表示 struct student。

例如：

```
stuStru s1,s2;
```

定义了两个结构体变量 s1 和 s2。

　　　　C 语言允许在定义结构体类型的同时定义结构体变量，但我们推荐先定义结构体类型，再定义该类型的变量。此外，读者要注意结构体类型与结构体变量的区别，结构体类型仅是一个框架，系统并不会给结构体类型分配空间，仅给结构体变量分配空间。

2. 结构体变量占用的字节数

与普通变量一样，一旦对结构体变量进行声明，系统就会为结构体变量分配内存空间。结构体中的成员按定义顺序占用连续的存储空间。每个结构体变量占用的字节数应至少等于所有成员（属性）占用的内存之和。因为编译器对内存分配进行管理，有时结构体变量占用的内存会大于各成员占用的内存之和。

我们可以用 sizeof()函数来获得结构体变量占用的字节数。

使用

```
sizeof(stuStru);
```

或

```
sizeof(s1);
```

均可获得 struct student 结构体变量占用的字节数。

8.2.3　对结构体变量的操作

由于结构体变量的成员一般分属不同的数据类型，因此，不能直接对整个结构体变量进行输入、输出等操作。

正如在描述学生信息时，我们会说张三的姓名、李四的身高一样，对结构体变量的操作应以其属性为基本单位，具体语法格式如下：

```
结构体变量名.成员名
```

其中"."运算符为成员运算符。

例如：

```
stuStru s1,s2;
```

则 s1.id 表示 s1 的学号，s1.name 表示 s1 的姓名等。

在具体使用时遵循以下几个原则。

（1）在访问结构体变量的成员时，要根据结构体变量的成员类型来进行相应的操作。例如：

```
strcpy(s1.id, "201400120001");
```

可将"201400120001"存入 s1 的学号。

s1.id="201400120001"是错误的。

（2）对于嵌套的结构体变量，应该逐级访问其成员，直至非结构体成员。

例如：

```
s1.birthday.year=1996;
s1.birthday.month=10;
s1.birthday.day=20;
```

可以完成将 s1 的生日设置为 1996 年 10 月 20 日。

（3）不能将结构体变量作为一个整体进行输入、输出，只能对变量中的各个成员进行输入、输出。
例如：

```
gets(s1.name);                     //输入 s1 的姓名
printf("%s", s1.name);             //输出 s1 的姓名
scanf("%d", &s1.birthday.year);    //输入 s1 的出生年份
printf("%d", s1.birthday.year);    //输出 s1 的出生年份
```

（4）两个同类型的结构体变量可以直接赋值，赋值运算符右边结构体变量的成员将依次赋值给左边结构体变量的各个成员。
例如：

```
s2=s1;
```

将使 s2 与 s1 具有相同的属性值。

8.2.4　结构体变量的初始化

结构体变量可以在声明时进行初始化，变量后面的一组数据用"{}"括起来，其顺序应该与结构体中的成员（属性）顺序保持一致，且对应的类型应与赋值相同。
例如：

```
stuStru s1={"201400120001","李明",{1996,10,20},'M',"36010119961020****","南昌市东湖
区", "","物联网 1 班"};
```

其中 birthday 成员为嵌套的结构体成员，可用{}将其初始化列表括起来。C 语言也允许省略该{}，即可写成：

```
stuStru s1={"201400120001","李明",1996,10,20,'M',"36010119961020****","南昌市东湖
区", "","物联网 1 班"};
```

当某成员暂时不能初始化时，建议用默认值对其初始化，不要留空，以免初始化列表顺序错位而影响后续成员的正确初始化。例如，上例中 s1 的 telNumber 被初始化为空串。

请同学们思考：如果省略了 telNumber 字段的初始化，会产生什么结果？

【例 8.1】　结构体类型及结构体变量的定义与初始化示例。

```
#include <stdio.h>
struct date
{
    int year;
    int month;
    int day;
};
struct student
{
    char id[13];                    //学号
```

```
        char name[9];                    //姓名
        struct date birthday;            //生日
        char sex;                        //性别
        char sfzh[19];                   //身份证号
        char address[61];                //家庭住址
        char telNumber[12];              //电话号码
        char className[21];              //班级名称
    };
    typedef  struct student stuStru;
    int main()
    {
        stuStru s1={"201400120001","李明",{1996,10,20},'M',"36010119961020****",
"南昌市东湖区", "","物联网1班"};
        stuStru s2;
        s2=s1;                                //结构体变量赋值
        printf("学      号:%s\n",s2.id);
        printf("姓      名:%s\n",s2.name);
        printf("出生日期:%d-%d-%d\n",s2.birthday.year, s2.birthday.month,
s2. birthday.day);
        printf("性      别:%s\n",s2.sex=='M'?"男":"女");
        printf("身份证号:%s\n",s2.sfzh);
        printf("家庭住址:%s\n",s2.address);
        printf("电话号码:%s\n",s2.telNumber);
        printf("班级名称:%s\n",s2.className);
        return 0;
    }
```

程序运行结果如下：

```
学      号：201400120001
姓      名：李明
出生日期：1996-10-20
性      别：男
身份证号：36010119961020****
家庭住址：南昌市东湖区
电话号码：
班级名称：物联网1班
```

结构体的
定义与使用

8.3 指向结构体的指针

由于结构体变量占用一定的内存空间，因此同样可以通过定义结构体指针变量来保存结构体
变量的首地址。

结构体指针变量的定义格式如下：

结构体类型名   *指针变量名；

例如，对例 8.1 定义的结构体类型 stuStru，可以定义结构体变量和结构体指针变量：

```
stuStru s, *p;
```

执行 p=&s;将使指针 p 保存 s 的首地址。

当结构体指针变量指向某结构体变量后，借助指针可用两种方式来访问该指针指向的对象的属性。

（1）通过"**(*指针).属性名**"来访问指针指向的对象的属性。

　　　　　成员运算符"."的优先级高于间接寻址运算符"*"，所以"*指针"应该用括号括起来。

例如，若 p 为指向结构体变量 s 的指针，则：

```
scanf("%d", &(*p).birthday.year );        //注意：输入成员的值时，要用成员的地址
printf("%s", (*p) .name );
```

分别完成 p 指向对象的出生年份的输入和姓名的输出。

（2）通过"**指针->属性名**"来访问指针指向的对象的属性。

当 p 为指向结构体变量 s 的指针时，借助 p 来引用 s 的各成员的方式如图 8-4 所示。

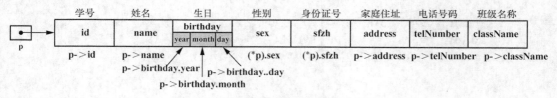

图 8-4　利用指针引用结构体变量的成员

例如，p->birthday.year 可引用 s 的出生年份，即 s.birthday.year；p->name 可引用 s.name。

特别地，当 p 为结构体类型的指针时，可以通过 malloc()函数来为 p 动态分配结构体空间，例如：

```
stuStru *p;
p=(stuStru *) malloc ( sizeof (stuStru) );
```

当 p 指向的动态结构体使用完毕后，应采用 free(p);语句来将该空间释放。

　　　　　在编写程序时，请注意区分结构体变量的地址与结构体变量成员的地址。结构体变量的地址为整个结构体在内存的起始地址。而结构体变量成员的地址取决于结构体变量的地址和该成员在结构体中的定义顺序。

编程时通常在成员前加&来获取成员的地址，如 scanf("%d", &p->birthday.year);。

8.4　向函数传递结构体

与普通变量一样，结构体变量可以作为函数参数传递给函数使用，具体分为传值调用与传地址调用。

8.4.1　传值调用

传值调用为单向值传递，函数调用发生时，系统将结构体变量的值复制一份给形参，在函数中所有的操作都是针对形参进行的，实参的值不会因形参值的改变而改变。

【例 8.2】　结构体变量传值调用示例。

```c
#include <stdio.h>
struct date
{
    int year;
    int month;
    int day;
};
void fun(struct date d)
{
    d.year=2008;
    d.month=8;
    d.day=8;
}
int main()
{
    struct date d={2014,9,1};
    printf("%d-%d-%d\n",d.year,d.month,d.day);
    fun(d);                 //传值调用
    printf("%d-%d-%d\n",d.year,d.month,d.day);
    return 0;
}
```

程序运行结果如下：

```
2014-9-1
2014-9-1
```

向函数传递
结构体

main() 函数中的结构体变量 d 没有因为 fun(d) 的调用而发生变化。

由于大多数情况下结构体变量占用的字节较多，采用传值调用时需要在被调函数中为形参开辟独立的存储空间，同时实参到形参的复制也将耗费 CPU 额外的资源，因此，结构体与数组一样，更适合采用传地址调用。

8.4.2　传地址调用

当函数的形参为指向结构体变量的指针类型时，可以将结构体变量的地址作为函数的实参，完成结构体变量的传地址调用。

【例 8.3】　结构体变量的传地址调用示例。

```c
#include <stdio.h>
struct date
{
    int year;
    int month;
    int day;
```

```
};
void fun(struct date *p)
{
        p->year=2008;
        p->month=8;
        p->day=8;
}
int main()
{
        struct date d={2014,9,1};
        printf("%d-%d-%d\n",d.year,d.month,d.day);
        fun(&d);                 //传地址调用
        printf("%d-%d-%d\n",d.year,d.month,d.day);
        return 0;
}
```

程序运行结果如下：

> 2014-9-1
> 2008-8-8

可见，当采用传地址调用时，main()函数中的结构体变量 d 的值可以被 fun()函数修改。

 如果结构体变量只想被函数引用，而不想被其修改，可以用 const 对函数的形参进行声明，如 void fun(const struct date *p)，它表示在程序中只能访问 p 指向的结构体变量，而不能对它进行修改。

8.5　结构体数组

数组的优势在于可以管理具有相同数据类型的集合，而且便于通过循环程序来进行批量处理。结构体类型为存储客观世界的对象提供了可能，而利用结构体数组可以实现对这些对象的管理。例如，可用学生结构体数组存储在校学生信息，可用图书结构体数组存储图书馆的图书信息等。

8.5.1　结构体数组的定义

最常用的结构体一维数组的定义格式如下：

```
结构体类型    数组名[数组大小];
```

例如，假设 stuStru 是已定义好的学生结构体类型，则下面的语句定义了大小为 10 的学生结构体数组 s。

```
stuStru s[10];
```

数组共含 10 个元素，每个元素均为结构体变量。
访问结构体数组的方法与普通数组类似，通过下标来引用数组元素。

例如：

```
printf("%s", s[2].id );
```

可输出 s[2]的学号。

当然，我们也可以用动态内存分配的方法来获得动态结构体数组。

例如：

```
stuStru *s;
s=(stuStru *)malloc(10 * sizeof( stuStru) );
```

此时，s 将指向一个包含 10 个结构体元素的动态数组。与自动分配数组不同的是，在使用完动态数组 s 后需要调用 free(s)来释放 s 指向的数组空间。

如果有需要，还可以与普通数组一样，定义二维或多维的结构体数组，此处不赘述。

8.5.2 结构体数组的初始化与引用

结构体数组在定义的同时，可以进行初始化，初始化结构体数组与初始化普通数组具有类似的规则。

（1）结构体数组的初始化列表包含在一对 "{}" 内，在其内部每个元素的成员初始化列表用 "{}" 括起来。

（2）若只对部分元素初始化，则其他元素将被自动初始化为 0。

（3）当省略数组大小时，系统会根据初始化列表的项数来自动确定数组大小。

【例 8.4】 结构体数组的初始化与引用示例。

```
#include <stdio.h>
#define N 5
struct book
{     char id[6];              //图书编号
      char name[31];           //书名
      float price;             //单价
      char author[13];         //作者
};
typedef struct book bookStru;
int main()
{     bookStru b[N]={
                    {"10001","C 语言程序设计现代方法",79,"K.N.King"},
                    {"10002","C Primer Plus（第五版）",60,"Stephen Prata"},
                    {"10003","C 语言程序设计",43,"苏小红等"},
                    {"10004","程序设计基础（第 3 版）",35,"吴文虎"}
                };
      int i;
      printf("编号      图书名称                            单价      作者\n");
      for (i=0;i<N;i++)
      {   printf("%-8s",b[i].id);                //输出图书编号
          printf("%-30s",b[i].name);             //输出书名
          printf("%-8.2f",b[i].price);           //输出单价
          printf("%-12s\n",b[i].author);         //输出作者
```

```
    }
    return 0;
}
```

程序中定义了一个大小为 5 的 bookStru 数组，且仅对前 4 个数组元素进行了初始化，b[4]的各成员被初始化为默认值 0（字符数组初始化为\0），因此，最后一个数组元素只会在单价列输出 0.0，其他成员均为空串。

在实际的应用中，由于结构体数组通常用于管理批量的对象数据，因此，对结构体数组进行整体初始化的情况并不多见，一般通过键盘或文件输入的方式来给结构体数组赋值。

8.5.3　结构体数组的应用

本小节通过一个实例来展示结构体数组的应用。

假设学生高考时需参加 4 门课程的考试：语文、数学、英语和综合（分文、理综合）。学生成绩如表 8-1 所示。

表 8-1　　　　　　　　　　　　　　　　学生成绩表

准考证号	姓名	语文	数学	英语	综合	总分
110100101	王晓东	112	120	121	230	
110100102	李科	108	130	125	241	
…	…	…	…	…	…	

其中，准考证号共 9 位，每位的含义如图 8-5 所示。

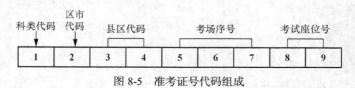

图 8-5　准考证号代码组成

结构体数组的
应用举例

【例 8.5】　试编写程序，定义用于存储学生信息的结构体数组，输入学生的准考证号、姓名和成绩信息，计算每位学生的总分，并按总分由高到低输出学生信息。

【分析】　本例采用模块化设计思想，可设计 4 个主要的函数模块。

（1）输入模块：完成学生信息的输入，采用条件控制法，函数返回数据输入成功的学生人数。

（2）求和模块：完成学生成绩的求和。

（3）排序模块：完成对学生成绩的排序。

（4）输出模块：完成对学生信息的输出。

具体实现时，首先应该根据本例的数据存储需求定义学生结构体类型。设计实现各模块时可综合应用前面所学的循环控制、指针访问数组等程序设计方法。

下面的参考程序中，各函数采用了不同的方式来访问结构体数组，请同学们仔细阅读并理解它们是如何执行的。

```
#include <stdio.h>
#define N 10000
```

```
struct student
{       char id[10];                //准考证号
        char name[9];               //姓名
        float score[4];             //大小为4的数组，分别存储4门课程分数
        float total;                //总分
};
typedef struct student stuStru;

/*
        @函数名称：input 入口参数：stuStru s[]
        @函数功能：学生信息录入，函数返回信息输入成功的学生人数
*/
int input(stuStru s[])
{
        int n=-1,i;
        printf("请按下列格式输入学生信息（行首输入q结束输入）：\n");
        printf("----------------------------------------------------\n");
        printf("准考证号\t姓名\t语文\t数学\t英语\t综合\n");
        do
        {       n++;
                scanf("%s",s[n].id);                    //输入准考证号
                if(s[n].id[0]=='q'||s[n].id[0]=='Q') break;
                scanf("%s",s[n].name);                  //输入姓名
                for (i=0;i<4;i++)                       //输入4门课程成绩
                        scanf("%f",&s[n].score[i]);
        }while (1);
        return n;                                       //返回有效学生人数
}


/*
        @函数名称：sum 入口参数：stuStru *s ,int n
        @函数功能：求学生的高考总分
*/
void sum(stuStru *s,int n)
{       int i,j;
        stuStru *p=s;                                   //采用指针法访问数组
        while (p<s+n)
        {
                p->total=0;                             //总分清0
                for (j=0;j<4;j++)
                        p->total+=p->score[j];
                p++;
        }
}

/*
        @函数名称：selectSort 入口参数：stuStru s[] ,int n
        @函数功能：采用选择排序法对学生信息按总分由高到低排序
*/
void selectSort(stuStru s[],int n)
{
```

```
        int i,j,k,maxIndex;
        stuStru temp;
        for (i=0;i<n-1;i++)
        {
                maxIndex=i;
                for (j=i+1;j<n;j++)                              //查找最高分所在记录
                        if (s[j].total>s[maxIndex].total)
                                maxIndex=j;
                if (i!=maxIndex)
                {
                        temp=s[i];
                        s[i]=s[maxIndex];
                        s[maxIndex]=temp;
                }
        }
}


/*
        @函数名称：print  入口参数：stuStru s[] ,int n
        @函数功能：输出学生信息
*/
void print(stuStru *s, int n)
{
        int i,j;
        if (n>0)
        {
                printf("%-12s%-12s","准考证号","姓名");      //输出表头
                printf("%-8s%-8s%-8s%-8s%-8s\n","语文","数学","英语","综合","总分");
                printf("------------------------------------------\n");
                for (i=0; i<n; i++,s++)
                {
                        printf("%-12s",s->id);                      //输出准考证号
                        printf("%-12s",s->name);                    //输出姓名
                        for (j=0;j<4;j++)                           //输出成绩
                                printf("%-8.2f",s->score[j]);
                        printf("%-8.2f\n",s->total);                //输出总分
                }
        }
}


int main()
{       stuStru s[N];
        int n;
        n=input(s);             //输入
        sum(s,n);               //求和
        selectSort(s,n);        //按总分由高到低排序
        print(s,n);             //输出
        return 0;
}
```

程序运行结果如下：

```
请按下列格式输入学生信息（行首输入 q 结束输入）：
----------------------------------------------------------------
准考证号          姓名      语文      数学      英语      综合
110100101       王晓东     112      120      121      230
110100102       李科      108      130      125      241
110100103       赵国庆     99       98       101      200
110100104       邹婕      121      105      130      250
110100105       杨婷      130      132      128      256
q
准考证号          姓名      语文      数学      英语      综合      总分
----------------------------------------------------------------
110100105       杨婷      130.00   132.00   128.00   256.00   646.00
110100104       邹婕      121.00   105.00   130.00   250.00   606.00
110100102       李科      108.00   130.00   125.00   241.00   604.00
110100101       王晓东     112.00   120.00   121.00   230.00   583.00
110100103       赵国庆     99.00    98.00    101.00   200.00   498.00
```

本例采用了简单选择排序法对学生成绩进行排序，当学生数据规模较大时，算法效率较低，作为改进，可采用快速排序算法来完成排序任务。关于快速排序算法的具体思想将在"数据结构"课程中学习，有兴趣的读者可以查询相关资料，完成实验八第 3 题。

在调试结构体数组程序时，输入测试数据是一件烦琐的事情。通常为测试一个函数需要输入大量数据，当重新修改程序并运行时又得重新输入数据，导致程序调试效率低下。一些程序的功能缺陷在数据规模较小的情况下观察不出来。如例 8.5 中的输出模块，当数据量超过 20 时应考虑分页输出，每页输出 20 个记录时应暂停，以方便用户观察。

因此，读者可先编写一个随机函数用于初始化结构体数组，调试程序时可先用该函数来构造测试数据，以提高程序调试效率。

8.6　动态数据结构——单链表

对多任务操作系统而言，系统用户区内存为众多任务共享使用。操作系统根据各任务运行所需存储空间自动进行内存的分配和回收。随着各种任务的不断运行或结束，计算机系统的用户内存被分隔成若干个不连续的空闲区，如图 8-6 所示。

数组作为一种线性的数据结构，为解决大规模线性数据存储提供了一种有效手段。它可以实现对数据元素的随机访问，对已排序的数组可以实现快速检索。但在有序数组中插入或删除数据且要保持有序性时需要移动大量的元素，效率较低。

由于数组在内存中占用连续的存储空间，一方面，当某程序运行过程中需分配的数组规模较大时，常会出现内存无法提供满足程序要求的空闲区的情况；另一方面，由于数组在定义时大小固定，当数据量超出数组容量时，不便动态扩展新的存储空间。

图 8-6　用户区内存状态

而采用链表可以有效解决上述问题，链表是线性结构的一种有效存储结构，它为线性结构中的各元素独立地申请存储空间，并且在每个元素内增设指针来记录其前驱或后继元素的位置。这种结构不要求表中逻辑上相邻的元素占用物理上相邻的存储空间，因此能提高内存空间利用率，同时便于动态扩展。本节仅对最简单的链表——单链表进行简要介绍，更多链表内容可查阅数据结构相关教材。

8.6.1　单链表的定义

我们都见过这样的情形，一个教师带一群小朋友出游，教师让小朋友手牵手，而教师只需拉住第一位小朋友的手，就可有效地管理这一群小朋友，如图 8-7 所示。

图 8-7　链式存储结构直观描述示意

单链表是由一连串的结构（称为结点）组成的，其中每个结点除了包含所存储对象的全部属性，还包含指向链表中下一个结点的指针。链表中的最后一个结点包含一个空指针，以表示链表的结束位置。通过一个额外的指针记录第一个结点的地址，就可以依次找到链表中的所有结点。我们可用图 8-8 来抽象地描述单链表存储结构，并用单链表的第一个结点的指针来表示该单链表，例如，我们称图 8-8 的单链表为单链表 head。同时，我们称链表中彼此相邻的结点互为前驱和后继结点，如 a_1 为 a_2 的前驱结点，a_2 为 a_1 的后继结点。

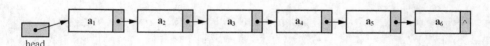

图 8-8　单链表存储结构抽象描述示意

为建立单链表，首先需要一个表示表中单个结点的结构体类型。为简单起见，我们假设每个结点只包含一个类型为整型的属性和指向表中下一个结点的指针。（用户可以根据实际问题的描述需求，自行扩展结构体的属性定义。）

```
struct node
{
    int data;                      //属性域
    struct node *next;             //指向下一个结点的指针
};
typedef struct node linknode;      //类型定义
typedef linknode * linklist;       //结点指针类型定义
```

（1）上述 struct node 定义是一个递归类型定义，在该定义中包含了一个类型为 struct node *的指针变量，它可指向类型为 struct node 的结点。

（2）为便于描述，我们用类型定义符将 struct node 取名为 linknode，同时将 linknode * 取名为 linklist。

接下来，便可用 linknode 来声明结构体变量，用 linklist 来声明指向结构体的指针变量。例如：

```
linklist head=NULL;
```

定义了一个结构体指针，并将其初始化为空，表示初始链表 head 为空表。

8.6.2 在单链表中插入新结点

要在单链表中插入值为 x 的结点，首先要生成结点结构体，我们可以定义指针 q 来指向新生成的结点空间（q 指向的结点可简称为结点 q）。

```
linklist q;                          //结点指针
```

生成新结点，并且将待存入数据存入结点的语句为：

```
q=(linklist) malloc (sizeof(linknode));   //生成新结点
q->data=x;                                //假设 x 为待存入的数据
```

下面讨论如何将 q 指向的结点插入单链表 head 中，根据链表状态和插入的位置，通常可以分为 3 种情况。

（1）原单链表 head 为空表（head==NULL），新插入的结点为链表的第 1 个结点，如图 8-9（a）所示。

相应的语句为：

```
q->next=head;        //此时 head==NULL，也可直接写为 q->next=NULL;
head=q;              //新结点为链表第一个结点
```

（2）原链表不为空，新结点 q 插入单链表的最前面。此时，应将新插入的结点的 next 指针指向原链表的第 1 个结点，再将 head 指向结点 q，如图 8-9（b）所示。

相应的语句为：

```
q->next=head;        //q 的下一个结点为原链表的第 1 个结点
head=q;              //结点 q 成为链表第 1 个结点
```

（3）原链表不为空，新结点 q 插入链表中由 p 指向的结点后面。此时，应将 q 的 next 指向 p 的后继结点，同时将 p 的 next 指向结点 q，如图 8-9（c）所示。

相应的语句为：

```
q->next=p->next;     //p 的后继结点成为 q 的后继结点
p->next=q;           //q 结点成为 p 的后继结点
```

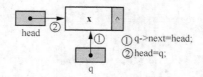

（a）原链表为空，新插入结点成为链表第 1 个结点

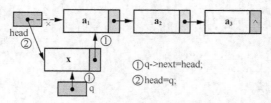

①q->next=head;
②head=q;

（b）原链表不为空，新插入的结点插入在链表的表首位置

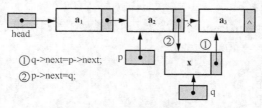

①q->next=p->next;
②p->next=q;

单链表的插入

（c）原链表不为空，新插入的结点插在结点 p 之后

图 8-9　单链表插入过程示意

不难分析，将新结点插入链表最后一个结点的后面的情况与（3）的情形具有相同的操作。

需要注意的是，在单链表中插入结点时涉及的指针操作有严格的先后顺序，不当的操作顺序将使链表断裂从而导致程序出错。

8.6.3　建立单链表

我们通过一个具体的例题向大家介绍一种用尾插法建立单链表的算法。

【例 8.6】　编写函数，将从键盘输入的整数序列依次存入初始为空的单链表，函数返回新建单链表第一个结点地址。

【分析】　建立一个单链表 head，可以从空表开始，依次将新生成的结点插入链表中。为统一处理，我们每次将新生成的结点插入链表后面，使其成为新的表尾结点，我们把这种方式称为尾插法建立单链表。为操作方便，我们可以增设一个表尾指针 tail，时刻指向单链表的表尾结点。

因此，结点的插入只需考虑两种情况，即 8.6.2 小节中的第（1）种情形与第（3）种情形。

```
#include <stdio.h>
#include <stdlib.h>
struct node
{
    int data;
    struct node *next;
};
typedef struct node linknode;
typedef linknode *linklist;
/*
    @函数名称：creatLink    入口参数：无
    @函数功能：建立单链表，函数返回单链表首结点地址
*/
linklist creatLink()
```

```
{
        linklist head,tail,q;
        int x;
        head=tail=NULL;                                   //初始化空链表
        printf("请输入整数序列（以空格分隔，以 0 作为结束）: \n");
        scanf("%d",&x);
        while (x!=0)
        {
                q=(linklist)malloc(sizeof (linknode));    //生成新结点
                q->data=x;
                if (head==NULL)                           //原链表为空
                        head=tail=q;
                else                                      //原链表不为空
                {       tail->next=q;
                        tail=q;
                }
                scanf("%d",&x);
        }
        if (tail!=NULL) tail->next=NULL;                  //置链表结束标志
        return head;
}
```

我们可以将上述内容用 linklist.h 文件存盘，然后编写 8_6.c 来测试函数功能。

```
#include "linklist.h"
int main()
{
        linklist head;
        head=creatLink();
        return 0;
}
```

当直接输入 0 时，将建立一个空表。

当输入 10 20 30 40 50 60 0 时，链表建立过程如图 8-10 所示。

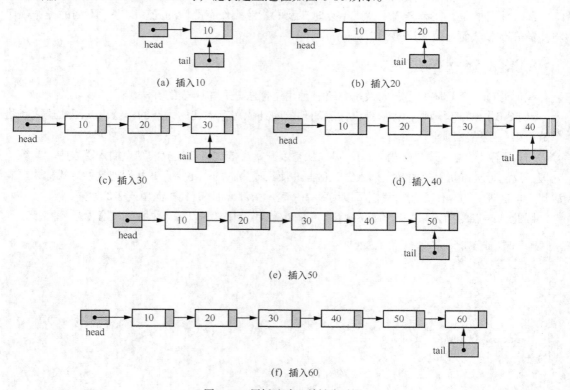

图 8-10　尾插法建立单链表过程

main()函数仅调用 creatLink()函数建立了一个单链表，并用 head 保存第一个结点的地址。但未将链表内容输出，因此程序执行时在屏幕上不会显示任何结果。

程序运行结束时，该单链表占用的结点空间因没有显式地执行 free 语句而未被释放，成为垃圾内存空间。

为了显示出单链表的内容及释放其空间，需要对单链表进行遍历。

8.6.4　单链表的遍历

所谓单链表的遍历就是对单链表的所有结点进行一遍访问。由于单链表的每个结点是用 malloc()函数分配的动态存储空间，因此，逻辑上相邻的结点物理位置不一定相邻。我们以输出单链表的内容来演示对单链表的遍历。

【例 8.7】　请在 linklist.h 中定义函数 void print(linklist head)，输出单链表 head 的所有结点值。

【分析】　遍历单链表可从单链表的首结点开始，逐一进行访问。通常的做法是设置一个指针，如 p，初始时指向单链表的第一个结点，输出 p 指向结点的结点值后，将 p 指向下一个结点，重复这个过程，直到 p 遇链表结束标志 NULL 时结束遍历。图 8-11 展示了遍历单链表的关键步骤。

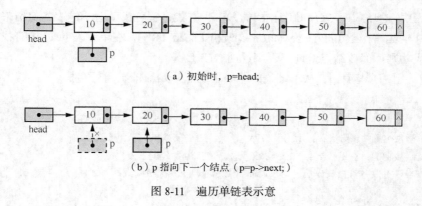

（a）初始时，p=head;

（b）p 指向下一个结点（p=p->next;）

图 8-11　遍历单链表示意

实现单链表遍历的函数程序如下（可将函数保存在 linklist.h 中）。

```
/*
    @函数名称：print      入口参数：linklist head
    @函数功能：输出单链表内容
*/
void print(linklist head)
{    linklist p=head;
     printf("List:\n")
     while (p!=NULL)                    //当 p 未遇到链表结束标志时
     {
         printf("%5d",p->data);         //输出当前结点值
         p=p->next;                     //指向下一个结点
     }
     printf("\n");
}
```

编写 main()函数（8_7.c）进行测试。

```
#include "linklist.h"
int main()
{
    linklist head;
    head=creatLink();              //建立单链表
    print(head);                   //输出单链表
    return 0;
}
```

程序运行结果如下：

请输入整数序列（以空格分隔，以 0 作为结束）：
10 20 30 40 50 60 0
List:
　　10　　20　　30　　40　　50　　60

单链表的遍历
与查找

8.6.5　在单链表中查找结点

在单链表中查找结点可采用顺序查找的方法，查找过程可借助对单链表的遍历来完成。

【例 8.8】　编写函数 linklist searchLink(linklist head, int x)，在单链表 head 中查找值为 x 的结点，若查找成功则返回该结点地址，否则返回 NULL。

【分析】　用一个指针 p，从单链表的第一个结点开始，依次向后查找。

```
#include "linklist.h"
/*
    @函数名称：searchLink        入口参数：linklist head, int x
    @函数功能：在链表 head 中查找值为 x 的结点
    @出口参数：若查找成功，函数返回结点地址，查找失败则返回 NULL
*/
linklist searchLink(linklist head, int x)
{
    linklist p=head;
    while (p!=NULL && p->data!=x)
        p=p->next;
    return p;
}
int main()
{
    linklist head,p;
    int x;
    head=creatLink();                  //建立单链表
    print(head);                       //输出单链表
    printf("请输入要查找的结点值: ");
    scanf("%d",&x);
    p=searchLink( head, x );
    if (p!=NULL)
        printf("查找成功! ");
```

```
        else
                printf("查找失败! \n");
        return 0;
}
```

8.6.6　在单链表中删除结点

在单链表中删除结点需要知道被删除结点前驱结点的位置，假设 p 指向被删除结点，pre 指向 p 的前驱结点，则删除操作分以下两种情况。

（1）被删除结点是单链表的第一个结点

此时，被删除结点的前驱结点指针 pre 为 NULL。删除过程为：将 head 指向链表的下一个结点，释放被删除结点的内存空间，如图 8-12（a）所示。

相应的程序语句为：

```
head=p->next;
free(p);
```

（2）被删除结点不是单链表的第一个结点

删除过程为：将 pre->next 指向链表的被删除结点的下一个结点，释放被删除结点的内存空间，如图 8-12（b）所示。

相应的语句为：

```
pre->next=p->next;
free(p);
```

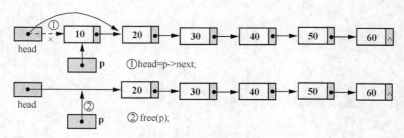

（a）删除链表首结点

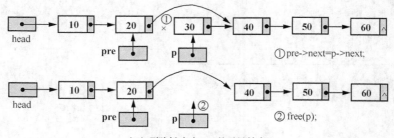

（b）删除链表中 pre 的后继结点

图 8-12　在单链表中删除结点示意

【例 8.9】　编写一个函数 linklist deleteList(linklist head,int x)，删除单链表 head 中值为 x 的结点。

```c
#include "linklist.h"
/*
        @函数名称：deleteList        入口参数：linklist head, int x
        @函数功能：在链表 head 中删除第一个值为 x 的结点
        @出口参数：返回删除后的链表首结点地址
*/
linklist deleteList(linklist head, int x)
{
        linklist pre,p;
        pre=NULL;
        p=head;
        while(p!=NULL && p->data!=x)//查找第一个值为 x 的结点，并用 pre 保存其前驱结点位置
            {
                    pre=p;
                    p=p->next;
            }
        if (p)                          //查找成功
        {
            if (pre==NULL)              //情况（1）：被删除结点是链表的第一个结点
                    head=head->next;
            else                        //情况（2）：被删除结点不是链表的第一个结点
                    pre->next=p->next;
            free(p);                    //释放 p 结点空间
        }
        return head;
}
int main()
{
        linklist head,p;
        int x;
        head=creatLink();               //建立单链表
        print(head);                    //输出单链表
        printf("请输入要删除的结点值：");
        scanf("%d",&x);
        head=deleteList( head, x );     //删除 head 中第一个值为 x 的结点
        print(head);
        return 0;
}
```

程序运行结果如下：

请输入整数序列（以空格分隔，以 0 作为结束）：
1 2 3 4 5 6 0
List:
1   2   3   4   5   6
请输入要删除的结点值：3
List:
1   2   4   5   6

单链表的删除

查找待删除结点时应用了指针 pre 来跟踪查找位置的前驱结点，其初始值应赋为 NULL。当查找成功时可依据该指针的值是否为 NULL 来判断被删除结点是否为链表的第一个结点。

通过对链表删除、插入和查找结点算法的分析，我们可知在链表中删除、插入结点不需要将插入位置的所有后继结点前移或后移，仅需修改相应的指针指向，效率较高。但在链表中查找结点只能采用顺序查找方法，查询效率较低。

本章小结

通过本章的学习应达到以下要求。

（1）理解为何使用结构体。

（2）掌握结构体类型与结构体变量的定义方法。

（3）掌握利用指针访问结构体变量成员的方法。

（4）掌握向函数传递结构体的惯用方法。

（5）掌握应用结构体数组存储复杂对象集合的方法。

（6）掌握利用指针与结构体实现单链表的基本方法。

（7）掌握基于单链表的插入、查找、删除等基本算法。

练 习 八

1. 结构体类型 person 定义如下：

```
struct person
{
    char *name;
    int age;
};
```

则下列操作完全正确的是（　　）。

　　A．person p={"Zhang",20};　　　　B．struct person p={Zhang, 20};

　　C．struct person p={"Zhang"};　　　D．struct person p={20,"Zhang"};

2. 写出下面程序的运行结果。

```
#include <stdio.h>
struct person
{
    char name[13];
    int age;
};
int main()
{
    struct person p1={"zhangsan",18},p2;
```

```
        int i=0;
        p2=p1;
        if (p1.name[0]>='a' && p1.name[0]<='z')
                *p1.name-=32;
        printf("p1.name=%s, p1.age=%d\n",p1.name,p1.age);
        printf("p2.name=%s, p2.age=%d\n",p2.name,p2.age);
    }
```

3. 设 struct node{ int a; char b;}q, *p=&q;，则错误的表达式是（　　　）。

    A. *p.b   B. (*p).b   C. q.a   D. p->a

4. 已知 stuStru 为 8.2.1 小节定义的学生结构体类型，且有以下变量定义：

```
    stuStru s,*p;
```

则下列程序段完全正确的是（　　　）。

    A. scanf("%s",p->id);   B. scanf("%s",s.id);

       scanf("%d",&p->birthday.year);   scanf("%d",s.birthday.year);

    C. scanf("%s",&s.id);   D. p=&s;

       scanf("%d",&s.birthday.year);   scanf("%s",p->id);

                                  scanf("%d",&s.birthday.year);

5. 写出下面程序的运行结果。

```
#include <stdio.h>
#include <string.h>
struct worker
{    char name[15];
     int age;
     float pay;
};
void fun(struct worker x)
{    char *t="Lilei";
     int d=20;
     float f=100;
     strcpy(x.name,t);
     x.age=d*2;
     x.pay=f*d;
}
int main()
{    struct worker x={"Wangnin",24,80};
     fun(x);
     printf("%s\t%d\t%.0f\n",x.name, x.age, x.pay);
     return 0;
}
```

6. 写出下面程序的运行结果。

```
#include <stdio.h>
#include <string.h>
struct worker
{    char name[15];
```

```
        int age;
        float pay;
};
void fun(struct worker *x)
{      char *t="Lilei";
        int d=20;
        float f=100;
        strcpy((*x).name,t);
        x->age=d*2;
        x->pay=f*d;
}
int main()
{      struct worker *x;
        x=(struct worker *)malloc(sizeof(struct worker));
        fun(x);
        printf("%s\t%d\t%.0f\n",x->name, x->age, x->pay);
        free(x);
        return 0;
}
```

7. 若定义了

```
struct num
{    int a;
     int b;
}d[3]={{1,4}, {2,5},{6,7}};
```

则执行 printf("%d\n", d[2].a*d[2].b/d[1].b);语句的输出结果是（   ）。

    A. 2   B. 2.5   C. 8   D. 8.4

8. 下列程序的输出结果是（   ）。

```
struct st
{    int i;
     int j;
}*p;
int main()
{    struct st m[]={{10, 1}, {20, 2}, {30, 3}};
     p=m;
     printf ("%d\n",(*++p). j);
}
```

    A. 1   B. 2   C. 3   D. 10

9. 写出下面程序的输出结果。

```
#include <stdio.h>
struct prob
{
        char *a;
        int b;
};
int main()
```

```
{       struct prob x[]={"Zhang San", 19, "Li Si", 21, "Wang Wu", 20};
        int i, m1, m2;
        m1=m2=x[0].b;
        for (i=1; i<3; i++)
               if(x[i].b>m1)    m1=x[i].b;
                   else if (x[i].b<m2)
                             m2=x[i].b;
        for(i=0; i<3; i++)
            if (x[i].b!=m1 && x[i].b!=m2)
              {
                  printf ("%s:%d\n", x[i].a, x[i].b);
                  break;
              }
        return 0;
}
```

10. 已知链表结点结构类型定义如下：

```
struct node
{      int data;
       struct node *next;
};
void print(struct node *head)
{
       struct node *p=head;
       while(p!=NULL)
       {  if(p->data<0)
              printf("%6d",p->data);
          p=p->next;
       }
}
```

有一链表的存储状态如图 8-13 所示，调用 print(head)函数的输出结果是什么？

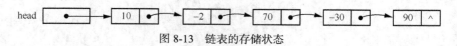

图 8-13　链表的存储状态

11. 链表结构定义同第 10 题，函数 length()用于求单链表中结点的个数，请将函数补充完整。

```
int length( struct node *head)
{
       int k=0;
       struct node *p=head;
       while(        (1)        )
       {      k++;
              (        (2)        );
       }
       return k;
}
```

实　验　八

1. 手机通信录包括"姓名""移动电话""固定电话""E-mail"等信息。编写程序，设计一个存储手机通信录信息的结构体类型，并定义结构体变量，输入某通信录信息并在屏幕上输出。

2. 完善例 8.5 中程序的功能，为其增加下列功能函数。

（1）学生信息查询功能，即设计函数，根据学生的准考证号查询学生成绩信息。

（2）学生信息插入功能，即设计函数，在结构体数组的指定位置插入学生信息。

（3）学生信息删除功能，即设计函数，根据准考证号来删除满足条件的学生信息。

（4）学生信息修改功能，即设计函数，根据准考证号修改指定学生的成绩信息。

（5）按准考证号排序的功能，即设计函数，按学生准考证号对学生信息表递增排序。

上述函数可逐个增加，并编写 main()函数进行测试。

3.（选做）快速排序算法是一种高效的排序算法，其基本思想如下。

（1）分割。当待排序数组段的元素个数大于 1 时，取待排序数组中的第一个元素，以它为参照，对待排序数组段进行划分，将大于它的元素放到其左边，小于或等于它的元素放到其右边。至此，该元素已经处于它该处的最终位置，另外产生了两个待排序的子数组。

（2）递归。对每一个待排序的数组段执行步骤（1）。

请设计快速排序函数 void quickSort(stuStru s[], int low, int high)，采用快速排序算法对例 8.5 中的学生信息（存储在 s[low,high]中）按总成绩降序排序。

4. 编写程序，在按结点值递增有序排序的单链表中插入一个结点，使单链表保持有序。

5. 编写程序，从键盘上输入无序的数据，建立有序的单链表。

6. 编写一个函数 freeLinklist(linklist head)，将单链表 head 所有的结点空间释放。

第9章
文件与数据存储

计算机存储系统分为内存与辅助存储器，到目前为止我们编写的程序操作的数据都是存储在内存中的，当程序运行结束时，数据也随着程序运行结束而消失，为了保存经程序处理的数据信息，需要将数据独立地存储到辅助存储器上。

文件是程序设计中的一个重要概念，是实现程序和数据分离的重要方式。本章介绍 C 语言文件的基本概念，以及文件的打开、关闭、读/写方式。

通过本章的学习，读者应达成如下学习目标。

知识目标： 了解文本文件与二进制文件的特点，掌握文件的打开、关闭、字符读/写、字符串读/写、格式化读/写、数据块读/写等函数的使用方法。

能力目标： 能够根据工程需要，应用所学知识合理确定文件存储方式，并高效、正确地读/写文件。

素质目标： 具备数据安全的意识，具有较强的发现问题、分析问题和解决问题的能力。

9.1　引例——学生信息文件的创建

例 8.5 实现了学生成绩信息的输入、统计、排序和输出功能。但由于内存变量不能永久保存数据，程序结束时，内存中的数据就会丢失，因此每次调试程序时都需要重新输入学生信息，这在实际的系统中是不可接受的。

文件是一组保存在辅助存储器上的具有特定含义的信息的集合。文件常见的存储介质有磁盘、U 盘、SD 卡等。文件由操作系统进行管理，并通过文件名来识别。文件的类型通常由扩展名来区分，如大家熟知的.mp3、.mp4、.c、.txt 等就代表不同的文件类型。

文件具有永久保存数据的功能，除非用户将其删除或存储介质被破坏。因此，对于数据规模较大的程序，采用文件向程序提供输入数据并保存输出结果是较好的选择。

操作系统提供的输入重定向功能可以改变 scanf()函数的输入数据来源，输出重定向功能可以改变 printf()函数的输出目标。

例如，我们可以用记事本编辑图 9-1 所示的学生信息存入文本文件 stu.txt。

在命令提示符窗口下运行 8_5.exe 时通过输入重定向符 "<" 可修改输入数据源，通过输出重定向符 ">" 可重定向输出目标。

110100101	王晓东	112	120	121	230
110100102	李科	108	130	125	241
110100103	赵国庆	99	98	101	200
110100104	邹婕	121	105	130	250
110100105	杨婷	130	132	128	256
q					

图 9-1　学生信息存入文本文件

例如，在命令提示符窗口下执行：

```
8_5  <stu.txt  > out.txt
```

将使 8_5.exe 中的 scanf()函数不再从键盘读入数据，而是从 stu.txt 中读入数据，同时，程序的所有输出结果也由屏幕重定向到 out.txt 中。

程序运行后，将在当前文件夹下产生 out.txt 文件，其内容如图 9-2 所示。

```
请按下列格式输入学生信息（行首输入q结束输入）：
-------------------------------------------------------
准考证号    姓名    语文    数学    英语    综合
准考证号    姓名    语文    数学    英语    综合    总分
-------------------------------------------------------
110100105   杨婷    130.00 132.00 128.00 256.00 646.00
110100104   邹婕    121.00 105.00 130.00 250.00 606.00
110100102   李科    108.00 130.00 125.00 241.00 604.00
110100101   王晓东  112.00 120.00 121.00 230.00 583.00
110100103   赵国庆  99.00  98.00  101.00 200.00 498.00
```

图 9-2　out.txt 文件内容

stu.txt 和 out.txt 文件可在磁盘上长久保存，反复供程序或用户使用。由此可见，采用文件可极大地满足程序处理大规模数据时对输入/输出的需求。

9.2　文　件　概　述

9.2.1　流的概念

本章以前我们所写的程序都是用 scanf()函数采集从键盘输入的数据并用 printf()函数输出数据到屏幕上。实际上，scanf()函数本身并未指定输入数据来自何处，printf()函数也并未指定输出数据传输到何处。C 语言的标准串行输入/输出功能被设计为与设备无关，所以程序员不必关心数据是如何传输的、数据在特定的外设是如何管理的，C 语言通过库函数和操作系统来确保与特定设备间的数据传输能正确地执行。

在 C 语言中的每个串行输入源和输出目标被称为"**流**"。**输入流**是一个串行数据源，可以为程序提供输入数据，而**输出流**是串行数据的目的地，可以接收程序的输出。在 C 语言中，所有的输入和输出都是以"流"的方式来工作的。C 语言程序把输入和输出看作字节流，在输入操作中，字节从输入设备（如键盘、磁盘、SD 卡或网络等）流向内存；在输出操作中，字节从内存流向输出设备（如显示器、打印机、磁盘、网络等）。

流充当了程序和输入/输出设备之间的桥梁，这使程序在输入/输出数据时可以采用统一的方式来工作，而不必去关注具体的物理设备是什么。

stdio.h 提供了 3 个标准流，如表 9-1 所示。程序开始执行时，这 3 个标准的流自动地连接到程序，我们可以直接使用。

表 9-1   标准流

流 名 称	流 含 义	默认连接外设
stdin	标准输入	键盘
stdout	标准输出	显示器
stderr	标准错误	显示器

通常情况下，**标准输入流**连接到键盘，**标准输出流**和**标准错误流**连接到显示器，当然，操作系统一般允许程序将流重定向到其他设备。

9.2.2　文件的分类

1．文本文件与二进制文件

任何文件都有特定的格式，文件必须按其格式来进行读/写才能正确识别数据。如 PDF 格式的电子图书就需要用专门的 PDF 阅读器来进行阅读，MP4 格式的视频文件也需要用视频播放软件才能正确播放。

C 语言的 stdio.h 支持两种类型的文件：**文本文件**（也称 ASCII 文件）和**二进制文件**。在文本文件中，用字节来存储字符，这使人们可以检查或编辑文件。例如，C 语言程序的源代码文件（扩展名为.c）就是文本文件，而 C 语言程序的可执行文件（扩展名为.exe）就是二进制文件。在二进制文件中，字节不一定表示字符，有可能是某数值型数据的某些位。以数值型数据的存储方式为例，在二进制文件中，数值型数据直接存储其在内存对应的二进制数。而在文本文件中，则是将数值型数据的每一位数字作为一个字符以其 ASCII 的形式存储。因此，文本文件中的每一位数字单独占用一个字节的存储空间，而二进制文件是把整个数字作为一个二进制数来存储。

例如，假设有变量声明语句：

```
short int a=32767;
```

在二进制文件中，变量 a 仅占 2 个字节的存储空间，如图 9-3 所示。而把变量 a 的值存入文本文件中需要 5 个字节的存储空间，如图 9-4 所示。

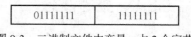

图 9-3　二进制文件中变量 a 占 2 个字节

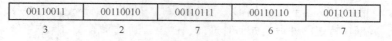

图 9-4　文本文件中变量 a 占用 5 个字节

另外，文本文件还有以下特性。

● 文本文件分为若干行。文本文件的每一行通常以一两个特殊字符结尾，在 Windows 操作系统中，行末的标记是回车符与换行符。

● 文本文件可以包含一个特殊的"文件末尾"标记。一些操作系统允许在文本文件的末尾使用一个特殊的字节作为标记。在 Windows 操作系统中，标记为'\x1a'（Ctrl+Z）。

二进制文件不分行，也没有行末标记和文件末尾标记。

编写用来读/写文件的程序时，需要确定该文件是文本文件还是二进制文件。

2．缓冲文件与非缓冲文件

在 C 语言中可使用以下两种文件系统。

- 缓冲文件系统，又称标准文件系统或高级文件系统，是一种高效、方便且常用的文件系统。后面要学习的文件操作函数都是基于缓冲文件系统的。
- 非缓冲文件系统，又称低级文件系统。该系统与计算机有关，节省内存，执行效率高，但是应用难度大。

缓冲区是将数据从设备传输到程序或从程序传输到设备的临时存储区域。由于 CPU 读/写内存的最小单位是字节，而读/写外设的最小单位为块，如磁盘驱动器这样的设备以大小为 512 字节（或更多）的块为单位来传输，所以操作系统进行外设读/写时采用了缓冲区技术，当进行输入操作时，计算机从外设读取一个块的数据传输到缓冲区，之后 CPU 将从该缓冲区来读取所需要的数据，当缓冲区中的数据读取完毕或所需数据不在缓冲区时，再从外设中读取一块数据存入缓冲区。同理，当程序需要向外设传输数据时，是将数据传输到缓冲区中，待缓冲区写满后，再启动外设，将缓冲区中的数据一次性写入外设。文件缓冲区工作原理如图 9-5 所示。

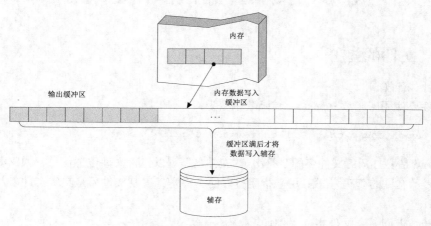

图 9-5　文件缓冲区工作原理

可见，缓冲区技术减少了频繁启动外设读/写的次数，可有效缓解内存读/写速度与外存读/写速度不匹配的矛盾。

9.2.3　文件指针

stdio.h 中定义了文件结构体类型 FILE。

```
typedef struct
  {
          short level;                    /*缓冲区"满"或"空"的程度*/
          unsigned flags;                 /*文件状态标志*/
          char fd;                        /*文件描述符*/
          unsigned char hold;             /*如无缓冲区不读字符*/
          short bsize;                    /*缓冲区的大小*/
          unsigned char *buffer;          /*数据缓冲区的位置*/
          unsigned char *curp;            /*指针当前的指向*/
          unsigned istemp;                /*临时文件指示器*/
          short token;                    /*用于有效性检查*/
  }FILE;
```

对此结构体类型成员的含义我们不做深入探讨。

C 语言中对流的访问是通过文件指针来实现的，文件指针的类型为 FILE *。用文件指针表示特定的流有标准的名字，如 stdin、stdout 和 stderr 等，我们可以根据程序需要声明一些另外的文件指针。

例如：

```
FILE *fp1, *fp2;
```

定义了两个文件指针 fp1 和 fp2。可以通过文件打开函数将文件指针连接到指定的文件上。

一般而言，一个文件指针指向一个文件。因此，程序需要使用几个文件就应该定义几个文件指针，不允许一个文件指针同时指向多个文件，也不允许几个文件指针指向同一个文件。

9.3 文件的打开和关闭

9.3.1 文件的打开

1. fopen()函数

打开文件要使用库函数 fopen()，其函数原型为：

```
FILE * fopen(const char * filename, const char * mode);
```

其中，filename 是要打开的文件名的字符串（"文件名"可以包含文件位置信息，如驱动器符或路径）。mode 表示文件的读/写模式，用来指定打开的文件是二进制文件还是文本文件以及打算对文件执行的操作。

fopen()函数返回一个文件指针。例如：

```
fp=fopen("in.dat", "r");
```

将以只读方式打开当前文件夹下的 in.dat 文件，并且返回文件指针赋值给 fp。显然 fp 应该是 FILE * 类型的指针变量。

在 Windows 操作系统中，用 fopen()函数调用的文件名中若含有目录分隔符\，一定要小心，因为 C 语言把字符\看作转义字符的开始标志。

因此，函数调用语句 fp=fopen("d:\cprogram\test.c","r");会执行失败。编译器会把\t 理解成转义字符。正确的方法是用\\代替\，即：

```
fp=fopen("d:\\cprogram\\test.c","r");
```

或直接用/代替\：

```
fp=fopen("d:/cprogram/test.c","r");
```

Windows 操作系统会把/接收为目录分隔符。

当打开的文件不存在或对文件没有访问权限时将导致无法打开文件，此时 fopen() 函数会返回空指针。因此，打开文件后要测试 fopen()函数返回值以确保文件是否被正确打开。

2. 读/写模式

表 9-2 列出了文件的读/写模式。

表 9-2 文件的读/写模式

模式字符串	含　义
"r"或"rt"	打开文本文件用于读
"rb"	打开二进制文件用于读
"w"或"wt"	打开文本文件用于写（文件不需要存在）
"wb"	打开二进制文件用于写（文件不需要存在）
"a"或"at"	打开文本文件用于追加（文件不需要存在）
"ab"	打开二进制文件用于追加（文件不需要存在）
"r+"或"rt+"	打开文本文件用于读和写，从文件头开始
"rb+"	打开二进制文件用于读和写，从文件头开始
"w+"或"wt+"	打开文本文件用于读和写（如果文件存在就覆盖原文件）
"wb+"	打开二进制文件用于读和写（如果文件存在就覆盖原文件）
"a+"或"at+"	打开文本文件用追加方式进行读和写
"ab+"	打开二进制文件用追加方式进行读和写

对表 9-2 中的部分读/写模式说明如下。

（1）w（write）：该模式只能用于向打开的文本文件写入数据。若文件不存在，则按用户指定的文件名创建新文件；若文件已存在，则将覆盖原文件。文件打开时，文件读写位置指向文件开始处。

（2）r（read）：该模式只能用于打开一个已存在的文本文件并从中读出数据。文件打开时，文件读写位置指向文件头。

（3）a（append）：该模式用于向文本文件末尾添加数据。若文件存在，则将它打开，并将读写位置指向文件末尾；若文件不存在，则创建一个新文件，并从头开始写数据。

（4）r+、w+、a+：用这 3 种模式打开文件后，既可以读，也可以写。它们的区别如下。

- r+：用该模式打开文件后，文件原有内容全部丢失，这时只能先向文件写入数据，再读出。
- w+：用该模式打开文件后，如果文件有内容则以覆盖方式写入，即写入的内容覆盖原文件中的内容。
- a+：用该模式打开文件后，将文件内容保留。读时从文件开头读，写时则追加到文件末尾。

（5）当使用 fopen()函数打开二进制文件时，仅需要在使用上述几种模式时字符串中包含字母 b。

9.3.2　文件的关闭

在程序对文件读/写完毕后，应该将文件关闭，以确保操作系统能及时将缓冲区中的数据写入文件，保证数据的正确性。

C 语言中使用 fclose()函数来关闭已打开的文件，其函数原型如下：

```
int fclose(FILE *filename);
```

其中 filename 是文件指针，指向已打开的文件。

例如，执行 fclose(fp);将关闭 fp 指示的文件。

如果成功关闭了文件，fclose()函数返回值为 0，否则，它将返回错误代码 EOF（EOF 为 stdio.h 中定义的宏常量，其值为-1）。

综上所述，我们可以用图 9-6 来表示文件操作的一般流程。

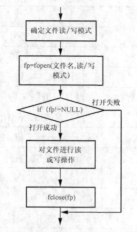

图 9-6　文件操作的一般流程

9.4　文件检测函数

9.4.1　检测文件末尾函数

文件打开后，文件指针指向与文件对应的 FILE 结构体。在 FILE 结构体中有一个文件读/写指针指示文件当前的读/写位置。

feof()函数用来检测文件读/写位置指针是否已到文件末尾。

feof()函数的调用格式为：

```
feof(fp);
```

fp 是文件指针，如果文件读/写位置指针已到文件末尾，则函数返回非 0 值（逻辑真）；否则函数返回 0（逻辑假）。

例如，我们常用下面的语句来控制文件读/写：

```
while( !feof( fp) )
    文件读/写语句;
```

9.4.2　检测出错函数

ferror()函数可用来检测输入/输出函数的每次调用是否有错，函数的调用格式是：

```
ferror(fp);
```

正常时函数返回 0，出错时函数返回非 0 值（逻辑真）。一般在调用输入/输出函数后可调用该函数，以检查输入/输出函数的引用是否正确。

例如：

```
文件读写语句;
if ( ferror(fp))
        printf("文件读写错误!\n");
```

9.5 文件的读/写操作

文件打开成功后，可以对文件按字符、按字符串、按格式化或按数据块等方式进行访问。

9.5.1 字符读/写函数

1. 字符读函数 fgetc()

该函数用来从文件读取一个字符，函数原型为：

```
int fgetc(FILE *fp);
```

从 fp 读出一个字符，将位置指针指向下一个字符，若读成功，则返回该字符；若读到文件末尾，则返回 EOF。

常见的用法为：

```
while (! feof(fp) )
    {    ch=fgetc(fp);
       …
    }
```

对文本文件还可以用下面的形式来判断文件是否已读到文件末尾。

```
while (   (ch=fgetc(fp))!=EOF )
  …
```

2. 字符写函数 fputc()

该函数用来将一个字符写入文件，函数原型为：

```
int fputc(int ch, FILE *fp);
```

其中，ch 是字符常量或字符变量，fp 是文件指针。该语句的功能是把字符 ch 写入 fp 指向的文件中，如果函数执行成功，则返回 ch；否则，返回 EOF。

例如：

```
fputc('A',fp);
```

将大写字母'A'写入 fp 指示的文件中。

9.5.2 字符读/写函数应用实例

【例 9.1】 编写一个程序，将从键盘输入的若干行字符存入文件 9_1.txt，并将文件中的内容重新读出显示到屏幕上（以"#"作为输入结束标志）。

【分析】 可首先将从键盘输入的若干行字符写入文件，再重新以只读方式打开文件，将其内容读出后显示在屏幕上。

```c
#include <stdio.h>
int main()
{
    char ch;
    FILE *fp;
    fp=fopen("9_1.txt","w");            //以写方式打开文本文件
    if (fp!=NULL)
    {
        printf("请输入若干行字符，以#结束输入：\n");
        while((ch=getchar())!='#')  //循环写入
            fputc(ch,fp);
        fclose(fp);
    }
    else
        printf("文件创建失败！\n");
    fp=fopen("9_1.txt","r");            //以读方式打开文本文件
    if (fp!=NULL)
    {
        printf("文件内容是：\n");
        while (!feof(fp))               //循环读出
        {
            ch=fgetc(fp);
            putchar(ch);                //可用fputc(ch,stdout)代替putchar(ch)
        }
        fclose(fp);                     //关闭文件
    }
    else
        printf("文件打开失败！\n");
    return 0;
}
```

程序运行结果如下：

请输入若干行字符，以#结束输入：
Teach you how to read C programs
Teach you how to write C programs
Teach you how to debug C programs#
文件内容是：
Teach you how to read C programs
Teach you how to write C programs
Teach you how to debug C programs

文件字符读/写
函数的应用

我们可以用记事本程序打开文件9_1.txt，并查看其内容。

作为练习，请读者编写一个程序，将文件9_1.c复制到文件9_1_bak.c。

由于文件指针 stdin 与 stdout 已自动连接至键盘和显示器，因此可用 fputc(ch,stdout);语句代替 putchar(ch);语句，同理可用 ch=fgetc(stdin);语句代替 ch=getchar();语句。

9.5.3 字符串读/写函数

fgets()函数和 fputs()函数分别用于从指定的文件中读出一个字符串和把一个字符串写入指定的文件。

1. 字符串读函数 fgets()

fgets()函数可以从指定文件中读入一行字符串并存入字符数组中，函数原型为：

```
char *fgets(char *s,int n,FILE *fp);
```

从 fp 所指的文件中读取最大长度为 $n-1$ 的字符串，并在字符串末尾添加\0 后存入字符数组 s 中。函数返回字符数组的首地址。若读取失败，返回 NULL，s 的值不确定。

例如，若字符数组 s 的大小为 20，则

```
fgets(s, 20, fp);
```

是从 fp 指向的文件中读取最大长度为 19 的字符串存入 s。

利用这一特性，我们可以用

```
fgets(s,sizeof(s),stdin);
```

来限定从键盘输入的字符串的长度，这比直接用 gets(s)函数要安全，可以防止输入数据过长而导致非法访问内存。

2. 字符串写函数 fputs()

fputs()函数可以将一个字符串写入指定的文件，函数原型为：

```
int fputs(const char *s, FILE *fp);
```

它将 s 中的字符串写入 fp 指向的文件，若出现写入错误，函数返回 EOF，否则返回一个非负数。

9.5.4 字符串读/写函数应用实例

【例 9.2】 从键盘输入一行字符串 Teach you how to design good C programs，将其追加到文件 text01.txt 中去。

【分析】 因为要向文件 text01.txt 中追加信息，所以应该将其打开模式设置为 a。

```
#include <stdio.h>
#define N 80
int main()
{
    char s[N];
    FILE *fp;
    fp=fopen("text01.txt", "a");
    if (fp!=NULL)
    {       printf("请输入一行字符: \n");
            fgets(s,N,stdin);                    //从键盘输入字符串
```

```
            fputs(s,fp);                        //写入文件
            fclose(fp);                         //关闭文件
        }
        else
            printf("文件打开失败! \n");
}
```

若程序运行时输入 Teach you how to design good C programs✓，则输入的字符串会加入文件 text01.txt 的末尾。

9.5.5 格式化读/写函数

fscanf()函数和 fprintf()函数可以实现文件的格式化读/写。它们与 scanf()函数和 printf()函数的不同之处在于：fscanf()函数和 fprintf()函数可对程序员指定的文件进行读/写，而 scanf()函数与 printf()函数则是对标准输入/输出设备进行读/写。

1. 格式化读函数 fscanf()

fscanf()的函数原型为：

```
int fscanf(FILE *fp,const char *format, 变量地址列表 );
```

第 1 个参数为文件指针，第 2 个参数为格式控制参数，第 3 个参数为变量地址列表。格式控制参数的含义与 scanf()函数使用的格式控制参数含义相同。

如果函数执行成功，则返回正确输入项的个数；若执行失败，则返回 0。

例如：

```
char name[12]="Tony";
int age=20;
...
fscanf(fp, "%s%d", name, &age);
```

将从 fp 指向的文件读取一个字符串和一个整型数据存入数组 name 和变量 age。

2. 格式化写函数 fprintf()

fprintf()的函数原型为：

```
int fprintf(FILE *fp,const char *format,输出项列表);
```

第 1 个参数为文件指针，第 2 个参数为格式控制参数，第 3 个参数为输出项列表。

例如：

```
fprintf(fp, "%12s%6d", name, age);
```

将字符串 name 和整型变量 age 的值存入 fp 指向的文件。

9.5.6 格式化读/写函数应用实例

【例 9.3】 为例 8.5 中的程序设计从文件读数据的函数和将学生信息数据存盘的函数。

（1）增加从文件读数据函数 int readData(stuStru s[], char *filename)，从文件 filename 中读入学生信息，存入学生数组 s，函数返回读取的学生人数。

（2）增加函数 void saveData(stuStru s[], char *filename, int n)，将学生信息存入 filename 文件。

【分析】　由于我们可以通过 feof() 函数来判断对文件的读/写是否到达文件末尾，因此存储学生信息数据的文本文件内容可按图 9-7 所示格式存储，不需要存储额外的结束标记。

110100101	王晓东	112	120	121	230
110100102	李科	108	130	125	241
110100103	赵国庆	99	98	101	200
110100104	邹婕	121	105	130	250
110100105	杨婷	130	132	128	256

图 9-7　学生信息数据文件 studata.txt

```
/*
    @函数名称：readData   入口参数：stuStru s[] ,char *filename
    @函数功能：从文件 filename 读入学生信息存入 s，返回正确读取的学生人数
*/
int readData(stuStru s[], char *filename)
{
    FILE *fp;
    fp=fopen(filename, "r");
    if (fp!=NULL)
    {
        int n=0,i;
        while (!feof(fp))
        {
            fscanf(fp,"%s",s[n].id);              //读入准考证号
            fscanf(fp,"%s",s[n].name);            //读入姓名
            for (i=0;i<4;i++)                     //读入 4 门课程成绩
                    fscanf(fp,"%f",&s[n].score[i]);
            n++;
        }
        fclose(fp);
        return n;                                 //返回有效学生人数
    }
    else return 0;
}
/*
    @函数名称：saveData 入口参数：stuStru s[], char *filename, int n
    @函数功能：学生信息存盘函数
*/
void saveData(stuStru *s, char *filename, int n)
{   FILE *fp;
    int i,j;
    fp=fopen(filename, "w");
    if (fp!=NULL)
    {
        for (i=0;i<n;i++,s++)
        {
            fprintf(fp,"%-12s",s->id);            //输出准考证号
            fprintf(fp,"%-12s",s->name);          //输出姓名
            for (j=0;j<4;j++)                     //输出成绩
                fprintf(fp,"%-8.2f",s->score[j]);
            fprintf(fp,"%-8.2f\n",s->total);      //输出总分
        }
        fclose(fp);                               //关闭文件
```

```
        }
        else
                printf("文件保存失败!\n");
}
int main()
{
        stuStru s[N];
        int n;
        n=readData(s,"studata.txt");                   //从文件读数据
        sum(s,n);                                       //求和
        quickSort(s,0,n-1);                             //按总分由高到低排序
        print(s,n);                                     //输出
        saveData(s,"9_3.txt",n);                        //存盘
        return 0;
}
```

程序运行结果如下：

准考证号	姓名	语文	数学	英语	综合	总分
110100105	杨婷	130.00	132.00	128.00	256.00	646.00
110100104	邹婕	121.00	105.00	130.00	250.00	606.00
110100102	李科	108.00	130.00	125.00	241.00	604.00
110100101	王晓东	112.00	120.00	121.00	230.00	583.00
110100103	赵国庆	99.00	98.00	101.00	200.00	498.00

文件格式读/写
函数的应用

有了 readData()函数和 saveData()函数，用户可以事先在 studata.txt 中按指定格式编辑好学生信息数据，避免每次运行程序都要重新输入数据的麻烦。程序与数据的分离，实现了数据的复用和共享。

学生结构体定义和其他函数实现与例 8.5 的一致，完整的程序代码详见 9_3.c，此处省略。

9.5.7　数据块读/写函数

利用 fread()函数和 fwrite()函数可以对文件进行数据块的读/写操作，一次可以读/写一组数据。

1. 数据块读函数 fread()

fread()函数用于从文件中读出一个数据块，函数原型为：

```
unsigned fread(void *buffer, unsigned size, unsigned count, FILE *fp);
```

该函数从 fp 所指的文件中读取数据块并存储到 buffer 指向的内存中，buffer 是待读入数据块存放的起始地址；size 是每个数据块的大小，即待读入的每个数据块的字节数；count 是最多允许读取的数据块个数，函数返回实际读到的数据块个数。

出错或读到文件末尾的情况必须用检测函数 ferror()和 feof()来判断。

2. 数据块写函数 fwrite()

fwrite()函数用于向文件写入一个数据块，函数原型为：

```
unsigned fwrite(const void *buffer, unsigned size, unsigned count, FILE *fp);
```

各参数的含义与 fread()函数相同，该函数功能是将 buffer 指向的内存中的数据块写入 fp 所指的文件，该数据块共有 count 个数据项，每个数据项有 size 个字节。如果执行成功，返回实际写入的数据项的个数；若所写实际数据项少于需要写入的数据项，则出错。

例 9.3 中的 saveData()函数对每一个学生信息数据，采用逐个将数据项输出到文件中的方式，这种方式的优点是文件中的数据按固定的格式呈现，便于用户用记事本直接浏览，但操作的效率较低。

采用 fwrite()函数一次性将学生结构体数组的 *n* 个元素写入文件具有较高的存取效率。但该函数写入数据时是将内存数据块直接写入文件，因此宜采用二进制文件。同时应注意，用 fwrite()函数写入文件的数据应该用 fread()函数按相应的格式来进行读取，才能正确还原数据。

9.5.8　数据块读/写函数应用实例

【例 9.4】　为例 9.3 的程序设计函数。

（1）writeToFile()函数，采用 fwrite()函数保存学生信息数据至文件。

（2）readFromFile()函数，采用 fread()函数从文件读入学生信息数据至某学生结构体数组，并将结果显示到屏幕上。

```
/*
    @函数名称: writeToFile   入口参数: stuStru s[], char *filename, int n
    @函数功能: 学生信息存盘
*/
void writeToFile(stuStru s[], char *filename, int n)
{
    FILE *fp;
    fp=fopen(filename, "wb");                         //打开文件
    if (fp!=NULL)
    {
        fwrite(s,sizeof(stuStru), n, fp);            //写文件
        fclose(fp);
    }
    else
        printf("文件保存失败! \n");
}
/*
    @函数名称: readFromFile 入口参数: stuStru s[], char *filename
    @函数功能: 从文件 filename 读入学生信息存入 s, 返回正确读取的学生人数
*/
int readFromFile(stuStru s[], char *filename)
{
    FILE *fp;
    int n=0,k;
    fp=fopen(filename, "rb");                         //打开文件
    if (fp!=NULL)
    {
        while ( 1 )
        {
            k=fread(s+n,sizeof(stuStru), 1, fp); //读取一条记录
            if (k!=1) break;                         //未读取成功表明文件已结束
```

```
                        n++;
                }
                fclose(fp);
                return n;                          //返回成功读取的记录总数
        }
        else
        {
                printf("读取数据失败！\n");
                return 0;
        }
}
int main()
{
    stuStru s[N],t[N];
    int n;
    n=readData(s,"studata.txt");                   //从文件读数据
    sum(s,n);                                       //求和
    quickSort(s,0,n-1);                             //按总分由高到低排序
    writeToFile(s,"9_4.dat",n);                     //存盘
    n=readFromFile(t,"9_4.dat");                    //读取数据存入数组t
    print(t,n);                                      //输出学生数据
    return 0;
}
```

程序运行结果如下：

准考证号	姓名	语文	数学	英语	综合	总分
110100105	杨婷	130.00	132.00	128.00	256.00	646.00
110100104	邹婕	121.00	105.00	130.00	250.00	606.00
110100102	李科	108.00	130.00	125.00	241.00	604.00
110100101	王晓东	112.00	120.00	121.00	230.00	583.00
110100103	赵国庆	99.00	98.00	101.00	200.00	498.00

数据块读/写
函数的应用

main()函数在将排序后的学生数据存入文件9_4.dat后，再用readFromFile()函数将其中的数据读出存入新数组t，然后将其输出。

对readFromFile()函数而言，由于其不知道文件中学生数据的实际个数，因此采用了逐个记录读取的方式，fread()函数的返回值表示正确读取的数据块个数，若其值不为1，则表示文件中的记录已全部读取完毕。

作为改进，读者可以在设计writeToFile()函数时将学生信息记录的总数 n 用格式输出语句存入文件第1行，再将所有学生的信息从第2行开始存入。相应地，读取时就可以用格式输入语句先从文件的第1行读取学生总数 n，接下来只需通过 fread(s , sizeof(stuStru), n, fp); 语句就可以将全部学生记录一次性读入。

说明　　　学生结构体定义和其他函数实现与例9.3的一致，完整的程序代码详见9_4.c，此处省略。

9.6　文件的随机读/写

计算机中的文件按读/写方式可分为顺序文件和随机文件。顺序文件是指只能按顺序读/写的文件，如存储在磁带上的文件就是顺序文件。而随机文件是指可以随机读/写文件任意位置内容的文件，如存储在磁盘、DVD 等介质上的文件大部分为随机文件。

本章前面所有对文件的读/写都是从文件的开头数据逐个进行的，这种方式称为顺序访问。程序根据读/写位置指针来读取指定位置的数据。在顺序读/写时，每读或写完一个数据后，该位置指针就自动移到它后面的位置。如果读/写的数据项包含多个字节，则对数据项读/写完毕后读/写位置指针移到下一个数据项的起始地址。

有时我们仅需要文件中的部分数据，这时希望能够直接定位到数据存储位置进行读/写，而不是从文件起始位置逐一读取文件内容。我们把这种方式称为文件的随机访问。

文件的属性决定了对文件可进行的访问方式，正如数组和链表一样，数组可以随机访问，而链表只能顺序访问。

C 语言提供了相关函数来指定读/写位置指针的值，因此可以实现对随机文件的随机访问。

9.6.1　文件的定位

文件的定位是指移动文件读/写位置指针到指定位置。与文件定位有关的函数有 fseek()函数、ftell()函数和 rewind()函数。

1. fseek()函数

fseek()函数的作用是使文件读/写位置指针移动到所需要的位置，它的调用格式为：

fseek(文件指针,位移量,起始点);

其中，"起始点"是指以什么地方为基准进行移动，其值有 3 种，分别用 3 个符号常量来表示，如表 9-3 所示。

表 9-3　　　　　　　　　　　　　　起始点的取值

符 号 名	值	含 义
SEEK_SET	0	文件开头
SEEK_CUR	1	文件当前位置
SEEK_END	2	文件末尾

"位移量"是指以"起始点"为基准移动的字节数，如果其值为正数，表示由文件头向文件尾方向移动（简称为前移），反之表示由文件尾向文件头方向移动（简称为后移）。位移量为 long int 型数据。如果 fseek()函数执行成功，函数返回值为 0，否则返回一个非 0 值。

例如，若 fp 为指向例 9.4 的学生排序结果文件（9_4.dat）的指针，则

```
fseek(fp , sizeof(stuStru)*2 ,SEEK_SET);
```

表示将文件读/写位置指针从文件开头向前移动 2 个记录的位置，即定位在第 3 个学生信息记录的

起始位置。

```
fseek(fp , -sizeof(stuStru)*2 ,SEEK_END);
```

则表示将文件读/写位置指针从文件末尾向后移动2个记录的位置，即定位到倒数第2个学生信息记录的起始位置。

fseek()函数一般用于二进制文件的随机读/写。

2. ftell()函数

ftell()函数用于返回文件读/写位置指针相对于文件头的字节数，其值为 long 型，出错时返回−1。其调用格式为：

```
ftell(fp);
```

例如：

```
long postion;
if ( (postion=ftell(fp))==-1L)
        printf("A file error has occurred at %ld.\n", postion);
```

用于通知用户文件出错的位置。

3. rewind()函数

使用 rewind()函数可使文件读/写位置指针重新返回文件的开头处。调用格式为：

```
rewind(fp);
```

例如，若需在某文件中追加记录，然后将文件内容输出，可以在文件末尾追加记录后，调用 rewind()函数让文件读/写位置指针重新回到文件的开头处，再将文件内容依次读出并输出。

函数调用成功则函数的返回值为0，否则，返回非0值。

9.6.2 文件随机读/写应用实例

【例9.5】 例9.4中程序将学生排序的信息数据存入了二进制文件9_4.dat，编写程序，从文件中由后向前读取学生数据输出到屏幕上，并将结果保存到二进制文件9_5.dat。

【分析】 我们可以采用 fseek()函数实现从文件末尾向文件头方向依次读取数据存入内存结构体数组，之后调用 print()函数输出。

```
    /*
            @函数名称：readFromFile 入口参数：stuStru s[], char *filename
            @函数功能：从文件 filename 由后向前读入学生信息存入 s，返回正确读取的学生人数
    */
    int readFromFile(stuStru s[], char *filename)
    {
        FILE *fp;
        int n=0,k;
        fp=fopen(filename, "rb");                                //打开文件
        if (fp!=NULL)
```

```
            {
                fseek(fp,-sizeof(stuStru),SEEK_END);
                while ( 1 )
                {
                    k=fread(s+n,sizeof(stuStru), 1, fp);    //读取一条记录
                    if (k!=1) break;                        //未读取成功表明文件已结束
                    n++;
                    fseek(fp,-2*sizeof(stuStru),SEEK_CUR);
                }
                return n;                                   //返回成功读取的记录总数
                fclose(fp);
            }
            else
                {
                    printf("读取数据失败! \n");
                    return 0;
                }
        }
int main()
{
    stuStru s[N];
    int n;
    n=readFromFile(s,"9_4.dat");                //读取数据存入数组 s
    print(s,n);                                 //输出学生数据
    writeToFile(s,"9_5.dat",n);                 //将结果保存到 9_5.dat
    return 0;
}
```

程序运行结果如下：

准考证号	姓名	语文	数学	英语	综合	总分
110100103	赵国庆	99.00	98.00	101.00	200.00	498.00
110100101	王晓东	112.00	120.00	121.00	230.00	583.00
110100102	李科	108.00	130.00	125.00	241.00	604.00
110100104	邹婕	121.00	105.00	130.00	250.00	606.00
110100105	杨婷	130.00	132.00	128.00	256.00	646.00

文件随机读/写
函数的应用

该程序实现了按总分升序输出学生信息。

readFromFile()函数首行用 **fseek(fp,-sizeof(stuStru),SEEK_END);** 语句将文件读/写位置指针移至最后一个记录的起始位置，由于读取一个记录后，读/写位置指针会移向所读记录的后面，因此，循环中每读完一个记录后需向后移（即回移）两个记录的位置。

说明　　学生结构体定义和其他函数实现与例 9.4 一致，完整的程序代码详见 9_5.c，此处省略。

【例 9.6】　　例 9.5 的程序已将按总分递增的学生数据存入二进制文件 9_5.dat 中，编写一个程序，将属性为{"110100106","柯男",121,130,99,215,565}的学生数据追加到文件末尾，并重新读取

学生信息输出到屏幕上。

【分析】　因为要追加记录到文件中，且对该文件写完之后需要读取数据，所以打开模式应设置为 ab+。添加记录后使用 rewind() 函数将文件读/写位置指针重新定位到文件头。

```c
#include <stdio.h>
#define N 10000
struct student
{
        char id[10];                //准考证号
        char name[9];               //姓名
        float score[4];             //大小为 4 的数组，分别存储 4 门课程分数
        float total;                //总分
};
typedef struct student stuStru;
int main()
{
     stuStru s={"110100106","柯男",121,130,99,215,565};
     stuStru t;
     FILE *fp;
     int k,j;
     fp=fopen("9_5.dat","ab+");
     if (fp!=NULL)
     {
            fwrite(&s,sizeof(s),1,fp);                              //将学生 s 写入文件
            rewind(fp);                                            //重新回到文件头部
            printf("%-12s%-12s","准考证号","姓名");                  //输出表头
            printf("%-8s%-8s%-8s%-8s%-8s\n","语文","数学","英语","综合","总分");
            printf("-----------------------------------------------------------
--\n");

            while( 1 )
            {
                   k=fread(&t, sizeof(t), 1, fp);          //读取一条记录
                   if (k!=1) break;                        //未读取成功表明文件已结束
                   printf("%-12s",t.id);                   //输出准考证号
                   printf("%-12s",t.name);                 //输出姓名
                   for (j=0;j<4;j++)                       //输出成绩
                           printf("%-8.2f",t.score[j]);
                   printf("%-8.2f\n",t.total);             //输出总分
            }
            fclose(fp);                                            //关闭文件
     }
     else
            printf("文件打开失败！ ");
     return 0;
}
```

程序运行结果如下：

准考证号	姓名	语文	数学	英语	综合	总分
110100103	赵国庆	99.00	98.00	101.00	200.00	498.00
110100101	王晓东	112.00	120.00	121.00	230.00	583.00
110100102	李科	108.00	130.00	125.00	241.00	604.00
110100104	邹婕	121.00	105.00	130.00	250.00	606.00
110100105	杨婷	130.00	132.00	128.00	256.00	646.00
110100106	柯男	121.00	130.00	99.00	215.00	565.00

可见姓名为"柯男"的学生信息成功加入文件末尾。

9.7　利用位运算对文件数据加密

有时我们需要对一些敏感数据做一些变换再存到文件中，如为防止用户账号或密码等信息泄漏，通常需要对其进行加密后才能存入文件，不能直接存入明文。网络时代，信息安全问题已经越来越受重视，数据加密与解密已成为重要的研究领域。

本节不讨论复杂数据加密原理，仅介绍通过变换数据位进行加密的方法，可通过 C 语言的位运算来实现。

9.7.1　位运算

C 语言提供了 6 个位运算符，分别是左移运算符、右移运算符、按位求反运算符、按位与运算符、按位或运算符和按位异或运算符。

1. 移位运算

移位运算符分为**左移运算符<<和右移运算符>>**，分别实现将位向左移动和向右移动来变换整数（含 char 型）位的二进制表示。

a<<b 的值是将 a 中的位左移 b 位后的结果。每次从 a 的左端移出一位，在 a 的右端补一个 0。

a>>b 则是将 a 中的位右移 b 位的结果。如果 a 是无符号数或非负数，则右移时会在 a 的左端补 0。如果 a 是负值，其结果依赖于编译器，一些编译器会在左端补 0，而有些则会保留补码的符号位补 1。因此，考虑到程序的可移植性，最好仅对无符号数或字符进行移位运算。

例如：

```
unsigned short a=56,b,c;
```

初始时，a 的值（二进制形式）为：

0	0	0	0	0	0	0	0	0	0	1	1	1	0	0	0

执行 b=a<<2;语句后，b 的值（二进制形式）为：

0	0	0	0	0	0	0	0	1	1	1	0	0	0	0	0

执行 c=a>>1;语句后，c 的值（二进制形式）为：

0	0	0	0	0	0	0	0	0	0	0	1	1	1	0	0

2. 按位求反、按位与、按位或和按位异或运算

按位求反、按位与、按位或和按位异或 4 个运算符分别为～、&、|和^。

其中～是一元运算符，其他 3 个为二元运算符。

这 4 个运算符对操作数的每一位执行布尔运算。运算符～会产生对操作数求反的结果，即将每个 0 替换成 1，将每个 1 替换成 0。运算符&对两个操作数相应的位执行逻辑与运算。运算符|对两个操作数相应的位执行逻辑或运算。而运算符^对两个操作数相应的位执行异或运算（若对应位相同，则该位异或值为 0；否则为 1）。

例如：

```
unsigned short a=19,b=67,c;
```

初始时 a 的值（二进制形式）为：

0	0	0	0	0	0	0	0	0	0	0	1	0	0	1	1

b 的值（二进制形式）为：

0	0	0	0	0	0	0	0	1	0	0	0	0	0	1	1

执行 c=~a;语句后，c 的值（二进制形式）为：

1	1	1	1	1	1	1	1	1	1	1	0	1	1	0	0

执行 c=a & b;语句后，c 的值（二进制形式）为：

0	0	0	0	0	0	0	0	0	0	0	0	0	0	1	1

执行 c=a | b;语句后，c 的值（二进制形式）为：

0	0	0	0	0	0	0	0	1	1	0	1	0	0	1	1

执行 a=a ^ b;语句后，a 的值（二进制形式）为：

0	0	0	0	0	0	0	0	1	1	0	1	0	0	0	0

再次执行 a=a ^ b;语句后，a 的值重新回到原值，为（二进制形式）：

0	0	0	0	0	0	0	0	0	0	0	1	0	0	1	1

可见，将变量连续与同一个数进行两次异或运算后，可以将该变量还原。

9.7.2　数据文件加密实例

许多应用程序要求用户登录时输入用户名和密码，经验证后才可使用应用程序。用户名与密码一般存在特定的文件中，为提高安全性，应对存入文件的用户名和密码进行适当加密。用户登录验证时应把从文件中读取的用户名与密码还原后与用户输入的用户名与密码进行比对，以判断是否允许用户登录。

【例 9.7】　编写程序，对用户名及密码进行加密后存入文件，并模拟用户登录系统的验证过程。

【分析】　用户名与密码均为字符串，这里我们采用按位异或运算来对其进行加密与解密。

```c
#include <stdio.h>
#include <stdlib.h>
#include <string.h>
/*
    @函数名称: set        入口参数: char username[], char password[], char *filename
    @函数功能: 设置系统密码
*/
void set(char username[], char password[], char *filename)
{
    FILE *fp;
    fp=fopen(filename,"w");
    int i;
    char user[11];
    char pass[7];
    strcpy(user,username);
    strcpy(pass,password);
    if (fp!=NULL)
    {   i=0;
        while (user[i])                    //username 加密
        {
            user[i]=user[i]^0x5a;
            i++;
        }
        i=0;
        while (pass[i])                    //password 加密
        {
            pass[i]=pass[i]^0xb4;
            i++;
        }
        fprintf(fp,"%s\n",user);
        fprintf(fp,"%s\n",pass);
        fclose(fp);
    }
}
/*
    @函数名称:readFile       入口参数:char username[],char password[], char *filename
    @从文件中读取用户名与密码
*/
```

```
void readFile(char username[],char password[], char *filename)
{
        FILE *fp;
        int i;
        fp=fopen(filename,"r");
        if (fp!=NULL)
        {
                fscanf(fp,"%s",username);
                fscanf(fp,"%s",password);
                i=0;
                while (username[i])                    //还原用户名
                {
                        username[i]=username[i]^0x5a;
                        i++;
                }
                i=0;
                while (password[i])                    //还原用户密码
                {
                        password[i]=password[i]^0xb4;
                        i++;
                }
                fclose(fp);
        }
}
/*
        @函数名称: verify           入口参数: char username[], char password[]
        @验证用户名与密码，最多允许用户尝试3次
*/
int verify(char username[], char password[])
{
        char user[11];
        char pass[7];
        int count=0;
        do
        {
                printf("Username:");
                gets(user);
                printf("Password:");
                gets(pass);
                if (strcmp(username,user)==0 && strcmp(password,pass)==0)
                        return 1;                      //验证成功
                count++;
                system("cls");                         //清除屏幕
                printf("User name or password error! ");
                printf("You have %d chances:\n",3-count);
        }while (count<3);
        return 0;                                      //验证失败
}
int main()
{
        int k,n;
        char username[11],password[7];
        set("student","123456","user.txt");            //设置初始用户名与密码
        readFile(username,password,"user.txt");         //读系统用户名与密码
```

```
        k=verify(username,password);
        if (k==1)  printf("success!\n");
        else       printf("fail!\n");
        return 0;
}
```

加密后的用户名与密码保存在文件 user.txt 中，若非法用户获取了该文件，由于其不知道所用的加密方法，一时也难以知道真正的用户名与密码，这样在一定程度上提高了系统的安全性。

实际系统中，用户输入的密码不应在屏幕上直接显示出来，一般用*代替，请思考如何改进本例中的验证程序段。

提示：ch=getch() 函数调用能将从键盘输入的字符返回给 ch，且输入的字符在屏幕上不回显。

程序中对用户名加密用的十六进制数 0x5a 和对密码加密用的十六进制数 0xb4 非常重要，它们既用于加密，也用于解密。在信息安全中通常称其为密钥，并且该密钥不能公开，因此称为私钥。这种加密方法较为低级，私钥的管理至关重要，因此安全性不高。与之相对应的加密方法是公钥加密，有兴趣的读者可以查询相关资料。

本章小结

通过本章的学习应达到以下要求。
（1）理解流的基本概念和文件的分类。
（2）了解二进制文件与文本文件的区别。
（3）掌握文件的打开与关闭操作。
（4）掌握文件检测函数的使用。
（5）熟练掌握文件的读/写函数的使用方法及其应用，包括字符读/写函数、字符串读/写函数、格式化读/写函数及数据块读/写函数。
（6）掌握文件的随机读/写及其应用。
（7）了解利用位运算进行数据加密的方法。

练 习 九

1. C 语言支持的文件类型可分为＿＿＿＿＿＿和＿＿＿＿＿＿；C 语言源程序文件属于＿＿＿＿＿＿文件。
2. 数据−36.56 在文本文件中占用的字节个数是（　　）。
A. 4　　　　　　B. 5　　　　　　C. 6　　　　　　D. 8
3. 若要将某字符串追加到某文本文件的后面，应采用的文件打开模式字符串是＿＿＿＿＿。
4. 若使用 fopen()函数打开一个新的二进制文件，对该文件进行写操作，则文件打开模式字符串应该是＿＿＿＿＿。

5. stdio.h 中定义的标准输入流是_____，标准输出流是_____。

6. 下面程序的功能是：将一个磁盘文件中的所有空格去掉并复制到另一个磁盘文件中。在横线处填写适当的表达式或语句，使程序完整。

```c
#include <stdlib.h>
#include <stdio.h>
int main( )
{
        FILE *in,*out;
        char ch,infile[10],outfile[10];
        printf("Enter the infile name:\n");
        scanf("%s",infile);
        printf("Enter the outfile name:\n");
        scanf("%s",outfile);
        if  (  (in=_____(1)_____  ) ==NULL )
            {
                printf("cannot open infile\n");
                exit(0);
            }
        if  (  (out=_____(2)_____ )==NULL )
            {
                printf("cannot open outfile\n");
                exit(0);
            }
        while(_____(3)_____)
            if  (   (ch=fgetc(in)) !=' ' )
                {
                    fputc(ch,out);
                    putchar(ch);
                }
        fclose(in);
        fclose(out);
        return 0;
}
```

7. 下面程序的功能是：通过键盘输入一串字符（换行符作为结束标志），统计字符的个数，将该串字符及字符个数显示到屏幕上并写入文件 str.dat 中。请在横线上填入适当的语句或表达式。

```c
#include <stdio.h>
int main ( )
{
            char ch;
            int counter=0;
            FILE *fp;
            fp=fopen("str. dat", "w");
            while (_____(1)_____)
            {
                counter++;
                putchar(ch);
                fputc(ch,_____(2)_____ );
            }
            printf("\ncounter=%d\n", counter);
            fprintf(_____(3)_____, "\ncounter=%d\n", counter);
```

```
                fclose(fp);
                return 0;
}
```

8. 若 fp 为文件指针，k 为整型变量，且文件已正确打开，以下语句的输出结果为（　　）。

```
feek(fp,0,SEEK_END);
k=ftell(fp);
printf("%d\n",k);
```

    A. fp 所指文件的长度 　　　　　 B. fp 所指文件的长度，以字节为单位
    C. fp 所指文件的长度，以比特为单位 　 D. fp 所指文件当前位置，以字节为单位

9. 以下与函数 fseek(fp,0L,SEEK_SET)有相同作用的是（　　）。
    A. feof(fp) 　　　　 B. ftell(fp) 　　　　 C. fgetc(fp) 　　　　 D. rewind(fp)

10. 下面程序执行后输出结果是（　　）。

```
#include <stdio.h>
int main()
{       FILE *fp;
        int i, a[4]={1,2,3,4},b;
        fp=fopen("data.dat","wb");
        for (i=0;i<4;i++)
                fwrite(&a[i],sizeof(int),1,fp);
        fclose(fp);
        fp=fopen("data.dat","rb");
        fseek(fp,-2L*sizeof(int),SEEK_END);
        fread(&b,sizeof(int),1,fp);
        fclose(fp);
        printf("%d\n",b);
}
```

    A. 1 　　　　　　 B. 2 　　　　　　 C. 3 　　　　　　 D. 4

实 验 九

1. 编写一个程序，将文件 9_1.c 中内容显示到屏幕上。

2. 编写一个函数 int mycopy(char *file1, char *file2)，实现将文本文件 file1 的内容复制到文本文件 file2 中，若复制成功函数返回 1，否则返回 0，请编写 main()函数进行测试。

3. 学生信息存储在文件 9_4.dat 中（例 9.4 程序的运行结果文件），编写程序，根据输入的准考证号，查询学生的考试成绩信息后输出。

4. 学生信息存储在文件 9_4.dat 中（例 9.4 程序的运行结果文件），编写程序，根据输入的准考证号，删除相应学生信息记录。

5. 试编写一个程序，将 256 色的 BMP 位图顺时针旋转 180° 并存为另一个文件。

第10章
C 语言综合性程序设计案例分析

　　至此，C 语言程序设计的基本内容已介绍完毕，前 9 章内容涵盖了全国计算机等级考试二级 C 语言程序设计考试大纲的所有知识点，若读者能够熟练掌握每章的基本内容，并且完成各章的习题及实验，应该能较为轻松地作答全国计算机等级考试二级 C 语言程序设计的试题。这就好比我们在驾校学习了 3 个月的驾驶基本技术，若所有的内容都已掌握并顺利通过测试，则可顺利地拿到驾照。

　　但获得驾照并不能表明我们就是一名优秀的驾驶员。笔者身边就不乏这样的朋友，自拿驾照后从没敢真正上路开过车，更别提约上三五好友来一次自驾旅行。需知，驾驶并不是旅行的全部，即使是合格的驾驶员，也需要掌握更多的关于旅游地理、交通和汽车的相关知识，需要懂得如何应对突发情况，如何与同伴分工合作以共同完成一次完美的旅行。软件开发也是如此，编码并非软件开发的全部。如今的许多软件规模大，需由多人协作完成，除编程之外，我们还需要掌握开发管理、系统设计和程序测试等知识。这些知识仅通过理论学习难以获得，需要通过实践不断积累。笔者认为课程设计好比一次短途的自驾旅行，可为读者在真正远行前积累经验，对培养学生的研究性学习能力及综合应用能力非常有帮助。

　　通过本章的学习，读者应达成如下学习目标。

　　知识目标： 了解软件生命周期的基本概念，领会需求分析、总体设计、详细设计、编码和测试在软件生命周期中的功能。

　　能力目标： 能够综合应用所学的程序设计知识，以软件工程基本理论为指导，设计实现具有业务流的信息管理程序。

　　素质目标： 具有系统与工程思维，具有良好的团队协作精神。

10.1　软件开发过程概述

1. 软件危机与软件工程

　　在计算机出现的早期，程序设计由少数聪明人完成。20 世纪 60 年代，计算机开始应用到更多领域，"软件作坊"由此产生。"软件作坊"基本沿用早期形成的个体化软件开发方法，程序员编写程序时随心所欲，程序代码成为只有自己能看得懂的"天书"，软件开发过程缺少工程化的理论指导。随着软件规模的扩大，最终出现了一堆问题：程序质量低下，错误频出，进度延误，软件成本日益增长……更为严重的是，许多程序因代码缺少相关文档，最终成为不可维护的软件产品，这些问题最终导致"软件危机"。

　　1968 年北约组织计算机科学家在联邦德国召开国际会议，讨论"软件危机"问题，在这次会议上正式提出并使用"软件工程"的概念，一门新的工程学科就此诞生。

软件工程是指导计算机软件开发和维护的一门工程学科。它采用工程的概念、原理、技术和方法来开发与维护软件，把经过时间检验的管理技术和当前最好的技术方法结合起来，从而开发出高质量的软件并有效地维护它。

2. 软件工程方法学

软件工程包括技术和管理两个方面的内容，是技术与管理紧密结合形成的工程学科。软件生命周期全过程使用的一整套技术方法的集合称为方法学（Methodology）。

软件工程方法学包含 3 个要素：方法、工具和过程。其中方法是完成软件开发任务的技术方法，回答"怎么做"的问题；工具是为运用方法而提供的自动或半自动的软件工程支撑环境；过程是为了获得高质量的软件所需要完成的一系列任务的框架，它规定了完成各项任务的工作步骤。

目前，使用最广泛的软件工程方法学是传统方法学和面向对象方法学。由于 C 语言是结构化程序设计语言，我们在此简单介绍一下传统方法学的基本思想。

传统方法学也称生命周期方法学。它采用结构化技术（结构化分析、结构化设计和结构体实现）来完成软件开发的各项任务，并使用适当的软件工具和软件工程环境来支持结构化技术的运用。使用这种方法学开发软件的时候，从对问题的抽象逻辑分析开始，按一个阶段、一个阶段的顺序进行开发。前一个阶段任务的完成是后一个阶段工作开始的前提和基础，而后一个阶段工作通常是前一个阶段任务的进一步具体化，加入更多的实现细节。每一个阶段的开始和结束都有严格标准。在每一个阶段结束之前都必须进行正式、严格的技术审查和管理复审，从技术和管理两个方面对这个阶段的开发成果进行检查，通过之后这个阶段才算结束；如果没有通过检查，则必须进行必要的返工，而且返工后要再经过审查。审查的主要标准就是每个阶段都应该交出与所开发的软件完全一致的高质量文档资料，从而保证在软件开发工程结束时有一个完整准确的软件配置交付使用。

传统方法学把软件生命周期划分成若干阶段，每个阶段的任务相对独立，而且比较简单，便于不同人员分工协作，从而降低了软件开发工程的困难程度，大大提高了软件开发的成功率。因此，传统方法学仍然是人们在开发软件时经常使用的软件工程方法学。

3. 软件生命周期

软件生命周期由软件规格描述、软件开发、软件确认和软件维护 4 个基本阶段组成。每个阶段又进一步划分成若干个阶段，如图 10-1 所示。

| 问题定义 | 可行性研究 | 需求分析 | 总体设计 | 详细设计 | 编码和单元测试 | 综合测试 | 软件维护 |

图 10-1　软件生命周期

软件规格描述的主要任务是解决"做什么"的问题，即确定软件开发工程必须完成的总目标；推导出实现工程目标应该采用的策略及系统必须完成的功能；估测完成工程需要的资源和成本，并且制订工程进度表。这个时期的工作又称为系统分析，由系统分析员负责完成。软件规格描述通常进一步划分成 3 个阶段：问题定义、可行性研究和需求分析。

软件开发的主要任务是解决"如何做"的问题，即设计和实现前一个阶段定义的软件，它通常由下述 3 个阶段组成：总体设计、详细设计、编码。

软件确认的主要任务是"确认实现的系统能否满足用户的要求"，即依据规格说明书来测试所实现的软件。软件测试包括单元测试、综合测试等。通常单元测试合并在编码阶段进行。

软件维护的主要任务是使软件持久地满足用户的需要。具体地说，当软件在使用过程中发现错误时应该加以改正；当环境改变时应该修改软件以适应新的环境；当用户有新的要求时应该及时改进软件以满足用户的需求。

下面简单介绍软件生命周期每个阶段的基本任务。

（1）问题定义

问题定义阶段必须明确要解决的问题是什么。通过问题定义阶段的工作，提出关于问题性质、工程目标和规模的书面报告，最终的目标是得出一份开发设计人员与客户双方都满意的文档。

（2）可行性研究

这个阶段要明确在成本和时间的限制条件下，上一个阶段所确定的问题是否有行得通的解决办法。在客户的配合下，由分析员提出解决问题的候选方案，然后对每个方案从技术、经济、法律和操作等方面进行可行性研究。其结果是客户做出是否继续进行这项工程的决定的重要依据。

（3）需求分析

这个阶段的任务主要是明确为了解决问题，目标系统必须做什么。为此，分析员要通过各种途径与用户沟通，获取他们的真实需求，并通过建模技术来表达这些需求。

在需求分析阶段确定的系统逻辑模型是以后设计和实现目标系统的基础，必须准确完整地体现用户的要求。这个阶段的一项重要任务，是用正式文档准确地记录对目标系统的需求，这份文档通常称为规格说明书。

（4）总体设计

总体设计又称为概要设计，这个阶段的主要任务是确定系统的架构，即给出软件的体系结构。

（5）详细设计

详细设计的任务是把解决问题的方法具体化，也就是具体回答"应该怎样具体地实现这个系统"。这个阶段的任务还不是编写程序，而是设计出程序的详细规格说明。

（6）编码和单元测试

这个阶段的关键任务是写出正确、容易理解、容易维护的程序模块。测试是在认为程序能工作的情况下，为发现其问题而进行的一整套确定的、系统化的实验，编码时应对所完成的功能模块进行单元测试，以保证模块能被正确调用。

（7）综合测试

这个阶段的关键任务是通过各种类型的测试使软件达到预定的要求。最基本的是集成测试和验收测试。所谓集成测试是根据设计的软件结构，把经过单元测试检验的模块按某种策略装配起来，在装配的过程中对程序进行必要的测试。而验收测试是按照规格说明书的要求，由用户对目标系统进行验收。

（8）软件维护

这个阶段的任务是通过各种必要的维护活动使系统持久地满足用户的要求。

10.2　基于用户角色的图书管理系统案例分析

本节我们选择大家熟悉的图书管理系统作为课程设计案例,通过模拟真实案例的设计与实现,带领大家初步领略综合性程序的设计思想和开发方法，了解程序评价标准。

10.2.1　问题描述与需求分析

某学校拟建立一个小型的图书管理系统（学生不超过 1000 人，图书不超过 5000 册），实现图书入库、图书查询、旧书的删除，创建用户、查询用户、删除用户，借书、还书、续借，修改用户密码、系统备份等功能。

要求以文件的方式保存用户、图书及借书信息。

功能需求如下。

（1）要求系统提供系统管理员、图书管理员、学生和教师 4 种不同角色的权限管理。不同角色的用户登录系统后拥有不同的权限。

（2）系统管理员拥有"浏览用户""添加用户""删除用户""浏览图书""添加图书""删除图书""初始化用户密码""修改密码""系统备份"等权限。

（3）图书管理员拥有"图书查询""用户借书信息查询""借书""还书""按借书量排序""修改登录密码""注销"等权限。

（4）学生拥有"图书查询""查询当前已借书目""续借""修改个人信息""修改登录密码""注销"等权限。

（5）教师拥有"图书查询""查询当前已借书目""续借""查询学生借书情况""修改个人信息""修改登录密码""注销"等权限。

（6）为方便用户查询图书，应提供模糊查询的功能。

（7）为提高系统安全性，应对用户密码信息进行加密保存。

在确定进行该项目设计时，首先应该根据问题的描述进一步进行需求分析，确定系统的目标。若对某些功能需求不清楚，可以通过调研、访谈与实地考察的方式进一步明确项目需求，并以文档的形式写出需求分析报告，有关需求分析报告的样例可参阅相关标准。需求分析要求全体组员共同参与。

10.2.2　总体设计与详细设计

之后，可以根据需求分析的结果进行总体设计，就本例而言，我们可以采用自顶向下的方法，设计出系统的总体框架，如图 10-2 所示。

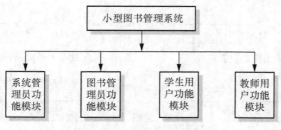

图 10-2　系统的总体框架

接下来，可以采用自顶向下、逐步求精的方法，继续分析已有功能，精化出所有子功能。根据本例确定的各角色的权限，我们可以确定各角色的子功能分别如图 10-3～图 10-6 所示。

在此基础上，可以完成以下工作。

1. 确定主要的数据及其数据结构

本案例涉及的数据包括以下几种。

（1）图书信息。为简化设计，图书信息可包括图书编号、图书名称、图书单价、图书状态等属性，如表 10-1 所示。

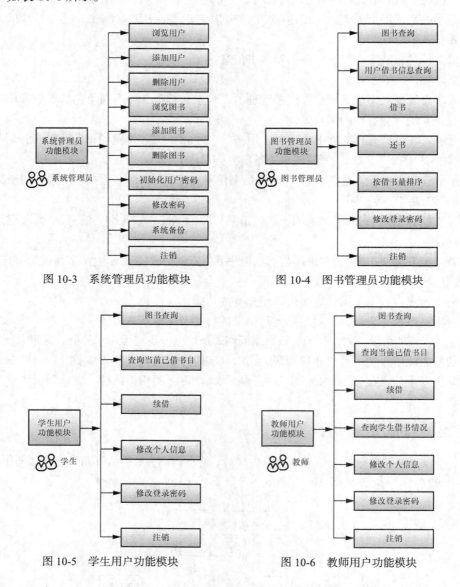

图 10-3　系统管理员功能模块　　　　图 10-4　图书管理员功能模块

图 10-5　学生用户功能模块　　　　图 10-6　教师用户功能模块

表 10-1　　　　　　　　　　　　图书信息表

属 性 名 称	类 型	长 度	可 否 为 空	
图书编号	长整型	默认	否	
图书名称	字符串	30	否	
图书单价	浮点型	默认	否	
图书状态	整型	默认	否	

（2）用户信息。用户信息包括用户账号、姓名、部门、角色、E-mail、密码、当前借书量、总借书量等，如表 10-2 所示。

表 10-2　　　　　　　　　　　　　　　　用户信息表

属 性 名 称	类 型	长 度	可 否 为 空
用户账号	字符串	10	否
姓名	字符串	8	否
部门	整型	默认	否
角色	整型	默认	否
E-mail	字符串	15	可
密码	字符串	6	可
当前借书量	整型	默认	否
总借书量	整型	默认	否

（3）图书借阅信息。图书借阅信息应包括用户账号、图书编号、借书日期、应还日期、实际归还日期、状态等，其中状态分为首次借用、续借和归还 3 种状态，如表 10-3 所示。

表 10-3　　　　　　　　　　　　　　　　图书借阅信息表

属 性 名 称	类 型	长 度	可 否 为 空
用户账号	字符串	10	否
图书编号	长整型	默认	否
借书日期	自定义日期型	12	否
应还日期	自定义日期型	12	否
实际归还日期	自定义日期型	12	可
状态（首次借用、续借、归还）	整型	默认	否

2. 确定输入/输出数据的内、外部形式

为简化设计，本例的用户信息通过键盘输入，图书信息通过文件导入。文件格式为文本文件，每行按以下格式存储一条图书记录，分别为书名和单价。

C 语言程序设计　　　28

用户信息、图书信息和图书借阅信息在内存以数组形式存储，在外存以文件形式存储。

3. 确定系统的界面设计

本系统相关子系统的界面设计如图 10-7～图 10-12 所示。

图 10-7　登录菜单　　　　　　　　　　　　　图 10-8　登录界面

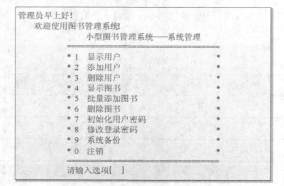

图书管理系统
功能演示

图 10-9　系统管理员子系统界面

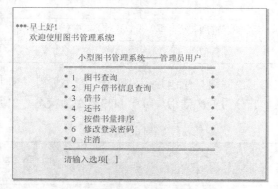

图 10-10　图书管理员子系统界面

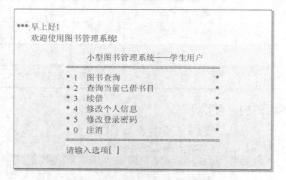

图 10-11　学生用户子系统界面

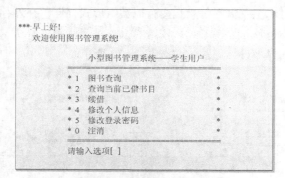

图 10-12　教师用户子系统界面

4. 确定主要的模块，并确定模块间接口

根据模块功能，可以将本例的模块分为 5 大类。

（1）公共模块

① 身份认证模块：int login(char currentUserId[])。

用于实现用户登录的身份认证，该模块根据用户输入的用户账号和密码查询用户信息文件，当认证成功后返回用户角色代码。其中 0 表示系统管理员，1 表示图书管理员，2 表示学生，3 表示教师。字符数组 currentUserId 记录当前的用户名称。函数返回值传递给子系统调用模块。

② 子系统调用模块：void enterSystem(int c,char currentUserId[])。

接收身份认证模块返回的结果，根据用户角色调用相应的子系统模块。函数的参数 c 为用户角色代码，currentUserId 为存储用户名称的数组。

③ 子程序主题显示模块：void displayTopic(char *s)。

该模块显示 s 指定的子程序主题。

④ 主菜单模块：int mainMenu()。

该模块用于显示图 10-7 所示的登录菜单，并返回用户输入的菜单选项。

⑤ 从文件读用户信息模块：int readUserFromFile(user userArray[],char *f)。

该模块从文件 f 中读入用户信息到 userArray 数组，函数返回所读取的用户记录个数。

⑥ 将用户信息写入文件模块：void writeUserToFile(user userArray[],int n,char *f)。

该模块将用户信息数组 userArray 中的内容写入文件 f。

⑦ 从文件读图书信息模块：int readBookFromFile(book bookArray[],char *f)。

该模块从文件 f 中读入图书信息到 bookArray 数组中，函数返回所读取的图书记录个数。

⑧ 将图书信息写入文件模块：void writeBookToFile(book bookArray[],int bookTotal,char *f)。

该函数将存储在 bookArray 中的图书信息写入文件 f。

⑨ 从文件读借书信息模块：int readBorrowFromFile(borrowBook borrowArray[],char *f)。

该函数从文件 f 中读入借书信息到数组 borrowArray，函数返回所读取的借书记录个数。

⑩ 将借书信息写入文件模块：void writeBorrowBookToFile(borrowBook, borrowArray[],int borrowTotal,char *f)。

该函数将 borrowArray 数组中的借书记录写入文件 f。

⑪ 获取用户角色名称模块：char *getRole(int code)。

该函数根据角色代码 code 获取角色名称。

⑫ 获取用户单位名称模块：char *getDepartment(int code)。

该函数根据代码 code 获取用户单位名称。

⑬ 密码输入模块：void inputPassWord(char password[],int n)。

该函数以不回显的方式输入长度小于或等于 n 的用户密码存储于 password 数组中。

⑭ 产生 n 位验证码模块：void getVerificationCode(char verificationCode[],int n)。

该函数将产生的 n 位数字、字母混合验证码存储于 verificationCode 数组中。

⑮ 密码加密模块：void encryption(char password[])。

该函数用于将存储于数组 password 中的密码进行加密。

⑯ 密码解密模块：void decryption(char password[])。

该函数用于将存储于数组 password 中的密码进行解密。

⑰ 显示欢迎界面模块：void showtime(int k)。

该函数首先根据用户登录系统的时间，显示"早上好！""上午好！""下午好！""晚上好！"等问候语。当 k==0 时，显示"欢迎使用图书管理系统"；当 k==1 时，显示"谢谢使用图书管理系统"。

（2）系统管理员相关模块

① 系统管理员模块：void adminSystem(char currentUserId[])。

该模块为系统管理员子系统主调模块，用于调用系统管理菜单函数显示系统管理员子系统用户界面，并根据用户的选项调用相关模块。

② 系统管理员菜单模块：int menuAdmin()。

该模块用于显示图 10-9 所示的系统管理员子系统菜单，并返回用户输入的菜单选项。

③ 用户信息输入模块：void inputUser(user userArray[],int *n)。

该模块用于将从键盘输入的用户信息追加到 userArray 之后，*n 为数组中原有记录的个数。若输入的有效用户数大于 0，则应将数组按用户名排序后存入用户文件 user.dat。

④ 分页输出用户信息模块：void printUser(user userArray[],int userTotal)。

该模块将数组 userArray 中的用户信息分页显示在屏幕上，并提供上一页、下一页、退出等功能选项，方便使用者浏览用户信息。

⑤ 删除用户功能模块：void deleteUser(user userArray[],int *n,user currentUser[])。

该模块根据用户输入的用户名删除指定用户，但不能删除 currentUser 保存的当前用户信息。若成功删除用户，应及时修改用户信息记录文件。

⑥ 用户查询模块：int userSearch(user userArray[], int userTotal, char id[])。

该模块采用二分查找法在 userArray 数组中查询用户名为 id 的用户位置，若查找成功，则返回其所在的数组下标，否则返回−1。

⑦ 批量导入图书信息模块：void importBookFromFile(book bookArray[],int *n)。

该模块从用户输入的文本文件中批量导入图书信息追加到数组 bookArray 中，要求自动对图书进行编号，*n 为数组中原有的图书记录个数。若成功导入的图书数大于 0，则应及时将相关信息存入图书文件 book.dat。

⑧ 分页显示图书信息模块：void printBook(book bookArray[],int bookTotal)。

该模块将存储于数组 bookArray 中的图书信息分页显示在屏幕上，并提供上一页、下一页、退出等功能选项，方便使用者浏览用户信息。

⑨ 图书信息删除模块：void deleteBook(book bookArray[],int *n)。

该模块根据管理员输入的图书编号删除指定的图书信息，若删除的图书信息记录个数大于 0，则应及时修改相应的图书信息文件 book.dat。

⑩ 图书信息查找模块：int bookSearch(book bookArray[], int bookTotal, long id)。

该模块根据图书编号 id，在图书数组 bookArray 中查询其位置，若查找成功，则返回其所在的数组下标，否则返回−1。

⑪ 初始化用户密码模块：void initPassWord(user userArray[],int userTotal)。

该模块由系统管理员调用，将用户的密码设置为初始密码，以解决用户密码遗忘问题。

⑫ 备份用户信息模块：void backupUser(user userArray[],int userTotal)。

该模块由系统管理员调用，用于备份用户数据，根据备份日期自动为备份文件命名。

⑬ 备份图书信息模块：void backupBook(book bookArray[],int bookTotal)。

该模块由系统管理员调用，用于备份图书数据，根据备份日期自动为备份文件命名。

⑭ 备份借书信息模块：void backupBorrow(borrowBook borrowBookArray[],int borrowTotal)。

该模块由系统管理员调用，用于备份借书数据，根据备份日期自动为备份文件命名。

（3）图书管理员相关模块

① 图书管理员子系统模块：void librarySystem(char currentUserId[])。

该模块为图书管理员子系统主调模块，用于调用图书管理员角色菜单函数显示图书管理员子系统用户界面，并根据用户的选项，调用相关模块。

② 图书管理菜单模块：int menuManager()。

该模块用于显示图 10-10 所示的图书管理员子系统菜单，并返回用户输入的菜单选项。

③ 模糊查询模块：int index(char *t, char *s)。

该模块用于实现图书的模糊查询，若字符串 s 在字符串 t 中存在，则返回其起始位置，否则返回 -1。该模块供图书查询模块调用。

④ 图书查询模块：void showBookByName(book bookArray[], int bookTotal)。

该模块根据用户输入的图书名称关键字，在数组 bookArray 中查询满足条件的记录并显示出来。

⑤ 显示用户借书记录模块：void showUserBorrowBook(user userArray[], int userTotal, book bookArray[],int bookTotal,char userId[])。

该模块根据用户账号显示用户借阅的图书信息。

⑥ 借书模块：void userBorrowBook(user userArray[],int userTotal,book bookArray[],int bookTotal)。

该模块实现用户借书功能。每位用户的最大借书量为 10 本，借书时间为 2 个月。

⑦ 设置借书日期模块：void setTodayDate(date * p)。

该模块用于设置借书日期为当前日期。

⑧ 设置还书日期模块：void setReturnDate(date * p,int day)。

该模块用于设置还书日期为借书日期后的 day 天。

⑨ 辅助模块：int dayOfMonth(int year,int month)。

该模块用于获取指定年份、指定月份的天数。

⑩ 查找用户借书记录模块：int borrowSearch(borrowBook borrowArray[],int borrowTotal,long bookId,char userId[])。

该模块用于查询用户 userId 当前所借图书 bookId 在借书记录中的位置，若查找成功则返回数组下标，否则返回 -1。该函数主要供还书模块调用，用于查询所借图书所在的位置。

⑪ 还书模块：void userReturnBook(user userArray[], int userTotal, book bookArray[], int bookTotal)。

该模块用于实现用户还书功能。用户还书后，应将借书记录相应的状态标为"已还"，同时将用户的当前借书数减 1，并将该图书标记为可用（未借出）。

⑫ 按借书量排序模块：void userSortbyBorrowedBook(user userArray[],int userTotal)。

该模块用于实现对用户信息按借书量降序排序的功能。

（4）学生用户相关模块

学生用户中的部分模块可以复用前面的模块，如图书查询、查询当前已借书目等。因此，对学生用户只需设计以下模块。

① 学生角色子系统模块：void studentSystem(char currentUserId[])。

该模块为学生用户子系统主调模块，用于调用学生用户菜单函数显示学生用户子系统界面，并根据用户的选项，调用相关模块。

② 学生用户菜单模块：int menuStudent()。

该模块用于显示图 10-11 所示的学生用户子系统菜单，并返回用户输入的菜单选项。

③ 续借模块：void userRenewBook(user userArray[],int userTotal,book bookArray[], int bookTotal, borrowBook borrowBookArray[],int borrowTotal,char userId[])。

该模块用于实现自助续借图书的功能，图书可以续借一次，续借后应还日期增加 1 个月。

④ 修改个人信息模块：void modifyUserInfo(user userArray[],int userTotal,char userId[])。

该模块用于完成个人信息的修改，就本例而言，仅允许用户修改其 E-mail 信息。

（5）教师用户相关模块

教师用户相关模块可以大量复用前面的相关模块，仅需增加以下模块。

① 教师用户子系统模块：void teacherSystem (char currentUserId[])。

该模块为教师用户子系统主调模块，用于调用教师用户菜单函数显示教师用户子系统界面，并根据用户的选项，调用相关模块。

② 教师用户菜单模块：int menuTeacher()。

该模块用于显示图 10-12 所示的教师用户子系统菜单，并返回用户输入的菜单选项。

③ 查询学生借书记录模块：void showStudentBorrowBook(user userArray[], int userTotal, book bookArray[],int bookTotal)。

该模块用于查询学生当前借书情况。

主要模块设计完成后，建议画出各模块间的数据流图。

本系统用户身份认证数据流图如图 10-13 所示。

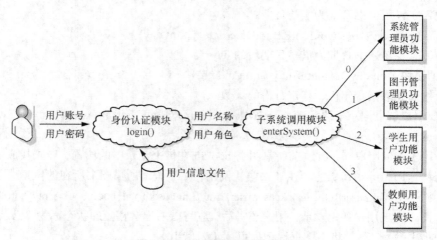

图 10-13　用户身份认证数据流图

5．确定任务分工

在上述总体设计和详细设计的基础上，应该明确任务分工。例如，由一位组员完成系统管理员相关模块，一位组员完成图书管理员相关模块，一位组员完成公共模块与教师、学生用户相关模块。同样，对文档与测试工作也要进行合理分工。

6．制订任务计划

为保证项目进度，应该制订合理的任务计划。

10.2.3　编码

在详细设计的基础上，可以分工完成系统编码与单元测试工作。

编码时应注意以下问题。

（1）应该"有限制地使用全局变量"。全局变量过多会降低程序的清晰性、降低函数的通用性，滥用全局变量会造成程序的混乱。

（2）合理地对变量和函数进行命名。当程序变得较为复杂时，合适的变量与模块名称有利于理解函数功能，从而从整体上把握系统逻辑结构。

（3）在编写大型程序时，要善于利用已有的函数，减少重复编写程序段的工作量，因此函数的接口设计非常重要。

（4）表达式和语句采用一致的缩进风格，尽量不用复杂的表达式，注意一些具有副作用的运算符。为增加程序的可读性，应该给函数和关键变量及代码加注释。

（5）编码阶段完成的功能模块要经过严格的单元测试，确保其正确性。

本例的完整源代码可从人邮教育社区下载。

10.2.4　测试与运行效果

规模稍大的系统不可能一次性无误地实现，总是需要在不断测试中发现问题，在解决问题后趋于稳定运行。程序测试的目的是发现系统中的错误，因此，系统设计完成后，应按照业务流程测试集成后的系统，测试时尽可能用近似真实的测试数据。

常用的测试方法有两种：白盒测试与黑盒测试。

（1）白盒测试相当于假设把程序装在一个透明的盒子里，也就是完全了解程序的结构和处理方法。白盒测试根据程序内部的逻辑来设计测试用例，检查程序中的逻辑路径是否都按预定的要求正确地工作。

（2）黑盒测试相当于假设把程序装在一个黑盒子里，不考虑内部结构和处理过程。黑盒测试根据规定的功能来设计测试用例，检查程序的功能是否符合要求。

在测试时，要特别注意边界条件的测试，如当图书数据为空时，浏览图书的运行情况；当图书数量超过一页显示内容时，可否正确地进行分页显示；当续借已续借过一次的图书时，程序能否正确进行处理等。

就本系统而言，只能作为学生进行较大规模程序设计的一次演练，并不能真正应用于实际中。如在进行借书记录查询时，程序先将用户借书记录读入数组后再进行查询，系统运行一段时间后，借书记录将超过数组允许的最大存储量，此时将出现数组下标越界的错误。

再如，管理员创建用户时没有对用户名进行重名检查，这在实际的软件系统中是严重的逻辑错误。

另外，还有许多实际的需求没有考虑，如用户超期还书应有一定的惩罚措施，超期图书未还应限制借书等。此外，为体现人性化管理，系统应该自动给到期需还书的用户发送 E-mail 进行提示等。

因此，真实的系统不是纸上谈兵和闭门造车得来的。但不管怎样，如果同学们能在第一门程序设计课程完成后，在课程设计中"摸爬滚打"一次，哪怕最后的结果不好也没有关系，只要认真总结失败原因，相信这一定会是一次很好的历练。

有同学感言："通过课程设计体会到设计比编码重要，课程设计为下次'自驾远行'增加了自信并积累了宝贵的经验。"

限于篇幅，列出部分程序运行效果，如图 10-14～图 10-18 所示。

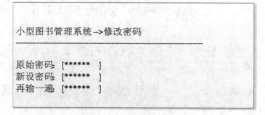

图 10-14　修改密码界面

```
小型图书管理系统-->图书查询
--------------------------------------------------

请输入要查询的图书名称关键字（输入all显示所有图书）：
[程序设计      ]
```

图 10-15　图书查询界面

```
小型图书管理系统->显示图书信息
--------------------------------------------------
图书编号            书名      图书单价    图书状态
--------------------------------------------------

  1         C语言程序设计      28.00      可用
  2         Java程序设计      35.00      可用
  4         高级语言程序设计    32.00      借出
  12        C语言程序设计      28.00      借出
  13        Java程序设计      35.00      可用
  15        高级语言程序设计    32.00      可用
  48        Java程序设计      28.00      可用
  53        ACM程序设计       27.70      可用
  83        Java程序设计      28.00      可用
  88        ACM程序设计       27.70      可用

第1页，共2页，上一页（↑）  下一页（↓），ESC键结束显示
```

图 10-16　图书查询结果

图 10-17　图书续借效果

```
小型图书管理系统->还书
-------------------------------------------------------------
请输入用户账号: [002160    ]
Hello,揭安全,用户信息:
   用户名   姓名       系科       角色        E-mail#    当前借书量
-------------------------------------------------------------
   002160  揭安全     计算机     教师  janquan@***.com       3
借阅清单:

图书编号              书名        借阅日期        应还日期

   2         Java程序设计    2014年8月6日    2014年10月6日
   3            数据结构     2014年8月6日    2014年10月6日
   4         高级语言程序设计  2014年8月6日    2014年11月6日
-------------------------------------------------------------
请输入图书编号（直接输入0可返回）:
[2    ]
Success...
请输入图书编号（直接输入0可结束）:
[0    ]
```

图 10-18　还书界面

本章小结

通过本章学习应达到以下要求。

（1）了解软件工程生命周期各阶段的主要任务。

（2）通过实际案例领会 C 语言综合性程序的开发方法。

实　验　十

调研超市收银系统、小区物业管理收费系统、银行储蓄管理系统或自选主题的功能系统，分 5 个阶段——需求分析、系统设计、系统编码实现、系统测试、系统评价与验收开展课程设计，并撰写课程设计报告。

auto	break	case	char	const	continue
default	do	double	else	enum	extern
float	for	goto	if	int	long
register	return	short	signed	sizeof	static
struct	switch	typedef	union	unsigned	void
volatile	while				

注：ANSI C 定义了上面的 32 个关键字。1999 年 12 月 16 日，ISO 推出的 C99 标准新增了 5 个 C 语言关键字：inline、restrict、_Bool、_Complex、_Imaginary。2011 年 12 月 8 日，ISO 发布的新标准 C11 新增了 1 个 C 语言关键字：_Generic。

附录 B
常用字符与其 ASCII 值对照表

字　符	ASCII 值	字　符	ASCII 值	字　符	ASCII 值
(space)	32	@	64	`	96
!	33	A	65	a	97
"	34	B	66	b	98
#	35	C	67	c	99
$	36	D	68	d	100
%	37	E	69	e	101
&	38	F	70	f	102
'	39	G	71	g	103
(	40	H	72	h	104
)	41	I	73	i	105
*	42	J	74	j	106
+	43	K	75	k	107
,	44	L	76	l	108
-	45	M	77	m	109
.	46	N	78	n	110
/	47	O	79	o	111
0	48	P	80	p	112
1	49	Q	81	q	113
2	50	R	82	r	114
3	51	S	83	s	115
4	52	T	84	t	116
5	53	U	85	u	117
6	54	V	86	v	118
7	55	W	87	w	119
8	56	X	88	x	120
9	57	Y	89	y	121
:	58	Z	90	z	122
;	59	[	91	{	123
<	60	\	92	|	124
=	61	]	93	}	125
>	62	^	94	~	126
?	63	_	95	del	127

运 算 符	含 义	优 先 级	结 合 性	备 注
() [] . -> ++、--	圆括号、函数参数表 数组元素下标 引用结构体成员 指向结构体成员 后置自增++和后置自减--	1	从左到右	一元运算
+ - ++、-- !、~ * & sizeof ()	一元正号 +和一元负号- 前置自增++和前置自减-- 逻辑非!和按位求反~ 间接寻址运算符 取地址运算符 计算所需空间运算符 类型转换运算符	2	从右到左	一元运算
*、/、%	乘法、除法和求余运算符	3	从左到右	二元算术运算
+、-	加法和减法运算符	4	从左到右	二元算术运算
<<、>>	左移和右移位运算符	5	从左到右	位运算
<、<= >、>=	小于和小于或等于运算符 大于和大于或等于运算符	6	从左到右	关系运算
== !=	等于和不等于运算符	7	从左到右	关系运算
&	按位相与运算符	8	从左到右	位运算
^	按位异或运算符	9	从左到右	位运算
|	按位相或运算符	10	从左到右	位运算
&&	逻辑相与运算符	11	从左到右	逻辑运算
||	逻辑相或运算符	12	从左到右	逻辑运算
?:	条件运算符	13	从右到左	三元运算
= =+=、-= /=、*= %= <<=、>>= &=、|= ^=	赋值运算符 加赋值和减赋值运算符 除赋值和乘赋值运算符 求余赋值运算符 左移赋值和右移赋值运算符 按位相与赋值与按位相或赋值运算符 按位异或赋值运算符	14	从右到左	二元运算
,	逗号运算符	15	从左到右	顺序求值运算

附录 D
常用的 C 语言库函数

D.1 数学函数

使用数学函数时，应该在该源文件中使用以下命令：

```
#include <math.h> 或 #include "math.h"
```

常用的数学函数如下表所示。

函数名	函数原型	功能	返回值	说明
acos	double acos(double x)	计算 $\arccos(x)$ 的值	计算结果	x 应在−1 到 1 范围内
asin	double asin(double x)	计算 $\arcsin(x)$ 的值	计算结果	x 应在−1 到 1 范围内
atan	double atan(double x)	计算 $\arctan(x)$ 的值	计算结果	
atan2	double atan2(double x,double y)	计算 $\arctan(x/y)$ 的值	计算结果	
cos	double cos(double x)	计算 $\cos(x)$ 的值	计算结果	x 的单位为弧度
cosh	double cosh(double x)	计算 x 的双曲余弦 $\cosh(x)$ 的值	计算结果	
exp	double exp(double x)	求 e^x 的值	计算结果	
fabs	double fabs(double x)	求 x 的绝对值	计算结果	
floor	double floor(double x)	求不大于 x 的最大整数	该整数的双精度实数	
fmod	double fmod(double x, double y)	求整除 x/y 的余数	返回余数的双精度数	
frexp	double frexp(double val, int *eptr)	把双精度数 val 分解为数字部分（尾数）x 和以 2 为底的指数 n，即 val=$x \cdot 2^n$，n 存放在 eptr 指向的变量中	返回数字部分 x，$0.5 \leqslant x < 1$	
log	double log(double x)	求 $\log_e x$，即 $\ln x$	计算结果	$x>0$
log10	double log10(double x)	求 $\log_{10} x$	计算结果	$x>0$
modf	double modf(double val, double *iptr)	把双精度数 val 分解为整数部分和小数部分，把整数部分存到 iptr 指向的存储单元中	val 的小数部分	
pow	double pow(double x, double y)	计算 x^y 的值	计算结果	
sin	double sin(double x)	计算 $\sin(x)$ 的值	计算结果	x 的单位为弧度

续表

函数名	函数原型	功能	返回值	说明
sinh	double sinh(double x)	计算 x 的双曲正弦函数 $\sinh(x)$ 的值	计算结果	
sqrt	double sqrt(double x)	计算 $\sqrt{x}$	计算结果	$x \geq 0$
tan	double tan(double x)	计算 $\tan(x)$ 的值	计算结果	
tanh	double tanh(double x)	计算 x 的双曲正切函数 $\tanh(x)$ 的值	计算结果	x 的单位为弧度

D.2 字符函数和字符串函数

ANSI C 标准要求在使用字符串函数时要包含头文件 string.h，在使用字符函数时要包含头文件 ctype.h。

常用的字符函数和字符串函数如下表所示。

函数名	函数原型	功能	返回值	所属文件
isalnum	int isalnum(int ch)	检查 ch 是否是字母或数字	是字母或数字返回1，否则返回0	ctype.h
isalpha	int isalpha(int ch)	检查 ch 是否是字母	是则返回1，不是则返回0	ctype.h
iscntrl	int iscntrl(int ch)	检查 ch 是否是控制字符（其 ASCII 码在 0 和 0x1F 之间）	是则返回1，不是则返回0	ctype.h
isdigit	int isdigit(int ch)	检查 ch 是否是数字字符（0～9）	是则返回1，不是则返回0	ctype.h
isgraph	int isgraph(int ch)	检查 ch 是否是可打印字符（其 ASCII 码在 0x21 和 0x7E 之间），不包括空格	是则返回1，不是则返回0	ctype.h
islower	int islower(int ch)	检查 ch 是否是小写字母（a～z）	是则返回1，不是则返回0	ctype.h
isprint	int isprint(int ch)	检查 ch 是否是可打印字符（其 ASCII 码在 0x21 和 0x7E 之间），包括空格	是则返回1，不是则返回0	ctype.h
ispunct	int ispunct (int ch)	检查 ch 是否是标点字符（不包括空格），即除字母、数字和空格以外的所有可打印字符	是则返回1，不是则返回0	ctype.h
isspace	int isspace (int ch)	检查 ch 是否是空格、跳格符或换行符	是则返回1，不是则返回0	ctype.h
isupper	int isupper (int ch)	检查 ch 是否是大写字母	是则返回1，不是则返回0	ctype.h
isxdigit	int isxdigit (int ch)	检查 ch 是否是一个十六进制数字字符	是则返回1，不是则返回0	ctype.h
strcat	char *strcat(char *str1, char *str2)	把字符串 str2 连接到 str1 后面	str1	string.h
strchr	char *strchr(char *str, int ch)	找出 str 指向的字符串中第一次出现字符 ch 的位置	返回指向该位置的指针，如找不到，则返回空指针	string.h
strcmp	int strcmp(char *str1, char *str2)	比较两个字符串 str1 和 str2 的大小	str1<str2，返回负数 str1=str2，返回 0 str1>str2，返回正数	string.h

续表

函数名	函数原型	功能	返回值	所属文件
strcasecmp	int strcasecmp(char *str1, char *str2)	比较两个字符串 str1 和 str2 的大小，忽略英文字母的大小	str1<str2，返回负数 str1=str2，返回 0 str1>str2，返回正数	string.h
strcpy	char *strcpy(char *str1, char *str2)	把 str2 指向的字符串复制到 str1 中	str1	string.h
strncpy	char *strncpy(char *str1, char *str2, unsigned int count)	把 str2 指向的字符串中的 count 个字符复制到 str1 中去，str2 必须是终止符为'\0'的字符串的指针。如果 str2 指向的字符串少于 count 个字符，则将'\0'加到 str1 的尾部，直到满足 count 个字符为止。如果 str2 指向的字符串长度大于 count 个字符，则结果串 str1 不用\0结尾	返回 str1 指针	string.h
strlen	unsigned int strlen(char *str)	统计字符串 str 中字符的个数	字符个数	string.h
strstr	char *strstr(char *str1, char *str2)	找出 str2 字符串在 str1 字符串中第一次出现的位置	返回该位置的指针，如找不到，所返回空指针	string.h
tolower	int tolower(int ch)	ch 字符转换为小写字母	与 ch 相应的小写字母	string.h
toupper	int toupper(int ch)	ch 字符转换为大写字母	与 ch 相应的大写字母	string.h

D.3　动态存储分配函数

ANSI C 标准建议在 stdlib.h 头文件中包含动态存储分配函数的有关信息，但许多 C 语言编译器要求用 malloc.h 而不是 stdlib.h。读者在使用时请查阅有关手册。

函数名	函数原型	功能	返回值	所属文件
calloc	void *calloc(unsigned n, unsigned size)	分配 n 个数据项的连续内存空间，每个数据项的大小为 size	分配内存空间的起始地址，如不成功，则返回 0	stdlib.h
free	void free(void *p)	释放 p 所指的内存区	无	stdlib.h
malloc	void *malloc(unsigned size)	分配 size 字节的内存区	所分配的内存区的起始地址，如内存不够，则返回 0	stdlib.h
realloc	void * realloc(void *p, unsigned size)	将 p 所指出的已分配内存区的大小改为 size。size 可以比原来分配的空间大或小	返回指向该内存区的指针	stdlib.h

D.4　其他常用函数

函数名	函数原型	功能	返回值	所属文件
rand	int rand(void)	产生伪随机数，返回 0 到 RAND_MAX 之间的随机整数，RAND_MAX 的值至少是 32767	随机整数	stdlib.h

函数名	函数原型	功能	返回值	所属文件
srand	void srand(unsigned int seed)	为函数 rand()生成的伪随机数序列设置起始点种子值	无	stdlib.h
time	time_t time(time_t *time)	调用时可使用空指针，也可使用指向 time_t 类型变量的指针，若使用后者，则该变量可被赋予日历时间	返回系统的当前日历时间；如果系统丢失时间设置，则函数返回 1	time.h
exit	void exit(int code)	该函数使程序立即正常终止、清空和关闭任何打开的文件。程序正常退出状态由 code 等于 0 或 EXIT_SUCCESS 表示，非 0 值或 EXIT_FAILURE 表明定义实现错误	无	stdlib.h

附录 E

全国计算机等级考试二级 C 语言程序设计考试大纲（2022 年版）

- 基本要求

1. 熟悉 Visual C++集成开发环境。
2. 掌握结构化程序设计的方法，具有良好的程序设计风格。
3. 掌握程序设计中简单的数据结构和算法并能阅读简单的程序。
4. 在 Visual C++集成开发环境下，能够编写简单的 C 程序，并具有基本的纠错和调试程序的能力。

- 考试内容

一、C 语言程序的结构

1. 程序的构成、main()函数和其他函数。
2. 头文件、数据说明、函数的开始和结束标志以及程序中的注释。
3. 源程序的书写格式。
4. C 语言的风格。

二、数据类型及其运算

1. C 语言的数据类型（基本类型、构造类型、指针类型、无值类型）及其定义方法。
2. C 语言运算符的种类、运算优先级和结合性。
3. 不同类型数据间的转换与运算。
4. C 语言表达式类型（赋值表达式、算术表达式、关系表达式、逻辑表达式、条件表达式、逗号表达式）和求值规则。

三、基本语句

1. 表达式语句、空语句、复合语句。
2. 输入输出函数的调用，正确输入数据并正确设计输出格式。

四、选择结构程序设计

1. 用 if 语句实现选择结构。
2. 用 switch 语句实现多分支选择结构。
3. 选择结构的嵌套。

五、循环结构程序设计

1. for 循环结构。
2. while 和 do-while 循环结构。

3. continue 语句和 break 语句。

4. 循环的嵌套。

六、数组的定义和引用

1. 一维数组和二维数组的定义、初始化及数组元素的引用。

2. 字符串与字符数组。

七、函数

1. 库函数的正确调用。

2. 函数的定义方法。

3. 函数的类型和返回值。

4. 形式参数与实际参数，参数值的传递。

5. 函数的正确调用、嵌套调用、递归调用。

6. 局部变量和全局变量。

7. 变量的存储类别（自动、静态、寄存器、外部），变量的作用域和生存期。

八、编译预处理

1. 宏定义和调用（不带参数的宏，带参数的宏）。

2. "文件包含"处理。

九、指针

1. 地址与指针变量的概念，地址运算符与间址运算符。

2. 一维数组、二维数组和字符串的地址，以及指向变量、数组、字符串、函数、结构体的指针变量定义。通过指针引用以上各类型数据。

3. 用指针做函数参数。

4. 返回地址值的函数。

5. 指针数组、指向指针的指针。

十、结构体（即"结构"）与共同体（即"联合"）

1. 用 typedef 说明一个新类型。

2. 结构体和共用体类型数据的定义和成员的引用。

3. 通过结构体构成链表，单向链表的建立，结点数据的输出、删除与插入。

十一、位运算

1. 位运算符的含义和使用。

2. 简单的位运算。

十二、文件操作

只要求缓冲文件系统（即高级磁盘 I/O 系统），对非标准缓冲文件系统（即低级磁盘 I/O 系统）不要求。

1. 文件类型指针（FILE 类型指针）。

2. 文件的打开与关闭（fopen() 和 fclose() 函数）。

3. 文件的读写（fputc()、fgetc()、fputs()、fgets()、fread()、fwrite()、fprintf()、fscanf() 函数的应用），文件的定位（rewind()、fseek() 函数的应用）。

• 考试方式

上机考试，考试时长 120 分钟，满分 100 分。

1. 题型及分值：单项选择题 40 分（含公共基础知识部分 10 分）、操作题 60 分（包括填空题、程序修改题及程序设计题）。

2. 考试环境：操作系统为中文版 Windows 7，开发环境为 Microsoft Visual C++ 2010 学习版。

【说明】本大纲为本书出版时全国计算机等级考试二级 C 语言程序设计考试大纲（2022 版），最新的考试大纲请查阅全国计算机等级考试官网。

［1］布赖恩·W. 贝尼汉, 丹尼斯·M. 里奇. C 语言程序设计语言（英文版）［M］. 2 版. 北京：机械工业出版社，2006.

［2］K.N.金. C 语言程序设计——现代方法［M］. 2 版. 吕秀锋, 黄倩, 译. 北京：人民邮电出版社，2010.

［3］谭浩强. C 程序设计［M］. 5 版. 北京：清华大学出版社，2017.

［4］吴文虎, 徐明星, 邬晓钧. 程序设计基础［M］. 4 版. 北京：清华大学出版社，2017.

［5］苏小红, 赵玲玲, 孙志岗, 等. C 语言程序设计［M］. 4 版. 北京：高等教育出版社，2019.

［6］何钦铭, 颜晖. C 语言程序设计［M］. 4 版. 北京：高等教育出版社，2020.

［7］埃里克·S.罗伯茨. 程序设计抽象思想——C 语言描述［M］. 闪四清, 译. 北京：清华大学出版社，2005.

［8］彼得·普林茨, 托尼·克劳福德. C 语言核心技术［M］. 袁野, 译. 北京：机械工业出版社，2017.

［9］杉浦贤. 算法解读［M］. 李克秋, 译. 北京：科学出版社，2012.

［10］杨峰. 妙趣横生的算法（C 语言实现）［M］. 北京：清华大学出版社，2010.

［11］冼镜光. C 语言名题精选百则（技巧篇）［M］. 北京：机械工业出版社，2005.

［12］策未来. 全国计算机等级考试上机考试题库——二级 C 语言［M］. 北京：人民邮电出版社，2021.

［13］李云清, 杨庆红, 揭安全. 数据结构（C 语言版）［M］. 3 版. 北京：人民邮电出版社，2014.